SA CRAMENTO PUBLIC LIBRARY Y

D0196241

La geología
en 100 preguntas

La geología
en 100 preguntas

Vicente del Rosario Rabadán
Raquel Rossis Alfonso

nowtilus

Colección: 100 preguntas esenciales
www.100Preguntas.com
www.nowtilus.com

Título: *La geología en 100 preguntas*
Autor: © Vicente del Rosario Rabadán, © Raquel Rossis Alfonso
Director de la colección: Luis E. Íñigo Fernández

Copyright de la presente edición: © 2018 Ediciones Nowtilus, S.L.
Doña Juana I de Castilla 44, 3° C, 28027 Madrid
www.nowtilus.com

Elaboración de textos: Santos Rodríguez

Diseño de cubierta: eXpresio estudio creativo
Imagen de portada: *NASA Goddard Photo and Video*
Fuente: *https://www.flickr.com/photos/gsfc/*

Cualquier forma de reproducción, distribución, comunicación pública
o transformación de esta obra solo puede ser realizada con la autorización
de sus titulares, salvo excepción prevista por la ley. Diríjase a CEDRO
(Centro Español de Derechos Reprográficos) si necesita fotocopiar o escanear
algún fragmento de esta obra (www.conlicencia.com; 91 702 19 70 /
93 272 04 47).

ISBN Papel: 978-84-9967-928-0
ISBN Impresión bajo demanda: 978-84-9967-929-7
ISBN Digital: 978-84-9967-930-3
Fecha de publicación: marzo 2018

Impreso en España
Imprime:
Depósito legal: M-3206-2018

A nuestros familiares y amigos.

Índice

Prólogo

I. Introducción

II. Cristalografía y mineralogía

III. Paleontología

IV. Atmósfera e hidrosfera

V. Geomorfología

VI. Ciclo de las rocas

IX. Tectónica de Placas

X. Historia de la Tierra

PRÓLOGO

La transmisión del conocimiento adquirido por la ciencia es publicada en revistas especializadas. Los investigadores acceden a una pequeñaa parte de esos artículos, pero lógicamente la población no posee los medios necesarios para interpretar y comprender esos resultados. La sociedad en general es mucho más diversa que el sector científico haciendo que la divulgación de la ciencia pueda convertirse en una difícil tarea y las escuelas, un lugar desde el que intentarlo.

Un profesor de instituto que enseñaba geología en Andalucía afirmó que «la ciencia que se muestra en el aula es con frecuencia estática, cerrada, acabada. Al alumno se le ocultan tanto las incertidumbres e interrogantes del pasado como los que pueden encontrarse hoy». Quizás no fue el primero ni el único que lo pensó, pero han pasado ya más de veinte años desde que don Emilio Pedrinaci publicara esas palabras en la revista de la Asociación Española para la Enseñanza de las Ciencias de la Tierra y, desgraciadamente, en este sentido muy poco o nada ha cambiado. En cualquier caso, probablemente no haya razones para ser pesimistas; humildemente pensamos, señor Manrique, que no andaba en lo cierto cuando dijo que «cualquier tiempo pasado fue mejor». Pero tampoco podemos negarlo: hay cosas que en el pasado iban mejor, y ese es el caso de la enseñanza de la geología.

El simpático Sheldon Cooper dijo que la geología no es una ciencia real, pero cualquiera que tenga dos dedos de frente sabe que esto no es así. No cabe duda de que es una ciencia llena de peculiaridades: los que la estudian suelen tener más aspecto de excursionistas que de universitarios y muchos creen que se puede ser geólogo sin saber matemáticas; pero, evidentemente estos estereotipos no son ciertos (bueno, al menos no completamente ciertos).

La geología es una ciencia maravillosa que no solo permite el deleite con preciosos paisajes y soleados paseos por el campo, sino que nos lleva a realizar viajes inimaginables que desafían los límites de la comprensión humana. Galileo no fue un geólogo, pero sí un científico de la Tierra. Él fue quién puso nuestro planeta en movimiento y nos alejó irremediablemente del centro del espacio. Más tarde vino un médico, de nombre James Hutton, y nos hizo ver que tampoco nosotros ocupábamos un lugar privilegiado en el tiempo. Y poco después llegó Darwin, quien tratando de evitarse problemas, pidió a quienes no tuvieran la capacidad de comprender la inmensidad del tiempo geológico que cerraran su libro. Nadie hizo caso a este joven geólogo y muchos seguimos fascinados al comprender que en este universo no tenemos un papel protagonista.

La geología es imprescindible. La geología no se puede perder. La geología debe formar parte del conocimiento de cualquier persona culta. Este libro pretende ser un granito de arena. Esperamos que sea de cuarzo y resista un tiempo antes de convertirse en el alimento de los fangosos, ocultos y olvidados fondos marinos. Eso es lo que hemos intentado y nos gustaría que este libro continuara vivo. Nos gustaría mantener el contacto con usted, con el lector; y para ello esperamos verle por nuestra web de GEOLOGÍAparaINSTITUTOS (puede buscarnos en google).

Por último quisiéramos mostrar nuestro agradecimiento a las personas que de una forma u otra nos han llevado a sentir una cierta pasión por la divulgación de la ciencia en general y de la geología en particular: autores como Sagan, Asimov, Anguita y, muy especialmente, a nuestros padres.

Ojalá que disfruten del libro.

Santa Cruz de Tenerife, 4 enero de 2018

I

INTRODUCCIÓN

1

ANTES DE LA GEOLOGÍA..., ¿QUÉ?

Somos parte de la naturaleza. Comemos, matamos y morimos como los animales, pero somos diferentes a ellos. Ayudándonos de ramas, tendones y piedras construimos herramientas. Enseñamos a nuestros hijos a identificar las piedras más adecuadas para construirlas, especialmente aquellas de las que podemos obtener bordes cortantes.

Conocemos los puntos en que el agua brota del suelo y otras cuevas donde pernoctar. Nos gusta este lugar para vivir porque estamos cerca de un terreno donde recoger barro con el que construir nuestras vasijas. También solemos recolectar tierras verdes, rojas y blancas con las que podemos decorar nuestros cuerpos en ocasiones especiales. Cerca del río solemos encontrar piedras traslúcidas con bellos colores con los que hacemos collares y amuletos.

Cuando mis hermanos y yo éramos pequeños, un sonido ensordecedor hizo temblar la montaña, fue como si el mundo se rompiera. Los sabios nos dijeron que a veces los espíritus se enfadan, y por ello debíamos realizar ofrendas con frecuencia. Cuando los viejos nos lo indicaban, nos reuníamos en torno a un monolito cercano, donde venerábamos a los espíritus de nuestros antepasados. Nadie sabe quién talló el monolito, los sabios decían que fue el dios que se esconde bajo las montañas.

En las expediciones de caza, atravesábamos varios valles a pie. En algunos lugares veía cosas que no entendía. Observé conchas en lugares muy altos, enterradas en la tierra. El viejo sabio nos dijo que era normal, que a veces llovía mucho y que él había visto cómo nuestros padres fueron arrastrados por las aguas. Antes vivíamos en la llanura, junto al río, pero desde aquella catástrofe tuvimos que huir a nuestro nuevo asentamiento. El viejo sabio también contaba una antigua historia sobre la gran ola que había devorado a todas las tribus de la costa. Él nos explicó que aquellas conchas habían llegado allí de esa manera.

Lo que acaba de leer es un intento por emular a Carl Sagan, el genial divulgador neoyorquino que imaginó y publicó en *Cosmos*, una de sus grandes obras, los pensamientos de algún sabio del paleolítico en torno a cuestiones sobre las estrellas y la bóveda celeste. En nuestro caso, hemos tratado de reflejar algunas observaciones y reflexiones que aquellos humanos ancestrales pudieron tener sobre el entorno físico en que vivían.

Pasarían horas buscando cantos de fractura concoidea, como el sílex, de los que obtener piezas afiladas mediante golpes. También debían de conocer los manantiales en los que brotaba el agua subterránea, los yacimientos donde extraer arcillas y posteriormente minerales metálicos; así como las cuevas donde refugiarse y otras caprichosas formas producidas por la erosión donde rendir culto a sus creencias. Sufrirían como nosotros los estragos de los riesgos geológicos como inundaciones, terremotos o tsunamis. Y con el desarrollo de su civilización demandarían un suministro creciente de recursos geológicos.

Seguramente aquellos hombres y mujeres conocían mucho mejor que nosotros el aspecto de su entorno. Cada acantilado, cada llanura, cada meandro, representaba para ellos lo mismo que las calles, plazas y pasillos de un supermercado para nosotros. Sin embargo, de igual forma que no podemos

Nuestros antepasados prehistóricos tuvieron una relación muy íntima con el entorno y en muchos aspectos debieron tener un conocimiento práctico de la naturaleza mucho mayor que la mayoría de nosotros. Aunque no podemos hablar de un pensamiento geológico, el saber acumulado durante milenios sentó las bases para el desarrollo que vino después.

considerar su habilidad para pescar o cazar como el nacimiento de la biología, tampoco ahí vamos a encontrar el origen de nuestra ciencia.

No obstante, es muy probable que aquellas ingentes observaciones de nuestros antepasados y sus reflexiones más intuitivas estén detrás de las primeras interpretaciones lógicas de la naturaleza. Como es sabido, este paso del mito al logos, fundamental para la historia de la ciencia, tuvo lugar en la antigua Grecia, donde los primeros filósofos de la naturaleza desarrollaron explicaciones racionales, aunque no por ello ciertas, en torno al mundo que nos rodea. Por ejemplo, junto a la concepción geocéntrica, con una Tierra inmóvil en el centro del cosmos, nacieron otras ideas erróneas sobre diferentes aspectos del planeta.

Estos pioneros de la ciencia imaginaron que el interior de la Tierra era hueco, que el agua que alimenta los ríos ascendía desde los mares a través del subsuelo y que los terremotos eran producidos por la brusca entrada del aire en las cavidades del terreno. Sus razonamientos también les llevaron a la conclusión de que la Tierra tendría unos pocos siglos de antigüedad y de que los fósiles tenían un origen inorgánico, formados a partir de semillas de origen misterioso.

Por otra parte, algunas ideas acertadas también germinaron en aquellas primeras etapas de la historia humana. Frente a la razonable percepción que nos lleva a imaginar una Tierra plana, los antiguos investigadores supieron comprender que la misma se trataba de una esfera, y llegaron incluso a calcular su tamaño.

En tiempos más recientes en que Magallanes daba la vuelta al mundo y Copérnico lo ponía en movimiento, se produjeron algunos avances importantes en nuestra ciencia. Hasta el siglo XVI, pocas de las explicaciones anteriores habían sido sometidas a la discusión científica y es que, aun siendo racionales y alejadas de la intervención divina, la mayoría se basaba en especulaciones teóricas sin fundamento experimental.

Sin embargo, durante siglos la actividad artesanal había aportado conocimientos empíricos que se transmitían de generación en generación. Georgius Agricola, un autor interesado por la actividad minera, recogió gran parte de este saber práctico en su obra *De re metallica*. Además de dignificar el oficio minero, este autor realizó importantes aportaciones para comprender los procesos de génesis de los minerales y la evolución del paisaje, con razonamientos muy acertados como la importancia que otorga al agua en el origen de los filones y la acción erosiva, así como la vinculación entre fracturas y elevación de las montañas. Aun desconociendo la noción de capa o estrato, enumeró secuencias de materiales que se repiten en minas distantes.

También el genio renacentista Leonardo da Vinci llegaría a deducciones acertadas al desvincular la presencia de fósiles en las montañas con la idea del diluvio universal. Esta polifacética figura propuso que aquellas montañas de su entorno debieron de haber estado bajo el mar en el pasado y que la Tierra debía de ser más antigua de lo que se pensaba.

Aunque desde la Edad Media el término latino *geología* había sido acuñado para hacer referencia a todo lo que tuviese que ver con la vida terrenal, en contraposición al de *teología*; solo si nos adelantamos hasta el siglo XVII asistiremos al nacimiento de los principios básicos de la geología, de la mano del científico danés Nicolaus Steno.

2

¿SE PUEDE PONER ALGO DE ORDEN ENTRE TANTAS PIEDRAS?

Para rasgar un papel o una vestimenta, los italianos usan el verbo *stracciare*. Y así, destrozada, debía de ser como percibia la naturaleza inerte de las montañas cualquier naturalista del siglo XVII que estuviera interesado en desvelar algún orden, alguna geometría en los afloramientos rocosos. Como las esquirlas de chocolate que se distribuyen en la superficie de un helado de *stracciatella*, las capas de roca aparecerían caóticamente en el paisaje. Inclinadas, a veces hacia el norte, a veces hacia el sur. En ocasiones en posición horizontal y completamente empinadas un poco más allá. A veces dobladas y, no lejos, fracturadas.

Describir la superficie rocosa sería una tarea imposible para las osadas mentes que lo intentaran. Sería en 1668 cuando el médico, clérigo y naturalista Nicolaus Steno publicaría las ideas que permitirían desvelar aquella naturaleza confusa de las montañas.

Él fue la primera persona en aplicar el término estrato para referirse a cada una de las capas rocosas que se observan en el paisaje. Acerca de este concepto desarrolló diversas ideas que darían lugar a una nueva disciplina, la estratigrafía, con un papel fundamental dentro de la geología. Como otros sabios de su época, defendió la idea de que los estratos se habían formado a partir de sedimentos depositados en el fondo de antiguos mares. Argumentó que solo así podría explicarse la presencia de fósiles marinos en el interior de los mismos frente a la idea generalizada de que aquellas formas orgánicas pudieran germinar en el interior de la roca sólida.

También imaginó que rocas idénticas, encontradas en lugares distantes de una determinada región (a ambos lados

El caminante sobre el mar de nubes, David Friedrich. La interpretación correcta de los afloramientos se basa en algunos razonamientos aparentemente sencillos. Pero esta capacidad para entender la estructura que se esconde tras el paisaje se la debemos a los primeros naturalistas que se asomaron al campo con una visión crítica y despojada de ideas preconcebidas.

de un valle por ejemplo), eran en realidad fragmentos de un único estrato que, aunque hoy estuvieran limitados por la superficie topográfica, en el pasado habrían formado estructuras continuas. Esta capacidad de abstracción le permitía visualizar cómo los estratos continuaban lateralmente por encima y por debajo del actual relieve, formando pliegues.

Supuso también que esas extensas capas de roca no debieron presentar siempre ese aspecto. Para Steno, los estratos fueron formados en una disposición perfectamente horizontal, independiente de la morfología del fondo marino, y serían las deformaciones posteriores las causantes de las formas que observamos en el presente.

Aceptando la hipótesis de que estas capas se habían originado por sedimentación, pudo llegar a una conclusión aparentemente sencilla: los primeros estratos en formarse ocupan una posición inferior, sobre los que se depositan los siguientes conforme pasa el tiempo. Este principio permitía comenzar a ordenar cronológicamente los materiales; es decir, un determinado estrato es más antiguo que el que tiene por encima y más joven que el que tiene por debajo.

El nuevo enfoque de sedimentos que se apilan le permitió explicar cómo estos se consolidan y se transforman en piedra a causa del peso generado por las capas suprayacentes. Dicho aumento de la carga litostática conlleva varios procesos que dan lugar a la litogénesis. Por un lado, la compactación que reduce el espacio entre granos sedimentarios y por otro, la precipitación de minerales en dichos poros.

El origen de la estratificación es fácil de entender cuando se produce una alternancia de materiales sedimentarios, como pueden ser arenas y arcillas. Pero ¿por qué aparecen estas formas tabulares en depósitos homogéneos? La estratigrafía moderna nos explica que, generalmente, estas superficies que separan estratos contiguos representan breves interrupciones en el aporte de sedimentos, comparables a los silencios que se intercalan en las notas de una obra musical.

Un ejemplo sencillo que nos permite comprender este proceso podemos verlo en el aporte que realiza un barranco intermitente en su desembocadura, en el que la sedimentación solo se produce en los episodios de fuertes lluvias, separados entre sí por largos intervalos de sequía.

Nicolaus Steno sería el hombre que aportaría los cimientos para que la geología pudiera progresar estableciendo algunos de los principios básicos de esta ciencia. El principio de horizontalidad original, el de continuidad lateral y el de superposición constituyen herramientas esenciales utilizadas por los geólogos actuales. Aunque hoy en día se conocen algunas excepciones a estas normas, conocidas cariñosamente como las leyes de Steno, las mismas continúan siendo fundamentales.

Antes de la formulación de estas reglas la estratigrafía carecía de un método. Con ellas surgieron las pautas que harían posible comprender la crónica contada por las rocas, la historia de los procesos acontecidos en las cuencas sedimentarias del pasado.

3

¿Por qué sabemos que la Tierra es muy antigua?

En los inicios del siglo xix la máxima autoridad en geología era el profesor Abraham Werner, de la Escuela de Minas de Friburgo. Werner explicó que las rocas que formaban la superficie terrestre se habían originado a partir de un gran océano global, que cubrió también los terrenos continentales y en cuyo fondo precipitaban las rocas que hoy podemos ver. Las demostraciones acerca de la imposibilidad de que el agua se transformara en tierra no habían calado aún en la comunidad científica y, de cualquier manera, se conocían múltiples ejemplos de sustancias que precipitaban en disoluciones acuosas.

Aquel desaparecido océano habría tenido una composición química muy diferente a la de los mares que conocemos hoy y su descenso hasta los niveles actuales podía explicarse por una brusca infiltración hacia las capas más profundas de nuestro planeta. La catastrófica naturaleza de aquel evento y la violencia del descenso del nivel de las aguas habrían provocado una enorme removilización de los sedimentos, razón por la cual estos podrían encontrarse ahora formando capas inclinadas, plegadas o incluso fracturadas. De la misma manera, las etapas finales de aquella gran desecación por drenaje serían las causantes de la formación de profundos valles por toda la superficie terrestre.

Este paradigma científico fue conocido como catastrofismo y tuvo buena aceptación por la sociedad occidental debido a sus semejanzas con la idea de un gran diluvio universal. Además, debido a la velocidad y unicidad de los procesos implicados, permitía mantener la cómoda idea de un

«Para los que vimos estos fenómenos por primera vez, la impresión no fue fácil de olvidar [...]. La mente parecía marearse al mirar tan atrás en el abismo del tiempo, y mientras escuchábamos con la máxima atención y admiración al filósofo que nos estaba desentrañando estos maravillosos eventos, fuimos conscientes de que, a veces, la razón puede ir mucho más lejos de lo que la imaginación se atreve». El matemático John Playfair se refería con estas palabras a su amigo James Hutton, quien les había llevado al acantilado de Siccar Point.

planeta con pocos siglos de antigüedad, teoría respaldada por los cálculos que había realizado un arzobispo irlandés, James Ussher, a partir de la interpretación literal de la Biblia. Este clérigo, basándose en datos como las edades de los descendientes de Adán y Eva, había fechado el origen de la Tierra en el atardecer del 22 de octubre del año 4004 a. C.

Sin embargo, para James Hutton (considerado actualmente como el fundador de la geología moderna) las ideas de Werner no podían ser correctas. Este naturalista escocés proponía una nueva visión que contradecía las afirmaciones del eminente profesor alemán. Para entender la dimensión de las ideas de Hutton recordemos un fragmento de la película *2001: una odisea del espacio*. En ella sucede algo que se parece bastante a lo que él intuía. Al inicio, este largometraje nos muestra a un homínido eufórico, al ritmo de *Así habló Zaratustra*, que tras golpear con un hueso el esqueleto de un animal muerto, lo lanza con energía al aire. El hueso gira en su ascenso y, de repente, la imagen nos muestra una nave espacial que se desliza ingrávida al ritmo de *El Danubio azul*. Esta elipsis representa el mayor salto temporal que se reconoce en la historia del cine; cuatro millones de años en un pestañeo. Este recurso del lenguaje cinematográfico es el equivalente artístico a lo que Hutton andaba buscando en los campos de Escocia.

Los afloramientos geológicos suelen tener una extensión muy limitada y por lo general no permiten observar más que una breve fracción de la historia de la Tierra. En aquel tiempo, todos los afloramientos conocidos podían explicarse como consecuencia de un único evento, tal y como pretendían los catastrofistas. Pero Hutton vislumbraba que el registro estratigráfico representaba múltiples acontecimientos separados por largos períodos de tiempo; para demostrarlo, necesitaba encontrar un afloramiento que recogiera varios de ellos. Necesitaba *ver* el instante de la película en que el hueso deja paso a la nave.

Tras varios años de exploración por fin encontró el acantilado costero de Siccar Point, próximo a su ciudad, Edimburgo. Como él mismo habría dicho, ese lugar representaba «una bella imagen de esta unión dejada al desnudo por el mar». Y es que allí la erosión marina descubría y limpiaba diversos estratos con una disposición que llamó su atención.

En la parte inferior observó una formación constituida por estratos de arenisca, de tonos grisáceos y con una fuerte inclinación, casi verticales. Sobre ellos se sucedían capas de arenisca, con tonalidades rojizas y muy poco inclinadas. Hutton denominó aquello discordancia y observó no solo estas enormes diferencias en la orientación de ambas formaciones, sino también que la superficie que las delimitaba era muy irregular, lo que recordaba al perfil dejado por la erosión en un valle.

Las reflexiones que daban vértigo a los colegas que acompañaban a Hutton a Siccar Point eran las siguientes:

1. Las areniscas inferiores se depositaron en el fondo de un antiguo mar.
2. Esas areniscas grisáceas se inclinaron y levantaron.

3. Al emerger, quedaron expuestas a la erosión y dieron lugar a una superficie irregular.
4. El relieve resultante volvió a ser ocupado por las aguas marinas, lo que permitió el depósito de las nuevas capas de arenisca, en este caso rojizas.
5. Ambas formaciones se elevaron conjuntamente hasta su actual posición.
6. Desde esa última emersión y hasta el presente, ambas formaciones fueron sometidas a la erosión, la cual nos permite observar el corte geológico.

Para este autor, las rocas sedimentarias que cubrían la superficie de los continentes eran el reflejo de la sucesión de múltiples ciclos que se iniciaban con el levantamiento del terreno:

También planteó que estos procesos habían sucedido de manera casi imperceptible, de la misma forma que en la actualidad se levantan las montañas y sedimentan los ríos.

En los momentos de mayor apoteosis de la excursión, la pregunta que todos se planteaban era: ¿cuántos ciclos hubo antes en este lugar? ¿Y cuántos habrá después? Para Hutton, la Tierra era infinitamente antigua, tal y como reflejan sus propias palabras: «We find no vestige of a beginning, no prospect of an end» ('no existen vestigios de un principio ni prospecto de un final').

4

¿ERA CHARLES DARWIN GEÓLOGO?

En febrero de 1851, el presidente de la Geological Society londinense presentaba su informe anual y se enfrentaba nuevamente a los defensores de la evolución biológica. Charles Lyell, quien ocupaba ese cargo, argüía que el registro fósil conocido era incompleto y azaroso, por lo que no era suficientemente representativo para defender una progresión de las especies hacia formas más complejas.

Lyell, que había sido abogado antes de dedicarse a la geología, pasó a ocupar un papel protagonista en la historia de esta ciencia gracias a su gran obra *Principles of Geology*, que además de haberle aupado a aquel cargo en la Geological Society, le proporcionó un sustento económico durante el resto de su vida.

Este científico amplió y popularizó las aportaciones de Hutton profundizando en la idea de que los procesos que han actuado en el planeta a lo largo de su historia han sido semejantes a los que observamos en la actualidad y han ocurrido de forma constante en ritmo e intensidad. La dimensión actualista y uniformista de su metodología para interpretar los afloramientos, que se refleja en su célebre cita «the present is the key to the past», comenzaba a dejar atrás al paradigma que aún dominaba, el catastrofismo.

Frente a lo que se pudiera pensar por sus diferentes puntos de vista acerca de la evolución, Charles Lyell y su tocayo Darwin fueron grandes amigos y colaboraron estrechamente en sus trabajos científicos. Darwin fue un fanático lector de *Principles of Geology* durante sus años en el *Beagle* alrededor del mundo. Su pasión por esta ciencia se la había inculcado su profesor de Geología, que fue quien medió para que viajara en aquella gran travesía, germen de su gran obra *On the origin of species*. En ella, describe a Lyell como un revolucionario de las ciencias naturales e invita a abandonar la lectura al lector que «tras haber leído su obra [...] no admita la inmensidad del tiempo geológico».

Tras varias semanas de navegación, el *Beagle* alcanzó el archipiélago de Cabo Verde. Era la primera vez que Darwin ponía un pie fuera de Europa y en su diario de viaje dejó recogida la fuerte impresión que le causaron los paisajes volcánicos: «Tuve por primera vez la idea de que quizás podría escribir un libro sobre la geología de los diversos países que visitaría y esto me hizo sentir un escalofrío de emoción». Darwin aplicaría los principios de la nueva geología en todas sus observaciones de campo; intentaría interpretar los paisajes y afloramientos inexplorados, con frecuencia tan diferentes a los que había conocido en Inglaterra.

«Me gustaría que algún millonario forrado se dedicara a hacer perforaciones en varios de los atolones del Pacífico y el Índico, y que volviera con algunos núcleos [...] extraídos de una profundidad de 150 a 180 metros». (Carta de Darwin de 1881). Setenta años después, un estudio geológico relacionado con las pruebas nucleares de Estados Unidos en las islas Marshall confirmó la hipótesis de Darwin. Los investigadores colocaron un cartel con la inscripción: «Darwin was right!».

Sin embargo, el mayor cúmulo de observaciones geológicas lo realizó al abandonar el océano Atlántico. En su recorrido por la Patagonia percibió una serie de escarpes que se prolongaban a lo largo de más de mil kilómetros paralelamente a la línea de costa. Cada escarpe correspondía a un acantilado costero con antiguas playas de guijarros en la base, evidencia de que habían estado expuestos al oleaje en el pasado.

A su paso por la costa chilena, observó numerosos depósitos de conchas de organismos marinos recientes situados a alturas de decenas de metros sobre el nivel del mar. Además, en las cumbres de los Andes descubrió un gran bosque costero fosilizado. Estos hallazgos y la vivencia de un seismo, que pudo relacionar directamente con un levantamiento de varios metros en la costa, le convencieron del acenso de las cordilleras mediante pequeños impulsos, a consecuencia de una lenta y larga serie de terremotos. Ser testigo de una erupción en esa misma región le llevó a vincular el vulcanismo y la sismicidad, y las señaló como las fuerzas responsables

del levantamiento de la costa pacífica del continente sudamericano.

Por supuesto Lyell quedó encantado con las nuevas observaciones aportadas por Darwin, que suponían un argumento
decisivo contra la catastrofista teoría de un levantamiento sú-
bito de las cordilleras. Esta nueva visión del planeta, surgida
en las islas británicas durante la Revolución Industrial, es
comparable a uno de aquellos primeros motores de vapor,
donde la caldera interna mueve un pistón en un continuo
y cíclico vaivén. En nuestro caso, los nuevos geólogos argumentaron que la Tierra poseía un calor interno causante del
cíclico ascenso y descenso del relieve, lo que daba lugar a
cordilleras y cuencas que se alternaban de forma sucesiva en
el tiempo.

Darwin no fue el primero en advertir el levantamiento de
las cordilleras y en relacionarlo con la actividad interna. No
obstante, su primera gran aportación a la ciencia sería el descubrimiento de una evidencia a favor del hundimiento vertical de un territorio, proceso conocido como subsidencia.

Hasta aquel momento existía un interesante debate en
torno al origen de las islas coralinas en forma de anillo que
se distribuyen en los mares del planeta. El propio Lyell defen-
día que aquellos arrecifes habían crecido en torno a volcanes
submarinos próximos a la superficie. Darwin, sin embargo,
advirtió que la estructura anular se prolongaba hacia el fondo, lo que resultaba en una geometría cilíndrica, y que los
corales no podían haber vivido en aquellas profundidades
poco soleadas. Propuso acertadamente que los corales muertos estuvieron en el pasado más cerca de la superficie y que
era el monte volcánico el que se había hundido, los había
arrastrado hacia abajo y había permitido que nuevos corales
crecieran sobre los anteriores, lo cual dio lugar a estas islas
conocidas como atolones de coral.

Una prueba de la buena sintonía existente entre Darwin y
Lyell fue la reunión que mantuvieron ambos al día siguiente
de que Lyell presentara aquel informe como presidente de la
Geological Society. En aquella oportunidad Darwin le con-
fesó a su colega su convicción de que las especies nuevas eran
el resultado de una lenta transformación de las preexistentes.

Los planteamientos uniformistas del momento se fun-
damentaban en una visión cíclica de los procesos, mientras

que el evolucionismo representaba una progresión lineal, una línea ascendente hacia formas más complejas. La idea de la evolución no era nueva y por supuesto Lyell conocía la sucesión de especies a lo largo de la historia del planeta, pero creía que estas aparecían tal y como eran, adaptadas a las condiciones ambientales.

Con el paso de los años Lyell se convertiría en uno de los principales defensores de las ideas de Darwin, cuyo gran avance fue la explicación del mecanismo de la evolución. Este razonamiento, basado en observaciones actuales como la variedad dentro de una misma especie y la limitación de los recursos disponibles, constituye un precioso ejemplo de cómo las posturas actualistas y uniformistas han invadido otras áreas de la ciencia. Para ayudar a comprender, en este caso, cómo la selección natural que hoy observamos a una velocidad relativamente lenta ha podido generar una enorme diversidad de especies a lo largo del abismo de los tiempos geológicos.

5

¿Cuál es la edad de la Tierra?

Entré en la sala medio oscura, y reconocí a Lord Kelvin entre el público. Me di cuenta entonces de que iba a tener problemas en la parte que trataba sobre la edad de la Tierra, donde mi punto de vista estaba en conflicto con las posiciones sostenidas por él.

Estas palabras forman parte de las memorias de Ernest Rutherford, un joven científico neozelandés que en 1904 expuso en Londres, ante la élite científica de la época, sus nuevas ideas sobre la controversia más apasionante de aquel momento: la antigüedad del planeta.

Hasta el siglo XIX había sobrevivido la cifra de los seis mil años, que se basaba directamente en la interpretación de la Biblia y en la suposición de que la existencia del planeta era coetánea con la existencia del hombre. Un dato que para los naturalistas resultaba erróneo a todas luces, no solo por el método usado, sino también por su incongruencia con el paradigma triunfante, el uniformismo. Fue a finales de ese siglo cuando se desarrollaron diversas ideas para resolver el enigma. Uno de estos métodos se basaba en medidas del registro sedimentario. En dichos estudios se relacionaba la velocidad de acumulación de los sedimentos con el grosor total de la roca sedimentaria depositada durante la historia del planeta. A mayor espesor, mayor antigüedad, pensaban.

Otra técnica, ideada por Halley (descubridor del famoso cometa), se basaba en la idea de que los mares originalmente no poseían sal y de que su composición actual era el resultado del aporte constante de sodio a través de los ríos. De esa forma, determinando los aportes de sales y midiendo su concentración en el agua, sería posible calcular el tiempo en el que habría transcurrido ese proceso.

Ambos procedimientos presentaban enormes dificultades y se basaban en hipótesis erróneas. No sería hasta los cálculos realizados por el prestigioso científico Lord Kelvin (a quien debemos la escala de temperatura que lleva su nombre) cuando se creara un método considerado fiable por el conjunto de la comunidad científica de la época. A partir de datos acerca de cómo aumenta la temperatura con la profundidad en las minas, Kelvin pudo estimar la velocidad a la que nuestro planeta pierde calor desde el interior. Sabiendo además que en su origen la Tierra debió de ser una gran esfera de magma, calculó el tiempo que debía de haber transcurrido para disipar aquel calor inicial hasta alcanzar la temperatura actual.

La autoridad de Kelvin dio lugar a que sus estimaciones, que asignaban al planeta una edad absoluta de cien millones de años (Ma), fueran consideradas ciertas hasta los primeros años del siglo XX. Fue entonces cuando Ernest Rutherford, nuestro joven físico neozelandés, reveló en aquella conferencia lo que había descubierto sobre el nuevo fenómeno de la radiactividad. En sus memorias continuó describiendo su pánico ante la presencia del eminente científico:

> Para mi alivio, Kelvin se había quedado dormido, pero cuando comencé a tratar el punto importante, Kelvin se enderezó en su asiento, abrió un ojo y me envió una mirada furibunda. En un rapto de inspiración dije: «Lord Kelvin ha fijado la edad de la Tierra, basado en la información existente hasta el

momento. Y justamente esta noche nos referimos a cambios en los datos que sustentan esos resultados: la radiactividad...» y lo logré, el viejo me sonrió ampliamente.

Ruherford había descubierto que algunos elementos del interior terrestre, como el uranio y el torio, eran radiactivos y generaban una cantidad considerable de calor, Lo que derrumbaba los datos estimados sobre la edad de la Tierra que se basaban exclusivamente en un proceso de enfriamiento. Este fenómeno, sin embargo, iba a sentar las bases para un método de datación mucho más eficaz y preciso, que se sigue utilizando con excelentes resultados en nuestros días.

Los elementos radiactivos se caracterizan por tener núcleos inestables que se desintegran espontáneamente, de forma tal que se obtienen átomos diferentes a los iniciales. El método radiométrico más popular, por sus aplicaciones en arqueología e historia, es la datación con carbono-14. Los átomos de carbono se presentan en el aire en dos variedades (más correctamente, isótopos): el carbono-12 (C-12) y el carbono-14 (C-14).

Este último es muy escaso e inestable, y se origina de forma natural en las capas altas de la atmósfera a causa de la radiación solar. Cuando un organismo está vivo, las proporciones de ambos isótopos en su cuerpo son similares a las proporciones en el aire que respira. Al morir sin embargo, el C-14 que se desintegra en sus estructuras orgánicas deja de ser repuesto por la inhalación de aire, de manera que la variedad de C-14 disminuye progresivamente en los huesos del animal fallecido. Por tanto, a mayor tiempo transcurrido, la proporción de C-14 será menor. Como se conoce la velocidad a la que se produce esta degradación radiactiva, es posible calcular el tiempo que ha pasado desde la muerte del organismo.

Dada la antigüedad de los procesos que han afectado al planeta, los geocronólogos utilizan elementos radiactivos que se desintegren muy lentamente. El carbono-14 solo permite datar sucesos producidos en los últimos milenios, razón por la que en geología se utilizan otros elementos con una velocidad de desintegración mucho menor, tales como el uranio, el rubidio y el potasio.

De esta manera se han podido datar rocas de los afloramientos más antiguos. Muy pronto se descubrieron algunas con más de mil quinientos millones de años de antigüedad y actualmente se conocen otras que duplican con creces esa edad. Sin embargo, la superficie terrestre sufre procesos de reciclaje que someten a las rocas a altas temperaturas y llegan incluso a transformarlas en magma. En esas condiciones se produce una redistribución de los isótopos formados y, como consecuencia, el contador radiométrico vuelve a ponerse a cero.

Es más que probable que en nuestro planeta no queden recuerdos de su nacimiento, por lo que los científicos han recurrido al estudio de las rocas extraterrestres. Los meteoritos, esos fragmentos que en ocasiones impactan contra nuestro mundo, son residuos de la formación del Sol y los planetas que lo orbitan, por lo que su datación ha permitido conocer la edad de la Tierra y de todo el sistema solar, que hoy sabemos es de cuatro mil quinientos millones de años.

II

CRISTALOGRAFÍA Y MINERALOGÍA

6

¿POR QUÉ LAS VENTANAS NO SON DE CRISTAL?

Los átomos, en los que encontramos respuesta a la cuestión anterior, también van a ser ahora los protagonistas. Pero antes de que estas partículas salgan a escena, vamos a continuar nuestro viaje por la historia de la geología. Situémonos en una época en que las ideas de Demócrito habían caído en el olvido y los científicos aún no habían desarrollado los modernos modelos atómicos. Vayamos concretamente al momento en que se origina la confusión lingüística que plantea esta pregunta, cuando Plinio el Viejo escribió sobre los *crystallus* de Segóbriga... ¡Bienvenidos al Imperio romano!

Aunque este viaje en el tiempo nos pueda parecer relativamente largo, si nos encontramos en la antigua Hispania, el espacio que deberemos recorrer no será tanto. En la actual provincia de Cuenca estaban localizadas las minas donde se extraía *lapis specularis*, el nombre en latín de grandes cristales de yeso transparente (yeso selenítico) que se utilizaban para cubrir las ventanas e invernaderos de los habitantes más ricos de Pompeya y otras ciudades del imperio. Debido a su configuración laminar era posible cortarlo en lajas con un simple serrucho, lo que permitía obtener placas de diferentes tamaños y con el espesor adecuado para ser completamente traslúcidas.

También Plinio hizo referencia al surgimiento de las técnicas para producir vidrio en la antigüedad. Este autor nos narra cómo una caravana de mercaderes fenicios de natrón o *natrium* (compuesto de sodio, del que procede su símbolo, Na) descubrió este arte por casualidad al cocer sus alimentos en el desierto. Para ello, hicieron una hoguera en la arena y, ante la ausencia de piedras, usaron fragmentos de su cargamento para apoyar los calderos. Plinio describió la sorpresa de aquellos hombres al observar como la arena se fundía y de las cenizas salía un colado rojo y humeante con el que modelaron un vaso.

Otros de los pioneros en la industria del vidrio fueron los egipcios, quienes destacaron por la elaboración de objetos artísticos y ornamentales desde épocas muy remotas, lo que queda respaldado por la aparición de cuentas de vidrio de varios colores en tumbas antiquísimas (del año 1550 a. C.). Cuando Egipto se convirtió en provincia del Imperio romano parte de sus tributos fueron pagados con objetos de vidrio y sus mejores artesanos emigraron a Roma. De esta forma se desarrolló este arte en el imperio y se dispersó a través de sus conquistas, considerado como un sinónimo de lujo.

Con la caída del Imperio romano la producción de vidrio se desplazó a Oriente y posteriormente a la Venecia medieval. Allí la industria se concentró en la isla de Murano para evitar que difundieran los secretos de su fabricación. Sin embargo, los conocimientos llegaron a Francia y de ahí se expandieron a Bohemia, donde surgieron poderosas industrias.

Gracias al desarrollo técnico, poco a poco este material dejó de ser un lujo. A finales del siglo XIX la fabricación de vidrio comenzó a mecanizarse con la producción semiautomática de botellas, y desde entonces se ha propagado paulatinamente.

Existen vidrios creados por la naturaleza como la obsidiana o vidrio volcánico, formada por el enfriamiento rápido de la lava, o las fulguritas, resultantes de la caída de un rayo en la arena. Pero hoy en día la mayor parte de los objetos trasparentes se hacen con vidrio fabricado en hornos industriales. Para su producción se funde una mezcla compleja de diversos compuestos, entre los que se incluye natrón, que facilita la fusión de la arena

En coherencia con la vieja teoría de los cuatro elementos (agua, tierra, aire y fuego como ingredientes de toda la materia), los sabios griegos de la antigüedad creyeron que las piedras transparentes estaban formadas por agua superenfriada. Los llamaron *krýstallos*, término que procede de *krýos* y significa 'helado'.

de sílice. Posteriormente, tras ser modelado, se procede al enfriamiento rápido de la masa fundida.

Las ventanas de nuestra casa, el parabrisas de nuestro coche, las botellas, los vasos..., todos ellos están hechos de este material transparente. En la industria se suele usar el término cristal para indicar el tipo de vidrio que tiene un gran brillo y una absoluta ausencia de coloración. Estas características se deben a la particular pureza de las materias primas y, más que nada, a la presencia de óxido de plomo. En el caso de España, incluso la legislación admite llamar cristal a aquellos vidrios a los que se le incorporan en su composición al menos el 24 % de esta sustancia.

Sin embargo, desde el punto de vista científico esto constituye un error, puesto que existen diferencias claras entre ambos conceptos. Para los cristalógrafos, la materia cristalina es aquella en la que sus componentes, átomos y moléculas, están dispuestos de forma ordenada, siguiendo patrones geométricos definidos. Precisamente lo que no ocurre en el vidrio, que es una sustancia amorfa donde las partículas que lo constituyen están dispuestas aleatoriamente. Al igual que los líquidos convencionales, no presentan una organización interna de su estructura, por lo que a los vidrios también se les conoce como líquidos subenfriados.

Los cristales se originan mediante procesos que ocurren con suficiente tiempo para que los átomos y moléculas puedan agruparse en una disposición ordenada. Por el contrario, los vidrios se forman a partir de procesos más instantáneos, donde las condiciones cambian de forma brusca y no hay tiempo para alcanzar dicho ordenamiento.

En el siglo I d. C., Roma desarrolló la tecnología para producir láminas de vidrio plano. El nuevo material, aunque era menos transparente y lujoso que las láminas de *lapis specularis*, también era mucho más barato. Ese nuevo producto llevaría al abandono de las minas de Segóbriga y se apropiaría, erróneamente, de la palabra *crystallus*.

7

¿CÓMO SE FORMAN LOS CRISTALES?

El principal factor que determinará la naturaleza vítrea o cristalina de un sólido que se está formando será el tiempo. El proceso de cristalización cuenta con diferentes fases y debe ser lo suficientemente lento para que los átomos y moléculas puedan situarse de forma ordenada.

Los cristales se forman a partir de disoluciones, fundidos y vapores que constituyen estados desordenados, donde los átomos siguen una disposición al azar. Sin embargo, al cambiar las condiciones físico-químicas (presión, temperatura o concentración) los átomos tienden a reubicarse formando estructuras totalmente ordenadas, lo que confiere a los cristales unas características aparentemente extrañas en la naturaleza, como son las formas lineales y los ángulos constantes.

El proceso de cristalización solo se inicia después de haberse formado un núcleo o semilla en respuesta a la variación de condiciones. Este se origina como resultado de la comparecencia simultánea de varios iones (en la solución o masa fundida) para formar el modelo estructural inicial de un sólido cristalino estable bajo las nuevas circunstancias fisicoquímicas.

Normalmente la mayor parte de estos núcleos vuelven a separarse en iones (pasan de nuevo a la disolución o al fundido) debido al gran número de iones en contacto con el exterior frente a los pocos que ya se encuentran bien agrupados en el interior. Sin embargo, si el núcleo alcanza un tamaño crítico por el depósito rápido de posteriores capas de iones, esta relación disminuirá y se obtendrá un microcristal estable. El crecimiento continúa con la adición de iones, átomos o conglomerados de átomos en la superficie según un modelo regular y continuo.

Para entender esto hagamos una analogía, imaginemos el recreo de un colegio con niños jugando y corriendo a la desbandada y que al sonar la sirena algunos niños se reúnen y comienzan a formar en fila. Puede que no sean muchos y que incluso vuelvan a separarse y echar a correr, pero si llegan a colocarse los suficientes se les irán añadiendo sucesivamente otros niños hasta obtener una formación ordenada.

Los niños en el recreo equivalen a los átomos que conforman la masa fundida, pues estos se distribuyen aleatoriamente de forma desordenada. Por su parte, el sonido de la sirena se corresponde con la variación en las condiciones físico químicas, por ejemplo una disminución de la temperatura, lo que provoca la convergencia de varios átomos para formar núcleos. Es posible que estos sean inestables, se desintegren y vuelvan al fundido, de forma similar a lo que ocurre con los niños que comienzan a formar la fila y después la abandonan, influenciados por el caótico entorno.

Cuando estos grupos iniciales alcanzan un tamaño estable, la formación se consolida y crece por la adición paulatina de niños contagiados por el nuevo orden. Lo mismo ocurre con las partículas, estas se van sumando a la semilla original siguiendo un patrón espacial fijo, lo que conlleva el crecimiento de la materia cristalina.

Este símil constituye un ejemplo simplificado, puesto que la fila es una disposición que sigue un patrón geométrico unidimensional: la línea recta. Sin embargo, los cristales tienen volumen y, por tanto, su estructura posee más dimensiones. En ella los átomos se ubican en redes tridimensionales que mantienen un determinado orden en el espacio.

Aunque tradicionalmente se ha denominado cristal a los cuerpos sólidos con forma geométrica regular limitada por superficies planas, la mayor parte de los cristalógrafos emplean hoy en día este término para referirse a cualquier sólido con estructura interna ordenada.

En el caso de los cristales de sal común (NaCl), por ejemplo, estos están formados por dos tipos de átomos: la mitad son de sodio y la otra de cloro. Si estos átomos fueran los niños que se sientan en torno a una mesa, se colocarían ocupando las esquinas de forma alterna, es decir: un cloro en una esquina, un sodio en la contigua, luego otro cloro y finalmente otro sodio. Sobre ellos otros cuatro átomos: un cloro sobre cada sodio y viceversa. Y junto a esta configuración tridimensional, multitud de cubos similares hasta ocupar todo el espacio.

Cada uno de estos cubos que se repiten indefinidamente se conoce como celda unidad, y si los átomos se ordenan de esta caprichosa y estricta manera, lo hacen porque supone la forma más estable en que pueden presentarse.

Hemos visto cómo las partículas que forman los cristales se disponen de forma ordenada. Pero ¿se ordenan siempre de la misma manera? ¿Qué factores pueden influir en este ordenamiento? Y sobre todo… ¿pueden unas mismas partículas ordenarse de forma diferente en diferentes situaciones?

8

¿PUEDE CONVERTIRSE UN LÁPIZ EN DIAMANTE?

El trazo que dibuja un lápiz no es más que un montón de minúsculos fragmentos arrancados de la mina que se apoya sobre el papel. Existen lápices con diferentes características, que los fabricantes obtienen en función de la proporción de grafito y arcilla con que realizan la mina. El más común lleva las siglas HB y nos indica que tiene una dureza media; en este caso la cantidad de grafito ronda el 70 %. Para obtener minas más blandas y oscuras añaden más cantidad de grafito.

El diamante, en cambio, es una de las piedras preciosas más codiciadas. Además de su brillo y sus coloridos destellos, su valor viene dado fundamentalmente por su dureza. Debido a esto fue llamado *adamas*, que significaba 'invencible' para los antiguos griegos.

Esta extraordinaria característica de los diamantes sirvió al geólogo Friedrich Mohs para ordenar el mundo mineral siguiendo criterios objetivos similares a los que ya existían en botánica y zoología. Su *Tratado de Mineralogía* publicado a principios del siglo XIX contenía una escala formada por diez minerales ordenados de menor a mayor dureza en la que el diamante ocupaba la posición superior.

En el otro extremo de la escala, con dureza 1 se encuentra el talco, seguido por el yeso cuya dureza es 2. Es entre estos bajos valores donde se sitúa el grafito, ya que es capaz de rayar al talco, pero es rayado por el yeso. Muy alejado de la dureza del diamante, que no es rayado por ningún otro mineral conocido.

El grafito se fragmenta en pequeñas escamas incluso cuando es presionado sobre el papel. Esta propiedad de algunos minerales de disgregarse en láminas se conoce como exfoliación (del latín *folium*, 'hoja'). Las hojas que componen un cristal de grafito tienen el grosor de un átomo y en cada una de ellas los átomos están fuertemente enlazados, pero la unión con las capas que se apilan por encima y por debajo se realiza mediante enlaces muy débiles.

Salvo impurezas, el único elemento que está presente en esta estructura del grafito es el carbono (C). Sin embargo, este

A pesar de las enormes diferencias entre esta débil y oscura punta de grafito con el más duro y brillante de los diamantes, ambos tienen la misma composición química: átomos de carbono.

mismo elemento puede organizarse formando otra estructura cristalina para dar lugar al diamante. A estos conjuntos de minerales que poseen exactamente la misma composición química pero difieren en su ordenamiento interno se les conoce con el nombre de polimorfos (procedente del latín, 'varias formas').

Para comprender la influencia de la estructura cristalina en las propiedades observadas a escala macroscópica, volvamos al patio utilizado como analogía en la pregunta anterior. Supongamos que los niños que antes jugaban ahora deben entrar al gimnasio para realizar una actividad en grupo. La maestra les da las instrucciones: deben unirse para formar una estructura que ocupe todo el espacio y que esté unida lo más fuertemente posible. Los obedientes alumnos se agarran de las manos y se distribuyen uniformemente por todo el espacio, para ello deben estirar sus brazos todo lo que puedan.

Ahora imaginemos que comienza a llover, y que un grupo de alumnos que permanecía en el patio entra al gimnasio. Los alumnos casi no caben, pero la maestra decide continuar con la actividad, repite las instrucciones y… los alumnos se abrazan, ahora no necesitan separarse demasiado para ocupar el espacio.

Si la maestra hubiera querido separar a los niños en la primera estructura, la que formaron antes de que comenzara la lluvia, no habría tenido grandes dificultades. Pero si tratara de hacer lo mismo en la segunda situación, cuando entraron los que buscaban refugio del aguacero, encontraría mucha mayor dificultad en romper los abrazos. Algo similar ocurre con la estructura del grafito y el diamante. La configuración del diamante sería equivalente a la segunda distribución. En ella, los átomos de carbono están mucho más cerca entre sí, de manera que todos los enlaces que se establecen son fuertes.

En el caso de los alumnos, la organización varió en respuesta a un cambio en las condiciones ambientales, la lluvia. De igual forma, para lograr la estructura del diamante, los átomos de carbono deben estar sometidos a condiciones de presión extremadamente alta.

Las minas de diamantes son excavadas en rocas volcánicas conocidas como kimberlitas (por el yacimiento de Kimberley en Sudáfrica). El magma que las origina procede de grandes profundidades donde se forman los diamantes que son arrastrados en el fundido hacia la superficie. A esas profundidades las inmensas presiones producen estructuras muy apretadas que propician la unión de los átomos de carbono por enlaces covalentes en una disposición tridimensional compacta, lo que explica su dureza extrema.

Para convertir el grafito en diamante es necesaria una temperatura muy elevada que agite a los átomos hasta el punto de romper la estructura cristalina del grafito y unas enormes presiones que permitan que se organicen siguiendo la estructura del diamante. Estas condiciones se han logrado en los laboratorios desde mediados del siglo XX y, aunque estos diamantes sintéticos por lo general no poseen la calidad suficiente para su uso en joyería, sí son de gran utilidad en procesos industriales que requieren de este potente abrasivo.

La conversión de un polimorfo en otro se denomina cambio de fase y es frecuente que se produzca de forma natural en los minerales que cambian de ambiente. Los diamantes que tenemos en la superficie terrestre se encuentran en condiciones muy alejadas de sus campos de estabilidad, pero, por suerte para los joyeros y su distinguida clientela, su velocidad de transformación en grafito es infinitesimal.

9

¿ES EL HIELO UN MINERAL?

Debemos remontarnos mil años para encontrar el primer uso del vocablo *mineral*. Aparece en una traducción medieval del *Libro de los remedios*, obra del sabio persa Ibn Sina (Avicena), cuyo título fue traducido al latín cómo *De mineralibus*. Su etimología parece estar relacionada con la palabra céltica *mein*, que significa 'mina'.

En los siglos siguientes, fue frecuente que se entremezclase este término con el de *fósil* para referirse ambos a objetos interesantes o llamativos que se obtenían excavando el suelo. Obsidiana, carbón, petróleo, ópalo, la concha de un molusco, un hueso o incluso piezas arqueológicas se incluían en esta categoría.

Fue en el siglo XVIII cuando los naturalistas comenzaron a establecer restricciones a estos conceptos. Linneo, por ejemplo, reservó el vocablo *mineral* para los materiales de origen inorgánico, y *fósil* para los restos de seres vivos.

Actualmente, el término mineral se reserva para las sustancias que satisfacen los siguientes requisitos:

1. Que tenga un origen natural. No serán minerales aquellas sustancias sintetizadas en el laboratorio, como piedras preciosas o minerales de uso industrial. Incluso cuando son equivalentes a las encontradas en la naturaleza, estas suelen denominarse minerales sintéticos. Desde este punto de vista encontramos algunas sustancias que dan margen al debate, como por ejemplo la cal ($CaCO_3$) que precipita en una tubería. ¿Será su origen natural o antrópico?

2. Que se trate de materia cristalina. Es decir, que se encuentre en estado sólido y posea una estructura interna ordenada. Por tanto, quedarán excluidas algunas sustancias naturales de estructura vítrea como la obsidiana, y otras en estado líquido como el magma o el petróleo (a pesar de que proceda del griego *petros*, que significa 'piedra').

Algunos satélites de los planetas exteriores están cubiertos por hielo. El comportamiento de esta capa es similar al de nuestra corteza terrestre y muy probablemente haya erupciones en forma de agua que añaden hielo a la superficie. El agua en estos mundos se comporta como el magma en la Tierra.

Otro ejemplo es el ópalo, que se clasifica como mineraloide debido a que carece de una estructura atómica ordenada. Está formado por microscópicas esferas de naturaleza vítrea que, estas sí, se empaquetan de forma geométrica, lo que le confieren unas bellas propiedades ópticas.

3. Que se haya originado por procesos inorgánicos. Aunque los minerales se forman normalmente por este tipo de procesos, existen importantes compuestos orgánicos que cumplen el resto de requisitos. Ejemplos de ello son la calcita de las conchas de los moluscos o el apatito de nuestros huesos y dientes.

4. Que tenga una composición química definida. De manera que pueda expresarse mediante una fórmula química específica, como: SiO_2 (cuarzo), $CaMg(CO_3)_2$ (dolomita), etc. Sin embargo, la mayoría de los minerales no son sustancias puras, sino que su composición oscila entre ciertos límites y, por lo tanto, no es fija. Por ejemplo en la dolomita suele detectarse un porcentaje variable de Fe y Mn en la posición del Mg.

Por tanto, desde finales del siglo XX, suele manejarse esta definición: un mineral es un sólido de origen natural con una composición química definida (pero generalmente no fija) y una estructura interna ordenada. Normalmente se forma por procesos inorgánicos.

Entonces ¿qué ocurre con el hielo? No cabe duda de que el hielo es agua solidificada. En la naturaleza son múltiples las situaciones que pueden originarlo. Su composición química está definida desde los tiempos de Lavoisier (H_2O), y siempre se forma por procesos inorgánicos. Todo esto está más claro que el agua, pero ¿qué hay de su estructura interna? ¿Se trata de un cristal?

Todos nos hemos fijado alguna vez en las curiosas formas de los copos de nieve. Estas son el reflejo de la ordenación atómica regular que adquieren las moléculas de agua al ser congelada. El hielo puede presentar doce estructuras o fases cristalinas diferentes.

Como hemos visto, el hielo cumple todas las condiciones de esta estricta definición, por lo tanto, podemos afirmar que sí, el hielo es un mineral.

Sin embargo, existen definiciones de mineral que incorporan otros matices. El *Vocabulario Científico y Técnico* de la Real Academia de Ciencias añade que «su origen puede ser ígneo, sedimentario o metamórfico», condición que como veremos en el capítulo 6 dejaría al hielo desterrado del reino mineral, al menos en las condiciones de nuestro planeta.

10

¿CÓMO EVITAR EL «ORO DE LOS TONTOS»?

La composición química de un mineral puede estar constituida por uno o varios elementos químicos de la tabla periódica. Es frecuente que la fórmula simplificada presente multitud de ellos, mientras que son muy escasas las especies minerales formadas por un único tipo de átomo. Los minerales que integran este selecto grupo se conocen como elementos nativos.

Es el caso, por ejemplo, del oro. Los átomos de este elemento (Au) son lo suficientemente inertes como para encontrarse en estado elemental en la naturaleza, sin combinarse con otros. Los átomos de oro son pesados de por sí, y además se organizan en estructuras cúbicas muy compactas, razones por las que la densidad del mineral es muy elevada. Esta particular propiedad es la causa de que se acumule en determinados lugares del cauce de los ríos, formando los típicos placeres de oro. También esta gran densidad es la que permite a los buscadores de oro separar las valiosas pepitas del resto de sedimentos con los que se acumulan.

Los átomos de oro se ensamblan mediante enlaces metálicos que determinan las características propias de este tipo de uniones. Como el resto de metales, es un sólido dúctil, maleable y con un brillo característico. Sus propiedades lo hicieron conocido y valorado por los artesanos desde la prehistoria, y fue empleado tradicionalmente para acuñar monedas, en la joyería, la industria y la electrónica. También se ha usado como símbolo de pureza, realeza y poder.

Tanto ha sido el valor que se le ha dado al oro a lo largo del desarrollo de la humanidad que ha inspirado varios sucesos históricos. Un ejemplo es el fenómeno de la alquimia, un sistema filosófico que abarcó al menos dos mil quinientos años y que se extendió por buena parte del mundo antiguo. El mismo tenía dentro de sus principales objetivos la transmutación de metales vulgares en oro. En el transcurso de la época moderna este movimiento evolucionó en la actual química.

El oro también ha sido la inspiración de guerras, conquistas y grandes migraciones conocidas como fiebres del oro. Estas consistían en el traslado apresurado y masivo de gran cantidad de trabajadores hacia tierras más rústicas, tras el descubrimiento del preciado metal. Una de las más importantes fue la ocurrida en California a mediados del siglo XIX.

Precisamente durante este proceso, en el que miles de personas inexpertas en la minería intentaban hacer fortuna con este negocio, algunos fueron engañados por estafadores que hacían pasar por oro a otro mineral. Se cobraban fuertes sumas por esos falsos hallazgos, situación que propició que fuera conocido desde aquella época como el oro de los tontos.

Se trataba de la pirita, un sulfuro de hierro (FeS_2) que en determinadas regiones se utiliza como mena de hierro y azufre. Se caracteriza por ser opaco, con un color amarillo claro y un

Los granos de oro pueden acumularse en el lecho de determinados ríos. El tradicional bateo permite separar las pepitas de la arena gracias a la mayor densidad del preciado metal.

brillo metálico, razones por las que puede confundirse con el oro. Si bien es cierto que se trata de un mineral bastante pesado, su densidad es muy inferior a la del oro, propiedad esta que en manos expertas puede ser suficiente para diferenciarlo.

Los átomos de Fe y S que forman la pirita están organizados de manera similar al Na y Cl de la sal común (halita). Esta simetría cristalina cúbica se expresa externamente en forma de caras planas y perpendiculares, que muy frecuentemente dan lugar a cubos perfectos que causan gran impacto en quién los ve por primera vez.

Esta forma externa es conocida por los minerólogos como hábito mineral, y en el caso que nos ocupa es la propiedad más clara que nos permitirá diferenciarlo del oro, con un hábito generalmente informe.

Si las diferencias de densidad y hábito no nos resultan suficientes para discernir entre ambos minerales, retomaremos el color. A menudo el color observable a simple vista resulta poco fiable, puesto que pequeñas impurezas o alteraciones pueden proporcionar una amplia diversidad de colores a un mismo mineral. Por ello, los cristalógrafos han recurrido a otra prueba diagnóstico de mucho más valor: la raya. Consiste en raspar el mineral en cuestión sobre una superficie de porcelana blanca y observar el color del rastro dejado por el mineral sobre la misma. Esto aporta mayor certeza, puesto que el color puede variar de una muestra a otra, pero la raya no suele cambiar. Si raspamos la pirita utilizando este método, observaremos una raya negruzca, mientas que, al raspar el oro, el polvo resultante mantendrá el característico color dorado.

Estas reglas básicas nos resultarán útiles para, llegado el momento, identificar con seguridad al verdadero oro. Si no, al menos queda argumentado que «no es oro todo lo que reluce».

11

¿Cuál es el principal ingrediente de las rocas?

Los minerales raramente aparecen en la naturaleza de forma aislada; suelen hacerlo formando agregados que denominamos rocas. Se han descubierto más de cinco mil minerales, sin embargo, la mayor parte de la litosfera (etimológicamente 'esfera de roca') está formada por unas pocas decenas de ellos. Estos minerales formadores de rocas son los minerales petrogenéticos.

Para tratar de identificarlos, pensemos por ejemplo en el relieve más cercano de nuestro entorno. Simplificando mucho las cosas, es muy probable que esos materiales que lo forman se hayan originado a partir del enfriamiento y cristalización de un magma o de la precipitación química en el fondo de un mar. Es posible que esos materiales hayan sufrido transformaciones posteriores, tales como fragmentación y redepósito en el caso de sedimentos detríticos o cambios metamórficos, pero sus ingredientes principales ya debían de estar formados previamente.

Veamos la segunda posibilidad, cuando un mar queda aislado del océano sufre una progresiva disminución de sus aguas que lleva a la saturación de las sustancias disueltas en él. Al alcanzar la mitad de su volumen original, comienza a precipitar el mineral calcita ($CaCO_3$); cuando su volumen es la quinta parte

El tetraedro es un cuerpo geométrico formado por cuatro caras triangulares.
En el caso de la sílice, cada vértice está ocupado por un átomo de oxígeno
que se une a uno de silicio ubicado en el centro.

comienzan a crecer los cristales de yeso ($CaSO_4$); y cuando ya
solo queda una décima parte del mar inicial, precipita la halita
($NaCl$).

Sin embargo, la mayoría de las montañas de caliza (roca monomineralica formada por el mineral calcita) se han formado en
mares que no quedaron aislados. La calcita que las forma procede en su mayor parte de los restos de conchas de los organismos
marinos y pequeños cristales de calcita que formaban un fango
calcáreo posteriormente petrificado.

La calcita y el resto de materiales sedimentarios ocupan el
75 % de la superficie continental. Podría ser un candidato para
hacerse con el título de principal ingrediente de las rocas, si no
fuera porque esta capa que recubre el planeta supone menos del
5 % del volumen total de la litosfera. De forma general, bajo
ella encontramos inmensos volúmenes de roca cuyo origen se
encuentra en la cristalización de los magmas.

Un magma es un fundido formado mayoritariamente por
moléculas de sílice. La geometría de esta molécula es la de un
tetraedro, en cuyos vértices se sitúan cuatro átomos de oxígeno
(O) y en el centro uno de silicio (Si), aunque una cantidad variable de estos últimos puede estar sustituido por aluminio (Al).

Estos tetraedros tienen tendencia a unirse unos con otros formando polímeros con diferentes geometrías: parejas, cadenas, láminas, redes tridimensionales, etc. Entremezclados en el fundido se distribuyen átomos de otros elementos, principalmente hierro (Fe), magnesio (Mg), sodio (Na), potasio (K), calcio (Ca)... que quedan «atrapados» en proporciones variables entre estas estructuras de sílice. Al cristalizar el magma, los minerales que se obtienen de la forma descrita se conocen como silicatos, y forman el grupo mineral más abundante en la corteza terrestre.

A diferencia del agua, que cristaliza completamente a cero grados Celsius, los diferentes sólidos que se obtienen de la cristalización magmática poseen distintos puntos de fusión. Este proceso se conoce como cristalización fraccionada, y da lugar a que coexistan cristales sólidos en el seno del magma aún fundido.

En 1928, el petrólogo canadiense Norman Bowen realizó en el laboratorio un estudio exhaustivo de este proceso de enfriamiento y cristalización magmática. Los primeros minerales en cristalizar eran de naturaleza ferromagnesiana, con proporciones relativamente bajas de sílice. Es el caso del olivino, cuyos tetraedros no están en contacto directo, sino unidos mediante átomos de Fe y Mg. Este tipo de estructura cristalina en la que los tetraedros están aislados da lugar a un grupo de minerales conocido como nesosilicatos (del griego *nesos*, que significa 'isla').

La cristalización del olivino dejaba paso a otros silicatos, ferromagnesianos también, pero formados en este caso por cadenas de tetraedros. Hablamos de piroxenos y anfíboles, formados por filas simples y dobles respectivamente que seguían teniendo aún proporciones muy bajas de sílice.

En etapas más avanzadas de la cristalización, se observó que comenzaban a formarse silicatos más ricos en sílice. Era el caso de la mica, en cuya estructura cristalina los tetraedros forman extensas capas, características de este grupo de silicatos, denominados filosilicatos (del griego *filo*, que significa 'hoja').

Bowen y su equipo observaron cómo también variaba la composición de los feldespatos que se formaban paralelamente. Los feldespatos son un grupo de silicatos que contienen cantidades variables de Ca, Na y K. Los primeros feldespatos que se formaban junto con el olivino eran cálcicos, pero pronto eran sustituidos por otros ricos en sodio y potasio.

En la última etapa de este proceso de cristalización fraccionada se formaban cristales compuestos exclusivamente por SiO_2 con total ausencia de otros elementos. En este caso todos los oxígenos son compartidos con los tetraedros adyacentes mediante fuertes enlaces, lo que da lugar a una red tridimensional propia de los tectosilicatos (del griego *tecton*, que significa 'constructor'). El mineral más representativo de la estructura descrita es el cuarzo, que es, a fin de cuentas, el residuo de este proceso de solidificación de un magma.

Esta serie de Bowen, aun tratándose de una idealización de la realidad, nos muestra que los silicatos son el principal ingrediente de las rocas y que el tetraedro de sílice es la molécula que cementa la litosfera.

12

¿CON QUÉ ESTÁN CONDIMENTADAS LAS ROCAS?

Para hablar de la litosfera terrestre esta vez utilizaremos un símil culinario, la compararemos con una pizza. La masa estaría hecha de silicatos, y sobre ella encontraríamos otros minerales que ocupan grandes superficies, aunque su volumen respecto al total sea relativamente pequeño.

Además de los silicatos formados a partir de la cristalización de grandes masas de magma, la capa más externa de la geosfera está «salpimentada» con minerales formados en estrecha relación con las capas fluidas de nuestro planeta, los mares y la atmósfera.

Estos minerales son químicamente diversos, pero se agrupan atendiendo a los diferentes complejos aniónicos (iones con carga negativa) que pueden reconocerse por formar unidades fuertemente enlazadas en sus estructuras.

Por ejemplo, en el caso de la calcita, nombrada anteriormente, su estructura cristalina está constituida por átomos de oxígeno (O) que se disponen en triángulos en cuyo centro se ubica otro átomo de carbono (C), lo que da lugar al radical carbonato ($(CO_3)^=$). Esta doble carga negativa queda neutralizada con la presencia de átomos de calcio (Ca), de lo que resulta la fórmula mineral $CaCO_3$. Existe otro mineral con esta misma

La corteza terrestre está cubierta por una variada gama de minerales que se originan por la interacción entre el aire, las aguas y la vida que recubren el planeta.

composición, el aragonito, que forma el nácar de bellas irisaciones y las perlas.

Una de las pruebas más populares para identificar a estos carbonatos consiste en añadir ácido a la muestra en estudio. Los ácidos aportan hidrógenos en forma iónica H^+, que rompe los triángulos de carbonato con los que entra en contacto siguiendo la siguiente reacción:

$$2H^+ + (CO_3)^= \rightarrow H_2O + CO_2$$

El agua (H_2O) y el dióxido de carbono gaseoso (CO_2) son liberados y dan lugar a la característica efervescencia de ambos minerales.

La calcita es una de las especies más corrientes y el principal constituyente de extensas masas de rocas calizas. Sin embargo, existen otros minerales dentro de este grupo de los carbonatos.

La posición que hemos indicado para el calcio puede estar sustituida por cantidades variables de otros elementos. Es el caso del mineral dolomita ($CaMg(CO_3)_2$), en cuya estructura se alternan capas de calcio (Ca) y magnesio (Mg), combinadas con el ion carbonato $((CO_3)^=)$. Las calizas dolomíticas o dolomía suelen aparecer asociadas a las calizas más puras, y su diferenciación puede resultar complicada. La dolomía presenta una efervescencia menos vigorosa al añadirle ácido y, al ser golpeada con el martillo, desprende un olor que puede recordar a los huevos podridos.

Estos minerales suelen encontrarse juntos formando las rocas sedimentarias caliza y dolomía, que deben su nombre al mineral dominante en cada caso. Otros minerales del grupo de los carbonatos son la malaquita (verde) y la azurita (azul). Ambos suelen presentarse asociados y son ricos en cobre (Cu), por lo que son usados como mena de ese metal, así como en joyería.

Otro mineral formado por precipitación es la sal común o halita, denominada *hals* por los antiguos griegos. Esta se encuentra frecuentemente en los charcos costeros, como consecuencia de la evaporación y desecación de los mismos. También existen enormes capas de sal subterránea, que constituyen los últimos vestigios de mares antiguos que se han evaporado hace mucho tiempo y su posterior enterramiento bajo depósitos sedimentarios. El peso bajo el que quedan sometidas estas formaciones puede dar lugar a que se comporten como fluidos y lleguen incluso a ascender a la superficie y discurrir por las laderas de forma similar a como lo hace un glaciar.

La estructura de la halita (NaCl) fue la primera en descubrirse mediante técnicas de difracción de rayos X. Un padre y su hijo demostraron que la estructura de la sal estaba formada por cubos en cuyos vértices se ubicaban átomos de sodio (Na) y cloro (Cl) de forma alterna. La técnica que utilizaron está basada en lo que se conoce como Ley de Bragg (en honor a ellos) y les valió para ganar el Nobel de Física en 1915.

La halita forma parte de un grupo de minerales conocidos como haluros, que suelen tener una estructura cúbica visible y ser muy solubles. Esta propiedad, en contacto con la saliva, es la que nos permite saber si una ensalada ya está aliñada o si un potaje está soso. Otros ejemplos de este grupo son la silvina (KCl), con un sabor salado y amargo, y la fluorita (CaF_2), que representa la dureza 4 en la escala de Mohs.

Además de la calcita y la halita, existe un tercer mineral mayoritario que precipita en el agua dando lugar a grandes depósitos sedimentarios: el yeso. A nivel cristalino está formado por tetraedros de sulfato ($(SO_4)^=$) y átomos de calcio (Ca), que forman capas débilmente unidas por moléculas de agua. A diferencia de la humedad que puede presentar cualquier objeto, en este caso las moléculas de agua están integradas en la estructura cristalina formando parte de su fórmula mineral ($CaSO_4 \cdot 2H_2O$), razón de su perfecta exfoliación.

El yeso es el segundo mineral más blando en la escala de Mohs y se identifica fácilmente al ser rayado con la uña. Es un mineral utilizado para la construcción desde la antigüedad. Actualmente casi todos hemos, literalmente, convivido con él, por su utilidad en la producción de escayola para inmovilizar huesos rotos. A las variedades de grano fino se las conoce como alabastro y son de gran valor en escultura.

Aunque estos minerales representan un bajo porcentaje en la composición de la corteza terrestre, algunos de ellos como la calcita, el yeso o la halita son los principales componentes de diversas rocas sedimentarias. Otros excepcionalmente forman concentraciones locales de los elementos menos abundantes en forma de elementos nativos, sulfuros, sulfatos, nitratos y boratos, etc., que dan lugar a yacimientos minerales de interés económico.

Por otro lado, a partir del proceso de cristalización magmática también se obtienen minerales accesorios en bajas proporciones que se encuentran frecuentemente en las rocas magmáticas y que, por tanto, podríamos considerar también como condimentos minoritarios de la litosfera. Algunos de estos minerales soportan especialmente bien las condiciones superficiales, de manera que conforme avanza el proceso de denudación que destruye el resto de la roca que forma el relieve, ellos permanecen inalterados. Estos resistentes minerales (denominados *resistors*) pueden acumularse aguas abajo y dar lugar a yacimientos minerales conocidos como placeres.

Es muy famoso el caso del oro, que se acumula en los fondos fluviales de donde se extrae mediante bateo. El oro es un mineral perteneciente al grupo de los elementos nativos, del que también forman parte otros como la plata, el cobre, el grafito y el diamante.

También es llamativo el caso de las playas de arena negra de las islas volcánicas. Al acercar un imán al suelo, enseguida será rodeado por multitud de granos del mineral magnetita (Fe_3O_4), que representa un gran porcentaje de la arena de estos ambientes de sedimentación. Este óxido comparte grupo mineral con otros como la hematites (Fe_2O_3) o el corindón (Al_2O_3), todos ellos de gran dureza y densidad.

Por tanto, para cocinar las rocas que conforman la litosfera terrestre, deberemos incluir en nuestra cesta de la compra grandes cantidades de silicatos y menores porciones de otros grupos minerales, tales como carbonatos, haluros, sulfatos, elementos nativos, óxidos o sulfuros.

13

¿POR QUÉ ALGUNAS PIEDRAS SON PRECIOSAS?

Casi todos los hogares poseen una pequeña colección de piedras que sus dueños han percibido como preciosas. Desde brillantes cristales de cuarzo encontrados en una excursión por el monte hasta guijarros con una esfericidad casi perfecta hallados a la orilla de un río. Normalmente estas piedras sirven no solo para embellecer una estantería, sino también como recuerdo de un día o un viaje especial.

Cada persona puede encontrar diferentes razones para considerar bella una piedra. Asimismo, una piedra puede parecerle preciosa a una persona y horrenda a otra. La belleza es un concepto totalmente subjetivo y variable.

Sin embargo, el concepto de piedra preciosa se reserva para aquellas que resultan atractivas para multitud de personas y tienen por ello un elevado valor económico. Existen piedras preciosas de origen orgánico como el ámbar, resultante de la fosilización de resinas; las perlas, producidas por las ostras en su interior; y el coral, formado por pequeños pólipos acuáticos. Sin embargo, el grupo más amplio de piedras preciosas está constituido por diferentes especies de minerales. A estos cristales se les conoce como gemas.

Una de las principales características que hacen que un mineral se considere gema son sus propiedades ópticas. Generalmente se trata de ejemplares que permiten el paso de la luz, y con un color atractivo. Estas propiedades han sido desde la antigüedad tomadas como criterio para clasificar a las gemas, lo que ha dado lugar a denominaciones que desde el punto de vista mineralógico pueden resultar confusas.

Es el caso por ejemplo del corindón. Su estructura cristalina está formada por átomos de oxígeno (O) ocupando los vértices de infinidad de octaedros, que generalmente incluyen en su interior un átomo de aluminio (Al). La fórmula que lo define es Al_2O_3, pero pueden incluir cantidades variables de otros elementos. La presencia de ínfimas cantidades de cromo (Cr) le otorga una vistosa coloración roja y hace que estos ejemplares reciban el nombre de rubí. Sin embargo, desde la antigüedad se han incluido como tales a otros minerales rojos mucho más comunes, como algunas variedades de espinela, que poseen menor valor.

Los deslumbrantes zafiros son igualmente variedades de corindón. Su llamativa coloración azul es también debida a la presencia de trazas de otros elementos, en este caso, hierro (Fe) y titanio (Ti). Esta propiedad de ciertos minerales traslúcidos, que presentan una coloración variable en función de la presencia de pequeñísimas cantidades de determinados elementos, se conoce como alocromatismo.

Otro buen ejemplo de mineral alocromático es el berilo $(Be_3Al_2(Si_6O_{18}))$. El berilo es un silicato en el que los tetraedros se disponen formando anillos que se superponen. Debido a esta estructura se clasifica como ciclosilicato y en su interior alberga átomos de un metal que debe su nombre a este mineral, el berilio (Be). Las distintas variedades reciben diferentes nombres en función del color. Así, el berilo azul verdoso se conoce como aguamarina, los ejemplares amarillos como heliodoro y también podemos encontrar el berilo rosa, berilo dorado, etc. Sin duda el más apreciado es el de color verde oscuro llamado esmeralda.

Además de por su brillo, transparencia y color, estas gemas son tan apreciadas porque poseen una gran durabilidad. Debido a que la mayor parte de las piedras preciosas se usan para el adorno personal, estas deben ser resistentes a la abrasión y a los arañazos que pudieran empañar su belleza. Se considera que una gema es resistente a la abrasión cuando su dureza es igual o superior a la del cuarzo, con valor 7 en la escala de Mohs. El berilo con dureza 8, el corindón con dureza 9 y por supuesto… el diamante.

La longevidad de los diamantes los ha convertido en una forma de inversión económica, especialmente en momentos de

El diamante es la sustancia natural más dura que se conoce. La talla que se realiza a cada ejemplar tiene como fin realzar al máximo sus propiedades ópticas.

inestabilidad y crisis. El elevado valor de un ejemplar pequeño permite movilizar grandes riquezas de una manera sencilla.

Aparte de su apariencia externa y durabilidad, las gemas más valoradas son aquellas que se caracterizan por su rareza. A menor cantidad, menor es la oferta y mayor la exclusividad del producto, de manera que su precio también será mayor. Tanto es así que si debido a descubrimientos tecnológicos una gema se hace más abundante, su valor disminuye y pierde atractivo entre los interesados en adquirirla.

Tanta es la importancia de la durabilidad y la rareza en la valoración de las gemas que a las que no cumplen alguna de estas propiedades se las cataloga como piedras semipreciosas. Es el caso por ejemplo de múltiples variedades de cuarzo, tales como la amatista o el citrino, que a pesar de su relativa abundancia, ocupan una parcela fundamental en el mundo de las gemas. O el ópalo, que con sus bellísimas irisaciones es muy cotizado a pesar de su relativamente escasa dureza. En la misma situación se encuentra el peridoto, variedad especialmente bella del mineral olivino que, si es tratado con cuidado, mantendrá su brillo durante años.

Recapitulando, hemos comentado como la belleza de las gemas se debe a su estructura cristalina y, en muchos casos, a las impurezas que contiene. Cuando se encuentran en la naturaleza suelen mostrarse opacas y no exhiben todo su atractivo; podrían pasar desapercibidas para los coleccionistas menos experimentados. Generalmente es el proceso de talla y pulido el que consigue resaltar al máximo las características ópticas, o en caso necesario, esconderlas. Como consuelo para los humanos, nos queda haber comprobado que, también en las piedras..., la belleza está en el interior.

14

¿CUÁLES SON LOS PODERES DE LOS MINERALES?

Transcurrían los finales del siglo XIX y un cargamento de una tonelada de piedras llegaba a París. El vagón había atravesado Europa recorriendo más de mil kilómetros desde una mina de Bohemia, en la actual República Checa. De momento nada extraño podríamos pensar, menos aún cuando la mina era de plata y París, por supuesto, una ciudad rica e industrializada que demandaba valiosos metales. Lo original de este envío es que había sido encargado y supervisado por una maestra de la capital gala y, sobre todo, que las piedras no contenían plata.

En minería se conoce como ganga a los minerales sobrantes en una extracción. En este envío, la ganga transportada era pechblenda, y la única razón por la que se extraía en aquella mina era para poder acceder a la plata nativa que impregnaba el subsuelo.

Dos años antes, un prestigioso científico de la misma ciudad había mostrado gran interés por el sorprendente poder de algunos minerales, la luminiscencia. Esta propiedad les hacía emitir luz en la oscuridad si previamente habían sido expuestos a radiación electromagnética. Recordemos que, por ejemplo, el Sol emite radiación electromagnética, y que nuestros ojos son capaces de percibir una parte de ella, a la que llamamos luz visible.

Este científico era Henri Becquerel y mientras trabajaba con sustancias extraídas de la pechblenda, el cielo de París se nubló. Sin sol al que exponer sus muestras, sus investigaciones sobre luminiscencia no podían continuar. Aburrido quizás, decidió probar que las muestras no emitían radiación debido a que no habían estado expuestas a la radiación solar, pero para su más absoluta sorpresa las muestras habían emitido radiación de forma espontánea, y el causante de la misma era el elemento uranio.

Aquella maestra de la capital francesa no podía ser otra sino Marie Curie. Esta genial científica continuó estudiando el fenómeno descubierto por Becquerel y tras un arduo trabajo durante cuatro años con la tonelada de pechblenda, obtuvo un gramo de los materiales radiactivos que buscaban en ella. Descubrió que la radiactividad de la pechblenda se debía no solo al uranio, sino también a dos nuevos elementos: el polonio (nombrado así en honor a su país de origen) y el radio.

Marie realizó estos descubrimientos con la ayuda de otro grandísimo investigador, su marido Pierre Curie. Pierre había descubierto años atrás que algunos minerales adquirían potencial eléctrico al ser presionados. Esta sorprendente propiedad se conoce como piezoelectricidad y conlleva también el efecto contrario; es decir, los minerales piezoeléctricos se deforman cuando se someten a un potencial eléctrico.

Marie participó activamente durante la Primera Guerra Mundial promoviendo el uso de ambulancias con equipamiento radiológico (rayos X), las cuales fueron conocidas como las Petit Curie. A finales de la contienda, la piezoelectricidad del cuarzo encontró una de sus primeras aplicaciones: las ondas sonoras producidas por un submarino podían ser detectadas por una lámina de cuarzo sumergida.

Durante el período de entreguerras Curie falleció a causa de una leucemia, muy probablemente por su continua exposición a las radiaciones. Sus logros en la investigación atómica continuaron avanzando a pasos agigantados durante el siglo XX, con algunas consecuencias nefastas como el lanzamiento de la bomba de Hiroshima, cuya carga explosiva de uranio fue obtenida de la pechblenda.

Pero volvamos al poder luminiscente que investigaba Becquerel antes de que descubriera la radiactividad en la pechblenda. Recordemos que la luminiscencia es la capacidad de un mineral para emitir luz visible al ser excitado. Cuando la excitación proviene de la incidencia de ondas electromagnéticas solemos hablar de fluorescencia (o fosforescencia si continúa siendo luminoso tras el cese de la excitación). El mineral fluorescente por antonomasia es la fluorita, que emite un precioso y débil azul en presencia de radiación ultravioleta. Además, algunas variedades de este mineral son luminiscentes al ser triturados (triboluminiscencia) o calentados (termoluminiscencia).

15

¿CURAN LOS MINERALES?

Todos hemos escuchado en alguna ocasión que el cuarzo, el jaspe, la turmalina y muchos otros minerales poseen propiedades curativas. Incluso que estos pueden atraer la buena suerte, contribuir al desarrollo espiritual o brindar ayuda en el amor. También es usual que se asocien ciertos minerales con los distintos signos del zodiaco, así como con determinados rasgos de la personalidad o del estado de ánimo.

Si hacemos una búsqueda en Internet relacionada con este tema encontraremos una amplia variedad de blogs, manuales o libros donde se alaban los diversos y efectivos poderes de los minerales. Los sitios de venta de gemas proliferan a nuestro alrededor en respuesta a la demanda de cristales para usos terapéuticos o místicos.

Estas creencias se convierten en pseudociencia cuando incluyen términos tomados de la física cuántica y la psicología para atraer seguidores. Aunque sus postulados carecen completamente del respaldo de la ciencia ortodoxa y sus prácticas se alejan del método científico, el aire académico que le confiere esta terminología cautiva y vende. Sin embargo, lo cierto es que sus argumentos no son explicados o entran en contradicción con los más elementales paradigmas científicos aceptados en la actualidad.

Un ejemplo lo tenemos en la cristaloterapia, que es una pseudociencia basada en el uso de ciertos cristales para regular el estado energético de las personas, para lo que se sitúan minerales sobre seis o siete puntos de energía distribuidos por el cuerpo, denominados chakras. Según sus defensores, los pacientes poseen desequilibrios o bloqueos energéticos o eléctricos que son reparados por las vibraciones de los cristales. Sin embargo, resulta imposible encontrar alguna evidencia científica que avale dichos efectos.

Leyendo varias webs promotoras de la cristaloterapia encontramos, por poner un ejemplo, que la calcedonia y la piedra de luna son remedios ampliamente recomendados para los trastornos de la menopausia, así como el jade y la venturina fomentan la fertilidad. Sin embargo, en ninguna se explica de qué forma podrían influir estos cristales en ese proceso endocrino. ¿Acaso producen hormonas?

En otros manuales encontramos que los diamantes pueden ayudar a su portador a deshacerse de los miedos diversos, ataques de nervios y la depresión. ¡Claro! Un buen diamante puede darle seguridad y ánimo a cualquiera...

Se difunden múltiples ejemplos, cada cual más delirante e incongruente. En diversos sitios se atribuye a las gemas propiedades muy generales, incluso contradictorias. Todas ellas sin ningún resultado comprobado y que como mucho podrían tener un efecto placebo.

Este fenómeno, cuyo nombre proviene del latín y significa 'yo complazco', se produce cuando algunos pacientes notan mejoría tras emplear medicamentos que no poseen ningún principio activo. Se basa en la sugestión y sus efectos suelen desaparecer cuando la persona conoce la realidad. Los neurólogos han localizado zonas del cerebro que se activan cuando el paciente cree que está tomando un medicamento, lo que explica los fuertes efectos fisiológicos que pueden producir. También se conoce que los placebos no funcionan en todo el mundo, depende de múltiples factores dados por las diferencias individuales y la condición médica que se pretenda tratar.

Por lo general, las personas recurren a este tipo de tratamientos cuando aparentemente no hay solución desde la medicina oficial, lo que es aprovechado por los charlatanes. Estos crean la ilusión de curación, mientras la enfermedad remite por sí misma.

Estas creencias disfrazadas de ciencia podrían llegar a ser incluso peligrosas. El problema aparece cuando se abandonan los tratamientos clásicos y se desechan los métodos más apropiados para acortar el período de la enfermedad y garantizar que la curación sea exitosa, sin secuelas ni muerte.

El uso de los medicamentos tradicionales está respaldado por la farmacología, una ciencia que estudia, a través de diferentes disciplinas, los efectos bioquímicos y fisiológicos de los fármacos, sus mecanismos de acción, así como los procesos a los que estos son sometidos a través de su paso por el organismo.

Es cierto que para ciertos tratamientos la medicina clásica utiliza medicamentos cuyos mecanismos de acción no están descritos totalmente. Sin embargo, aun en estos casos, las decisiones terapéuticas se basan en estudios clínicos que las respaldan, investigaciones que siguen protocolos diseñados para reunir la evidencia científica que permita evaluar la eficacia y seguridad del medicamento antes de que su uso se extienda a la población.

Por todo lo comentado anteriormente podemos afirmar que el verdadero poder de los cristales nada tiene que ver con las curaciones energéticas que se le atribuyen a determinadas gemas. Su verdadero valor reside en otras propiedades, no menos sorprendentes, que han sido utilizadas por el hombre a lo largo de su historia. Los minerales aparecen por todos lados en nuestra vida diaria y sin su uso el mundo en que vivimos sería bastante diferente.

III

PALEONTOLOGÍA

16

¿QUÉ SON LOS «CAPRICHOS DE LA NATURALEZA»?

Casi todo el mundo se ha fijado alguna vez en las curiosas figuras, con aspecto de conchas o plantas, que en ocasiones aparecen en las rocas que conforman el pavimento de aceras o la fachada de algunos edificios. Aunque hoy en día pueda parecer evidente, en la antigüedad estas formas no se relacionaban con seres que habían vivido en el pasado. Eran explicadas como imágenes engendradas en la tierra por una fuerza modeladora, o generadas de forma espontánea por semillas caídas de las estrellas.

Los romanos aplicaban el adjetivo *fossilis* a todos los objetos que hubieran sido desenterrados, desde un cristal de pirita a un diente de tiburón. Las rocas que tenían formas orgánicas no pasaron inadvertidas, pero eran consideradas como casuales o intentos abortados de producir vida. A estas rocas que no habían tenido la suficiente fuerza como para adquirir vida se las denominó de forma genérica «caprichos de la naturaleza».

Los fósiles eran considerados simples *lusus naturae*, es decir, 'juegos de la naturaleza'. Incluso algunos llegaron a pensar

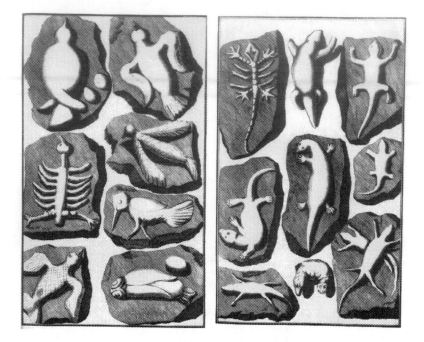

Lithographia Wirceburgensis, J. Behringer. A finales del siglo XVIII, en plena euforia por los descubrimientos en el registro fósil, el profesor Johann Behringer fue víctima de una de las bromas científicas más sonadas de la historia. En esta publicación suya se muestran algunos de los ejemplares que sus «amigos» prepararon para él.

que podrían ser inventos diabólicos, permitidos por el Creador para desconcertar a los hombres. Su origen se intentaba explicar a través de la idea de la generación espontánea, según la cual algunos animales podían nacer sin la necesidad de la existencia previa de unos progenitores.

Un ejemplo de la dificultad a lo largo de la historia para determinar la naturaleza de los fósiles son las rocas con abundancia de graptolitos (del griego *graptos*, 'escrito', y *lithos*, 'piedra'). Estos fósiles fueron así denominados por su semejanza con los jeroglíficos, pero hoy sabemos que sus formas se deben a los esqueletos de pequeños organismos coloniales marinos ya extinguidos.

Durante siglos, el origen de los fósiles y su verdadero significado fueron objeto de gran interés y de acalorados debates tanto entre los naturalistas como entre los profanos. Algunos de estos coleccionistas los reconocieron como animales de piedra, pero no llegaron a sugerir que hubieran estado vivos en algún momento del pasado. Para el mundo antiguo, la idea de descubrir la historia de la Tierra por el testimonio de las rocas pasó desapercibida.

Las primeras explicaciones que relacionaron el origen de los fósiles con organismos del pasado giraron en torno a la idea del diluvio universal. Las conchas de gasterópodos, bivalvos, erizos y en general aquellos fósiles cuyo aspecto era claramente parecido a los seres vivos actuales fueron considerados como seres que habían sido sepultados en aquella gran catástrofe.

Estas eran las primeras ideas sobre la existencia de una historia de la vida. Sin embargo, esta explicación que comprendía desde la creación divina hasta el momento presente, pasando por un evento catastrófico a escala planetaria, era simplista y errónea. Los sucesos antiguos de esta historia eran catalogados como antediluvianos y englobaba a todos los que podían reconocerse en el registro fósil.

En esta época los fósiles eran descritos con frecuencia por artistas y no por científicos. En una ocasión, cierto esqueleto fósil fue catalogado como *Homo diluvii testis*, es decir, un 'hombre testigo del diluvio', aunque luego se pudo ver que se trataba simplemente de una salamandra gigante fósil.

Una anécdota conocida y tragicómica es el caso de un digno profesor alemán de medicina, quien publicó descripciones de ciertas piedras figuradas a principios del siglo XVIII. Pero estas eran falsas, habían sido preparadas y colocadas hábilmente por sus alumnos en los sitios en los que él acostumbraba a recoger fósiles, con el objeto de jugarle una mala pasada. El profesor las consideró, de buena fe, como auténticos fósiles y al enterarse de su verdadera naturaleza dedicó muchos esfuerzos en comprar los ejemplares de su propia publicación, en un intento desesperado por salvar su prestigio.

El científico que corrigió algunos de estos conceptos fue el francés Georges Cuvier, quien estableció ciertos principios básicos para interpretar el registro fósil. Observó que este no era homogéneo, como debía suponerse en el caso de que los fósiles fueran consecuencia del Diluvio. Los estratos contenían diferentes faunas fósiles que, por lo tanto, debían de haber cambiado notablemente en el transcurso del tiempo geológico.

Seguramente influenciado por el momento histórico que le tocó vivir en la Francia revolucionaria, trató de explicar estos cambios en la historia de la vida mediante sucesos catastróficos, similares al Diluvio, que aniquilaban una fauna anterior para permitir la creación de la siguiente. Estas ideas derivarían en un modelo de creaciones sucesivas que tuvo gran influencia en los naturalistas de la época y sería uno de los grandes paradigmas contra los que Darwin debió enfrentarse.

No obstante, Cuvier propició enormes avances en el conocimiento humano. Además de sembrar el anhelo por desvelar la historia de la vida en la comunidad científica, introdujo el concepto de extinción de las especies fosilizadas y, como veremos más adelante, realizó las primeras reconstrucciones de animales superiores extintos. Por todo ello es considerado el padre de la paleontología, etimológicamente 'la ciencia de los seres del pasado', término acuñado por el inglés Charles Lyell.

Este grandísimo geólogo inglés atacó las ideas catastrofistas de Cuvier. Frente a estas, proponía que los procesos que habían regido el pasado geológico del planeta debían de haber sido uniformes, sin grandes eventos de naturaleza catastrófica. Este uniformismo también lo aplicaba a la sucesión de especies en el registro fósil. Lyell consideraba a los seres vivos como el resultado de un único acto de creación divina según un plan continuo, gradual y ascendente, que evolucionaba desde las especies más imperfectas y antiguas hasta las actuales.

Entre las innumerables aportaciones de Lyell a la geología moderna destaca la inmensidad que le otorgaba a la edad de la Tierra. Si, como él afirmaba, los fenómenos que modelaban los valles y levantaban las montañas eran graduales y uniformes, el concepto de tiempo geológico debía de ser inconmensurablemente grande.

Las ideas de Lyell acompañaron a Darwin en su viaje alrededor del mundo, y a su regreso a Inglaterra ambos naturalistas trabaron una fuerte relación amistosa y profesional. Los cientos o quizás miles de siglos en que se dilataba el tiempo de la Tierra con el nuevo paradigma triunfante en la historia natural permitirían a Darwin explicar el mecanismo de evolución de los seres vivos. Probablemente esta idea de la evolución de las especies por selección natural sea el aspecto más importante e interesante de la historia de la vida recogida en el registro fósil.

En la actualidad el término *fósil* ha ceñido su ámbito de significación a los restos y las huellas de antiguos organismos. Los mismos son inclusiones importantes en los sedimentos y las rocas sedimentarias que, entendidos como registros de la historia natural, constituyen herramientas básicas para interpretar el pasado geológico.

De su estudio científico se encarga la paleontología, ciencia interdisciplinar que une a la geología y la biología en el intento de explicar la sucesión de la vida durante la enorme extensión del tiempo geológico. Conocer la naturaleza de las formas vivas que existieron en un momento concreto ayuda a los investigadores a comprender las condiciones ambientales del pasado. Además, los fósiles son indicadores cronológicos importantes y desempeñan un papel clave en la correlación de las rocas de edades similares que proceden de diferentes lugares.

La curiosidad humana por explicar el origen del mundo que le rodea se sirve de las valiosas pistas aportadas por los fósiles. Podemos decir que la naturaleza mediante sus «caprichos» nos cuenta su pasado. Desenterrando el recuerdo de los que han habitado el planeta a lo largo de millones de años, se va reconstruyendo una historia inmensa que aún encierra numerosos misterios por desvelar.

17

SI LA GORGONA MEDUSA NO EXISTIÓ, ¿CÓMO SE PETRIFICAN LOS SERES VIVOS?

La mitología de la antigua Grecia cuenta cómo Perseo fue capaz de derrotar a la Medusa gracias al reflejo de su escudo. Medusa era una gorgona como sus dos hermanas, seres monstruosos del inframundo que solían representarse con grandes colmillos, manos de bronce y piel de reptil. Ella poseía además serpientes venenosas en lugar de cabellos y su poder era

Según el mito, Perseo logró cortarle la cabeza a Medusa mirándola a través del reflejo de su escudo. Su mirada petrificante, los cíclopes o incluso los dragones son leyendas que podrían tener un origen ligado a las primeras observaciones de fósiles.

tan grande que cualquiera que la mirara directamente a sus irresistibles ojos se convertía en piedra.

Aunque bellas, estas historias de seres sobrenaturales capaces de petrificar con la mirada son completamente falsas. Forman parte del importante legado de la cultura clásica, pero no poseen ningún sentido desde el punto de vista científico. Hace ya varios siglos que los humanos dejamos de creer en ellas.

Sin embargo, en el 2016, los medios de comunicación hicieron eco de un hallazgo fascinante: un cerebro petrificado de dinosaurio. ¿Podrían explicar esto los paleontólogos?

Las partes blandas suelen ser comidas rápidamente por carroñeros o descompuestas por bacterias y hongos. Para que un organismo llegue a constituir un fósil reconocible, alguna parte de su estructura (o el resultado de alguna de sus actividades) debe sobrevivir a factores destructivos tan universales como la descomposición y la erosión.

Un buen ejemplo de conservación es el de los insectos atrapados por la pegajosa resina segregada por las coníferas. ¿Recordáis los mosquitos de *Parque Jurásico*? Pues ese tipo de fósiles existen, y la resina endurecida con el transcurso de los años se conoce como ámbar. Este proceso de fosilización permite una muy buena conservación de las estructuras animales; impide que partes frágiles, como las patas de un escarabajo, se rompan. Además de insectos o flores, algunos vertebrados pueden quedar atrapados en esta especie de cápsula del tiempo. Tal es el caso de lagartos o la cola de un pequeño dinosaurio, que conserva vértebras y el plumaje con que estaba cubierta.

También la carbonización es particularmente eficaz conservando las hojas y las formas delicadas de animales. Se produce cuando un sedimento fino encierra los restos de un organismo. A medida que pasa el tiempo, la presión expulsa los componentes líquidos y gaseosos y deja solo un delgado resto de carbón.

Pero quizás el ejemplo más divulgado acerca del proceso de fosilización es el que tiene lugar con las huellas. Muchos hemos realizado en nuestra escuela (o lo vimos en algún libro de texto) una famosa práctica de laboratorio para entender este proceso. Consiste en colocar una capa de arcilla en un depósito, sobre ella se ejerce presión hasta que quede la huella de nuestras manos, y posteriormente se vierte una capa de escayola. Cuando esta fragüe, la extraemos y obtenemos así un molde de nuestra mano. Esta experiencia recrea muy bien lo que sucede en la realidad (con otros materiales sedimentarios que sustituyen a la escayola); es el proceso por el que conocemos las huellas de gusanos, trilobites, dinosaurios y hasta de los humanos ancestrales.

Sin embargo, resulta obvio que la mayoría de fósiles corresponden a las partes duras de los organismos. Los restos recientes de huesos, dientes y caparazones pueden no haberse alterado en absoluto, pero con el paso del tiempo suelen sufrir cambios en la composición química o en la estructura cristalina. Es el caso de muchas conchas de aragonito que suele transformarse en calcita, su polimorfo de igual composición ($CaCO_3$). También el material original de la concha puede disolverse hasta dejar un molde que puede ser ocupado por otra sustancia.

El hallazgo del cerebro fósil que comentamos anteriormente se produjo en Inglaterra y se trataba del primer ejemplo conocido de tejido cerebral de un dinosaurio. Los científicos han interpretado que el dinosaurio debió de morir cerca de una ciénaga con aguas ligeramente ácidas y pobres en oxígeno. Su cabeza quedaría sumergida en esta especie de salmuera en el mismo instante de su muerte, y en las horas siguientes enterrada por el sedimento fino transportado por el agua. Esto permitió que los tejidos nerviosos mineralizaran antes de que fueran destruidos por completo y quedaran así preservados.

Encontrar los tejidos blandos fosilizados es muy raro, por lo que el descubrimiento solo podía explicarse con la confluencia de múltiples casualidades tras la muerte de aquel individuo, que hicieron posible que su cerebro llegara hasta nosotros.

Pero ¿cómo podría explicarse la fosilización masiva de animales de cuerpo blando? Eso es lo que se observa en el yacimiento fósil de Burgess Shale en las montañas de Canadá. Este es un lugar de conservación fósil excepcional. En él se registran grandes cantidades de organismos marinos de cuerpo blando, debido a las circunstancias particulares en las que ocurrió la fosilización.

Estos animales vivían en los escarpes abruptos de un arrecife, donde la acumulación de barros se hacía inestable periódicamente. Era frecuente que los sedimentos cayeran pendiente abajo y dieran lugar a corrientes de turbidez que transportaban a los organismos hacia la base del arrecife, donde quedaban sepultados en el instante de morir. Allí, en un ambiente profundo y exento de oxígeno, los restos enterrados estaban protegidos. Este proceso se repitió durante miles de años, por lo que se formó una secuencia gruesa de capas sedimentarias ricas en fósiles que hoy son objeto de estudio para los paleontólogos de todo el mundo.

Como hemos visto, la conservación depende de condiciones especiales, motivo por el que el inventario de la vida en el pasado geológico está sesgado. Los organismos con partes duras que vivieron en áreas de sedimentación nutren en mayor medida el registro fósil y de ellos tenemos mayor información.

Sin embargo, solo conseguimos una visión parcial de las diferentes formas de vida que no contaron con las condiciones favorables para su preservación, ya sea por sus características anatómicas o por las peculiaridades de los ambientes en que vivieron y perecieron.

18

¿HUBO AÑOS CON MILES DE DÍAS?

Los astrónomos conocen perfectamente el movimiento de los astros que nos rodean y por ende las posiciones que ocuparán en un determinado momento. Con la ayuda de los ordenadores son capaces incluso de predecir sin error el momento en que nuestra Luna volverá a interponerse entre nosotros y el Sol hasta que la sombra de nuestro satélite se proyecte sobre la superficie terrestre. Como bien sabemos, este fenómeno se llama eclipse solar, y de la misma manera que podemos saber cuándo serán los próximos, somos capaces también de conocer cuándo sucedieron en el pasado.

Muchas civilizaciones históricas registraron la ocurrencia de este fenómeno, algo que ha permitido validar este método. La anotación más antigua confiable que se conoce es la que realizaron los astrónomos babilonios el 15 de abril del año 136 a. C., y los modelos matemáticos actuales confirman que ese día se produjo un eclipse de Sol.

Sin embargo, había un hecho que desconcertaba a los investigadores. Los cálculos indicaban que la sombra lunar solo se proyectó en algunas regiones de África y Europa. Entonces..., ¿cómo pudo ser observado el eclipse desde aquella región asiática? Para comprender mejor el significado de esta divergencia refresquemos un par de conceptos.

La Tierra tiene forma esférica y gira en torno a su eje imaginario describiendo un movimiento llamado rotación. Al tiempo que tarda el planeta en completar un giro lo denominamos día. Además, la Tierra se traslada alrededor del Sol describiendo una elipse. Al intervalo de tiempo que transcurre hasta que pasa dos veces consecutivas por el mismo punto de

Los anillos de crecimiento que permiten contar los años de un determinado árbol también están presentes en otras estructuras orgánicas. Los estudios microscópicos detallados hacen posible incluso contar el paso de los días.

la trayectoria lo llamamos año, período en el que completa 365,256363004 vueltas sobre su eje.

Este valor numérico, tan válido para nuestro tiempo presente, fue el introducido en los modelos matemáticos que estimaron aquel eclipse del 136 a. C. El hecho de que la sombra del mismo fuera observada a miles de kilómetros de donde indican estos cálculos solo puede explicarse porque la rotación de la Tierra ha sufrido un leve frenado, de manera que en aquella época nuestro planeta completaba una mayor cantidad de vueltas sobre su eje durante el transcurso de un año.

La comprobación de este frenado nos llega de la mano de los restos fósiles de coral. Al igual que sucede con el tronco de los árboles, el crecimiento de estos pólipos es sensible a las variaciones estacionales, de forma que podemos distinguir un bandeado anual en sus estructuras minerales.

Pero es que además estos organismos muestran al microscopio una alternancia de líneas que se corresponden con el depósito diario de una finísima capa de calcita, lo que se puede comprobar porque los individuos actuales depositan 365 de estos anillos de crecimiento cada año.

La relativa facilidad con la que estos organismos han fosilizado ha permitido hacer el mismo conteo sobre corales muy antiguos y llegar a estimaciones sorprendentes. Corales que vivieron hace quinientos cincuenta millones de años exhiben cuatrocientos veinte días por banda anual, de manera que los días solo tendrían veintiuna horas. La explicación a este hecho está relacionada, como las mareas, con la acción que ejerce la Luna sobre la rotación de la Tierra. El mecanismo se conoce como frenado mareal y es similar al de las pastillas que frenan el giro de una rueda, con la diferencia de que entre la Tierra y la Luna no hay contacto físico.

Teniendo en cuenta que la Luna y sus efectos son muchísimo más antiguos que ese viejo coral, algunos investigadores han llegado a estimar velocidades de rotación de cuatro a cinco horas, condiciones en las que el año tendría unos dos mil días. Sin embargo, el debate está aún por resolverse ya que son muchos los factores que pueden influir en este frenado.

Las observaciones hechas en corales han permitido desvelar este curioso misterio del pasado geológico de nuestro planeta. Pero existen otros ejemplos de cómo los fósiles pueden contribuir a este propósito, como es el caso de la sucesión biológica de las especies a lo largo del tiempo. Aquellas que tienen facilidad para fosilizar pueden servir como indicadores cronológicos para ordenar los acontecimientos que se sucedieron en la historia de la Tierra.

Los fósiles más interesantes para este fin serán los de aquellos organismos que se han expandido y extinguido rápidamente, de manera que se sitúen en una etapa muy concreta del pasado. Estos se conocen como fósiles guía y desde el siglo XVIII han permitido clasificar los terrenos de diferentes localidades en función de su edad. Los geólogos de aquella época pudieron determinar, por ejemplo, una era primaria cuyos estratos se ordenaban en función de las diferentes especies de trilobites que contenían, y otra era secundaria donde eran los amonites los que servían para esta finalidad.

Por otro lado, los fósiles cuya distribución queda restringida a regiones concretas tienen un valor muy limitado en este sentido, pero puede llevarnos a otras conclusiones sobre la geografía de nuestro planeta en el pasado. Un buen ejemplo de estudios paleogeográficos es el caso del mesosaurio, cuyos restos solo se encuentran en Brasil y África del Sur. Este pequeño reptil acuático debió de tener unas habilidades y un estilo de vida similares a los de los cocodrilos actuales, de manera que la distribución de los mismos resultaba un poco caprichosa. ¿Cómo podrían encontrarse restos a ambos lados del Atlántico?

Los paleontólogos de principios del siglo xx encontraron la pista que necesitaban para esta pregunta en la geografía de los continentes actuales. Basta por ejemplo con echar una mirada a América del Norte para darse cuenta de que existen diversos puentes intercontinentales que la unen con otros territorios. Por el sur, el estrecho istmo de Centroamérica, y por el noroeste, mediante el rosario de islas que son las Aleutianas, permiten el paso de especies poco nadadoras desde Sudamérica y Asia respectivamente. La respuesta parecía obvia: en el pasado debió de existir un puente intercontinental que cruzaba el Atlántico de este a oeste y permitía el paso del mesosaurio. Por alguna razón, estos trozos de continentes se habían hundido en el océano y se había roto la conexión.

Pero esta explicación implicaba asumir que los relativamente ligeros continentes pudieran hundirse en los pesados fondos marinos, y esto sería equivalente a que un flotador se hundiera en una piscina. Sin embargo, el enorme prestigio de los paleontólogos de aquel entonces que persistieron por unanimidad en esta idea hizo que se mantuviera como cierta. Dejar atrás este paradigma sería una de las grandes dificultades que encontraría la geología para reconocer la validez de la hipótesis de la deriva continental.

19

¿QUÉ NOS DICEN LAS ROCAS SOBRE LA VIDA?

En 1824, la Geological Society se reunió para debatir sobre el contenido de una carta enviada por el barón de Cuvier. El prestigioso investigador francés sostenía que el vertebrado fósil, cuyo dibujo había recibido y estudiado, se apartaba de

Duria Antiquior, Henry de la Beche. Esta acuarela está basada en los descubrimientos de Mary Anning. Se trata de la primera representación que se realizó sobre la vida del pasado, la cual causó un enorme impacto en la sociedad de entonces.

las normas básicas que él mismo había fundado, puesto que la mayoría de los reptiles tienen entre tres y ocho vértebras cervicales y aquel ejemplar presentaba un cuello extremadamente largo, de treinta y cinco vértebras. Afirmaba por ello que era una falsificación hecha con piezas de diferentes animales.

Muchos de los naturalistas allí reunidos habían sido ya víctimas de este tipo de fraudes, y en este caso era la máxima autoridad de la paleontología quien cuestionaba la veracidad de los fósiles que Mary Anning decía haber descubierto.

Cuvier había conseguido grandes logros para la ciencia. La metodología que había desarrollado, denominada anatomía comparada, le permitía, sin necesidad de observar todo el organismo, sino alguna parte de su estructura como la dentadura o las extremidades, clasificar un animal y conocer aspectos de su forma de vida como el tipo de alimentación o de locomoción.

Un buen ejemplo de su habilidad lo demostró años antes, cuando desde Madrid recibió una carta con la primera reconstrucción de un mamífero fósil. A partir de las ilustraciones recibidas pudo concluir acertadamente que se trataba de un animal emparentado con el perezoso actual, al que por sus gigantescas dimensiones denominó *megatherium* ('bestia gigante').

En aquellos años la paleontología de vertebrados causaba furor, no solo entre científicos que comenzaban a arrojar cierta luz sobre la historia natural, sino también entre aficionados y coleccionistas. La recolección de fósiles era una actividad en auge y a ello se dedicó Anning desde que era una niña.

De pequeña, su padre la llevaba con su hermano a recoger fósiles en los acantilados cercanos a su ciudad natal, Lyme Regis, que eran continuamente excavados por el oleaje. Para ganarse la vida, los vendían a los nobles que veraneaban en los alrededores. Siendo adolescente falleció su padre y solo ella continuó con el negocio familiar.

A los trece años realizó su primer gran descubrimiento, un esqueleto de 5,2 metros que los canteros locales la ayudaron a extraer. Descubrió muchos otros esqueletos similares y alcanzó tal notoriedad que los museos y asociaciones científicas comenzaron a interesarse. Sus ejemplares fueron expuestos en Londres y causaron gran impacto en el público, que por primera vez podía imaginar misteriosas bestias de un pasado diferente al relatado por las escrituras sagradas. Los científicos del British Museum nombraron a uno de sus hallazgos ictiosaurio, ('pez lagarto'), porque sus características anatómicas, aun siendo un reptil, recordaban a las de los peces y delfines actuales.

Pero su encumbramiento profesional llegó cuando la comisión de la Geological Society concluyó que aquel reptil de enorme cuello, cuya veracidad había sido cuestionada, se trataba efectivamente de una nueva especie hoy extinta a la que pusieron el nombre de plesiosaurio, lo que quiere decir 'próximo a los lagartos' (porque era más parecido a los reptiles actuales que el ictiosaurio). Este poseía extremidades en forma de aleta similares a las de las tortugas marinas. Incluso Cuvier llegaría a reconocer que se había precipitado tras el análisis que había hecho de aquellos dibujos que la propia Anning le había enviado y que estaba equivocado.

Con la tranquilidad de saber que las ventas de sus fósiles no iban a verse dañadas, Anning pudo continuar con sus trabajos.

Así, realizó otros avances importantes como la correcta interpretación de unas piedras que encontraba con frecuencia en el abdomen de los grandes animales fosilizados, y que al partirlas mostraban restos de huesos y escamas. Se denominaron coprolitos, etimológicamente 'excremento piedra'.

Observó también con detalle las conchas de belemnites, en las que descubrió que existía una cámara interna. Mediante la disección de calamares actuales similares a los belemnites concluyó acertadamente que aquellos compartimentos eran depósitos para la tinta. Asimismo, a la lista de grandes vertebrados encontrados por ella, hubo que sumar algunos restos de pterosaurios ('reptiles alados') y numerosas especies de peces, otros descubrimientos que ayudarían a desvelar aquel mundo pretérito dominado por grandes reptiles.

El análisis de diferentes pruebas como la morfología de las articulaciones, las señales de inserción dejadas por los músculos en los huesos, los tendones asociados que pueden quedar osificados, las huellas sobre el fango, las marcas de dientes en las conchas de las presas, así como la comparación con los organismos y ecosistemas actuales han permitido a los paleontólogos modernos conocer el modo de vida de aquellas especies, su morfología y el medio en que vivían.

La paleobiología y la paleoecología hacen posible imaginar aquel fascinante ecosistema marino en el que nadaban plesiosaurios de hasta catorce metros impulsados por sus cuatro aletas, algunos con los cuellos erguidos para sacar la cabeza y respirar fuera del agua. Junto a ellos, bandadas de veloces ictiosaurios. Los amonites, parientes de los pulpos, con concha externa que se impulsaban lanzando chorros de agua, serían parte de su dieta. También habría peces y belemnites, que podrían lanzar tinta para huir y refugiarse entre los corales del exuberante arrecife. Sobre esas cálidas y luminosas aguas, grandes pterodáctilos planeaban a la búsqueda de peces para alimentarse. Y en la base de esta red trófica se encontraría un abundantísimo plancton, cuyas diminutas conchas levantan hoy enormes acantilados de calizas jurásicas.

Los paleontólogos nos asombran con estos mundos reales del pasado que parecen sacados de antiguas mitologías o de la enorme imaginación de las modernas películas de ficción. Sin embargo, es falsa la creencia de que estos especialistas son capaces de reconstruir un esqueleto completo a partir de una sola pieza.

La paleontología crea, como todas las ciencias, modelos e hipótesis que pueden ser posteriormente modificados por la aparición de nuevas evidencias. Algunas limitaciones propias de esta ciencia, como la inexistencia de especies similares en la actualidad o la degradación del color en el proceso de fosilización, dejan un espacio para la imaginación y la creatividad de científicos y artistas.

20

¿Existieron dinosaurios en la prehistoria?

Hace un millón de años existía la humanidad. Hace un millón de años no habíamos inventado la escritura. Hace un millón de años habían desaparecido ya los dinosaurios, y los plesiosaurios, ictiosaurios, pterosaurios… Es probable que, si usted tiene una cierta edad o simpatiza con el cine de los sesenta, le vengan a la cabeza algunas imágenes de la película estadounidense *One million years B. C.* Este largometraje rodado junto al majestuoso volcán del Teide, muestra a un grupo de humanos prehistóricos que son atacados y luchan contra dinosaurios. Y, como bien sabemos, no se trata del único relato que ha puesto a convivir a estos feroces animales con los primeros humanos.

El prefijo de origen latino *pre-* se utiliza con el significado de 'antes de'. De esta manera tenemos palabras como prerrománico y preadolescencia. Sin embargo, la mayoría de personas comprende que el arte prerrománico no incluye al Partenón de Atenas de igual modo que un bebé no es aún un preadolescente. Ambos conceptos hacen referencia a un período que antecede a otro, románico y de adolescencia respectivamente, y con la prehistoria sucede algo similar.

Etimológicamente la prehistoria es 'lo que va antes de la historia'. Pero, aunque el origen de las palabras nos da pistas sobre su significado, este suele ser algo más complejo. Denominamos prehistoria al período de la humanidad anterior a la invención de la escritura. Del mismo modo que en los ejemplos anteriores, no podemos incluir en la prehistoria acontecimientos como el *Big Bang* o el origen de la vida porque, aunque ocurrieran antes de la historia, los humanos aún no habíamos aparecido y, por lo tanto, nuestra prehistoria no había empezado.

Al igual que los arqueólogos dividieron la prehistoria en Paleolítico, Neolítico y Edad de los Metales según la naturaleza de los artefactos encontrados en las excavaciones, también la geología ha establecido etapas en la historia del planeta, atendiendo principalmente a bruscas variaciones en el registro fósil.

Así, en el siglo XVIII, el geólogo italiano Giovanni Arduino definió un primer conjunto primario de estratos y afloramientos que consideró carentes de fósiles. En los materiales secundarios, depositados sobre los anteriores en una etapa posterior, Arduino identificó fósiles de organismos, como los amonites y los belemnites, que calificó como muy imperfectos y diferentes a las actuales faunas. Conforme ascendemos en el registro geológico, se observa que estas faunas extrañas desaparecen súbitamente y son sustituidas por fósiles de animales más similares a los de las faunas que observamos hoy, y que dan lugar a otra era geológica que denominó era terciaria.

Los humanos aparecimos en la era cuaternaria, caracterizada por la alternancia de glaciaciones que aún estamos viviendo. Existen animales que coexistieron con nuestros antepasados humanos y que hoy ya se han extinguido. Los enormes mamuts y los fieros dientes de sable son buenos ejemplos de animales prehistóricos. Pero como bien sabemos, los dinosaurios y los humanos jamás coexistimos, y por tanto no, no existen los dinosaurios prehistóricos y los fósiles, en general, no son vestigios de vida prehistórica.

Los restos de dinosaurios dejaron de aparecer en el registro estratigráfico en el mismo momento que los amonites y los belemnites, cientos de miles de siglos antes de que aparecieran las primeras personas. Y es que el paso de la era secundaria a la terciaria en el registro estratigráfico queda marcado por un cambio muy brusco en el contenido fosilífero. En un período breve de tiempo geológico desaparecieron, además de los espectaculares dinosaurios, la mitad de las especies animales marinas y de los microorganismos que formaban el plancton, por citar algunos ejemplos.

Este proceso de destrucción biológica a escala planetaria se conoce como extinción masiva. Hubo otras antes, como la que acabó con los trilobites, así como otras posteriores.

Las escenas en las que los dinosaurios persiguen a los humanos han sido utilizadas con frecuencia en los relatos de aventura. Hoy todos sabemos que los dinosaurios no convivieron ni siquiera con los primeros humanos, pero entonces..., ¿por qué hablamos de animales prehistóricos cuando nos referimos a ellos?

De hecho, tenemos la gran suerte (nótese la ironía) de poder comprender cómo se desarrollan este tipo de catástrofes rápidas a escala geológica, ya que estamos viviendo la sexta extinción masiva en la historia de la vida, la primera cuyas causas están relacionadas con la actividad de una sola especie.

Estas grandes divisiones en la escala geológica del tiempo se han mantenido con algunas modificaciones en la nomenclatura. Así, la era primaria se conoce hoy como Paleozoico (del griego, 'vida antigua'), y la secundaria como Mesozoico ('vida intermedia'), mientras el terciario y el cuaternario conservan su nombre y forman conjuntamente el Cenozoico ('vida reciente').

Estos límites, establecidos en función de cambios paleontológicos, son de gran utilidad en todos los campos de la geología porque coinciden con hitos reconocibles en la actividad del planeta. Así, en muchos territorios continentales como Europa, encontramos con frecuencia unos materiales paleozoicos que han sufrido metamorfismo, lo que ha dificultado la identificación de los fósiles que contienen (trilobites, por ejemplo). Sobre este basamento se disponen los materiales mesozoicos, intensamente deformados pero con escasa o nula transformación metamórfica. Y por encima de estos, los cenozoicos, que se ven afectados en menor medida por estos procesos. Esta coincidencia entre los procesos que afectan a las rocas y los que influyen en la historia evolutiva no es casual. Comprender esta interacción es uno de los grandes retos de la ciencia moderna, algo que continuaremos desgranando en capítulos siguientes.

IV

ATMÓSFERA E HIDROSFERA

21

¿SE VIVE MEJOR SIN OXÍGENO?

En los años cincuenta del siglo pasado, un joven investigador quiso poner a prueba una idea que parecía descabellada. Con solo veintitrés años, el californiano Stanley Miller mezcló en un matraz diferentes gases (amoniaco, metano e hidrógeno) y les añadió agua. Después, lanzó pequeñas descargas eléctricas que simulaban rayos mientras un calentador evitaba que la mezcla se enfriara. De esta manera Miller estaba reproduciendo las condiciones que teóricamente se habían dado en la Tierra primitiva.

A los pocos días apareció en el recipiente una sustancia viscosa y rojiza, que resultó ser una pasta rica en aminoácidos, los «ladrillos» que forman las proteínas fundamentales para la vida. Este experimento demostraba por primera vez que las moléculas orgánicas, imprescindibles para la vida celular, podían aparecer por una reacción química espontánea a partir de procesos inorgánicos. Parecía que la ciencia había sido capaz de dilucidar uno de los mayores misterios de la naturaleza: el origen de la vida en la Tierra.

Hoy sabemos que la atmósfera primitiva no contenía tanto metano y amoniaco como intuyó Miller, ni tampoco debió de ser tan favorable para la síntesis de compuestos orgánicos como se concluyó tras sus experimentos. Sin embargo, estamos seguros de que aquella protoatmósfera fue muy diferente a la actual, ya que se había originado por la desgasificación del planeta. Estaba, por tanto, constituida por gases similares a los liberados por los volcanes y, sin la menor duda, no tenía oxígeno (O_2).

El oxígeno es un gas muy reactivo que daña la materia orgánica tan rápidamente como una manzana se oxida al ser pelada. Es capaz de descomponer las moléculas orgánicas complejas y alterar el código genético, y si Miller lo hubiera introducido en su experimento, jamás hubiera obtenido aquellos resultados.

El abundante O_2 de nuestro planeta tiene origen biológico. Hace unos tres mil millones de años las bacterias que ya habitaban los mares arcaicos inventaron la fotosíntesis y, en relativamente poco tiempo, llenaron las aguas de este terrible veneno. Los organismos de aquella época solo podían vivir en condiciones anóxicas, por lo que la acumulación de este nocivo gas desencadenó una crisis biológica global en la que gran parte de aquellos seres vivos desaparecieron.

Una de las pruebas de este enorme atentado ecológico la encontramos en las rocas formadas en los fondos marinos de aquel entonces. Durante miles de millones de años, la actividad volcánica submarina había estado liberando enormes cantidades de hierro (Fe) que quedaba disuelto en las aguas oceánicas. Los primeros millones de toneladas de oxígeno que generaron los organismos fotosintéticos no llegarían a la atmósfera, ya que reaccionarían rápidamente en los mares y precipitarían grandes cantidades de óxido de hierro (FeO y Fe_2O_3). Hoy en día estos depósitos afloran en diversos lugares del mundo y por su aspecto en forma de capas se conocen como formaciones de hierro bandeado.

Sería entonces, una vez agotado el hierro disponible en los océanos, cuando el oxígeno comenzaría a acumularse en los mares en forma de O_2 hasta que las aguas quedaran saturadas, momento en que el nuevo gas empezaría a liberarse hacia la atmósfera. Un lavado similar al producido en los mares con el hierro tendría lugar con los gases que formaban aquella

Aún hoy algunas bacterias fotosintéticas forman colonias en pequeñas cúpulas en las costas someras de los mares cálidos. La erosión nos muestra el crecimiento concéntrico de estos estromatolitos fosilizados.

atmósfera primitiva, y solo a partir de entonces podemos imaginar un cielo azul cubriendo al planeta como observamos hoy.

La adaptación de la vida al mundo oxidante se logró definitivamente con la aparición de enzimas capaces de utilizar el oxígeno en reacciones químicas beneficiosas. Las que permiten, por ejemplo, descomponer el azúcar para obtener una gran cantidad de energía de forma rápida y eficaz, mediante un proceso conocido como respiración celular.

Cuando posteriormente los niveles de oxígeno alcanzaron valores elevados en el aire, comenzó a formarse una nueva molécula: el ozono (O_3). Este gas, minoritario en la atmósfera actual, se produce de forma natural por alteración del O_2 en las capas altas de la atmósfera. Se concentra fundamentalmente a una altura de entre treinta y cuarenta kilómetros sobre el nivel del mar, pero incluso allí sus niveles son tan bajos que si lo aisláramos del resto del aire obtendríamos una finísima franja del grosor de una lámina de cartón. Sin embargo, esa zona de la atmósfera, conocida como capa de ozono, tiene enormes beneficios para la vida, ya que filtra la radiación procedente del Sol impidiendo que el 90 % de los rayos ultravioleta la atraviesen. El efecto de estas ondas sobre las células provoca enormes daños que están en el origen, por ejemplo, de numerosos casos de cáncer de piel.

Podemos concluir, por tanto, que el oxígeno gaseoso debió de ser enormemente dañino en las primeras etapas del desarrollo de la biosfera, hasta tal punto que si hubiera estado siempre presente podría haber impedido que la vida asomara en nuestro planeta. Sin embargo, desde que las células se adaptaron a subsistir rodeadas de este desecho metabólico, muchos seres somos incapaces de vivir en su ausencia.

22

¿EL HOMBRE DEL TIEMPO SIEMPRE SE EQUIVOCA?

A finales de los años setenta, el grupo de investigación meteorológica liderado por Edward Lorenz trabajaba en el desarrollo de un sistema de predicción del tiempo. Este se basaba en la introducción de grandes cantidades de datos que eran procesados mediante los primeros modelos de ordenadores. Para sorpresa de Lorenz, las predicciones arrojadas por el modelo en cálculos sucesivos llegaban a ser contrarias entre sí, a pesar de que los datos introducidos eran los mismos.

Pasaron semanas buscando el error. Todo el proceso fue revisado minuciosamente hasta que dieron con el problema: uno de los técnicos había redondeado un dato de la presión atmosférica en el tercer decimal, por lo que los valores de inicio en las dos simulaciones no eran exactamente los mismos. La variación era aparentemente despreciable (29,517 en lugar de 29,5168), pero desencadenaba una sucesión de eventos en el modelo que determinaban la diferencia entre predecir un cielo claro o una tormenta.

Este ejemplo, en que un sistema puede evolucionar de forma antagónica a causa de una diferencia casi imperceptible, es conocido como el efecto mariposa, que hace alusión metafóricamente a que el aleteo de uno de estos pequeños insectos podría provocar un huracán en el otro lado del mundo.

Por supuesto, no es el movimiento de ningún animal el principal factor que condiciona la dinámica atmosférica, sino el peso de la masa de aire que se apoya sobre cada punto de la superficie terrestre. Este peso se conoce como presión atmosférica y su valor es aproximadamente el mismo que el de una columna de diez metros de agua. Es decir, un buceador que alcanza esa profundidad estará soportando el doble de presión que un nadador que se encuentre flotando al nivel del mar.

Sin embargo, existen ligeras variaciones en la densidad a lo largo y ancho de la geografía, de manera que la presión atmosférica no es idéntica en los distintos puntos de la superficie terrestre. Las regiones más calientes tienen un aire más ligero, menos denso, mientras que en las regiones más frías el aire es más pesado.

Esta diferencia de presión en la superficie se compensa por el movimiento horizontal de masas de aire desde las zonas de altas presiones hacia las de bajas presiones, lo cual da lugar a los vientos que circulan sobre los continentes y océanos. Aunque la orientación de los mismos puede variar, existen direcciones dominantes que reciben nombres propios. Tal es el caso —por ejemplo— de los vientos alisios, que empujaron a Colón desde la península ibérica hasta el mar Caribe.

Los alisios se originan en el entorno de las islas Azores, donde el aire frío y seco de las alturas desciende e impide la formación de nubes, lo que da lugar a un fenómeno conocido como anticiclón. Al alcanzar la superficie oceánica, una parte del aire es empujada hacia el sur y hacia el oeste (debido a la diferencia de presión y a la rotación de la Tierra), hasta acercarse a la línea del ecuador donde el calentamiento del Sol hace que ascienda cargado de humedad.

Bajo estas condiciones se desarrollan las borrascas, en las que el aire cálido y húmedo asciende nuevamente hacia zonas más frías, allí el vapor de agua se condensa y da lugar a precipitaciones muy abundantes durante prácticamente todo el año. Este conjunto de movimientos se cierra en altura con los denominados vientos contralisios y completa una de las múltiples células convectivas que giran continuamente en las capas bajas de nuestra atmósfera.

Alberto Varela | Photography

Las nubes se forman como consecuencia del enfriamiento del aire hasta formar minúsculas gotas de rocío en su seno. Una de las maneras de lograr este enfriamiento tiene lugar cuando los vientos se encuentra con un relieve; un aspecto que complica enormemente las predicciones meteorológicas.

Teniendo en cuenta la gran complejidad de estos procesos, los meteorólogos han desarrollado ecuaciones físicas que describen el comportamiento de la atmósfera y rigen los modelos matemáticos de predicción del tiempo. Además de los datos atmosféricos, la información sobre la geografía y el relieve también resulta determinante para el pronóstico acertado de los estados del tiempo.

El avance de la meteorología se ha visto favorecido por la proliferación de satélites de teledetección que orbitan nuestro planeta y por el vertiginoso avance de la capacidad de cálculo de los ordenadores, lo que ha ampliado las posibilidades de obtener pronósticos cada vez más precisos. Hoy en día pueden hacerse predicciones fiables de temperatura con más de una semana de antelación, mientras que fenómenos extremos como los temporales solo pueden predecirse correctamente un par de días antes de que sucedan. No obstante, de forma general, las previsiones a cinco días suelen tener un 70 % de acierto, mientras que con siete días de antelación las probabilidades decrecen al 50 %.

23

¿CÓMO ESTROPEAMOS EL AIRE?

«Elemental, mi querido Watson». Así diría el más famoso de los detectives, mientras caminaba con su fiel ayudante por una calle oscura, a punto de resolver algún misterioso crimen. Transcurría el final del siglo XIX y Londres se encontraba sumergido en una constante niebla. La apariencia gris y sombría de la metrópolis en aquellos años quedó inmortalizada, no solo por la novela de Sherlock Holmes, sino también por otras obras de arte como algunos de los cuadros del impresionista Claude Monet, donde apenas se intuye el desdibujado perfil de los edificios.

Tal vez hoy podamos sentir nostalgia de aquella característica imagen, tan cautivadora y enigmática; sin embargo, para los londinenses de aquellos tiempos ese ambiente cargado debió de ser realmente molesto, ya que llegó a causarles afecciones graves en las vías respiratorias. Esta niebla de humo, conocida como *smog* (acrónimo creado a partir de los términos en inglés *smoke* y *fog*), tuvo consecuencias catastróficas durante el invierno de 1952, cuando en pocos días provocó la muerte de miles de personas y produjo una situación de absoluto caos en toda la ciudad.

El esmog (*smog*) está producido por la emisión de contaminantes urbanos. Al humo de las industrias y de los miles de vehículos que ya circulaban por las calles en aquel entonces se sumaban enormes cantidades de carbón empleado en las calefacciones de los hogares londinenses, en unos días en que una gran masa de aire frío se había establecido sobre la ciudad. La contaminación generada, que normalmente se dispersaba en el cielo, quedó esa vez atrapada en las capas más bajas de la atmósfera debido a la ausencia temporal de viento característica de esa situación anticiclónica.

Este fenómeno adverso de origen antrópico aún representa un problema para los países donde se utiliza el carbón como fuente de energía. Sin embargo, en las ciudades de los países más industrializados este esmog clásico ha dejado paso a otro tipo, el esmog fotoquímico, que también es conocido como esmog de verano.

Le pont de Waterloo, Claude Monet. La polución urbana ya era una causa de malestar e insalubridad a principios del siglo xx. El pintor Claude Monet captó el efecto del *smog* sobre la luz y el ambiente de la ciudad de Londres.

En julio de 1943 una rojiza y espesa niebla cargada de componentes dañinos se apoderó de la ciudad de Los Ángeles y ocasionó graves ataques de rinitis en la población. En aquel momento los países se encontraban enfrentados en plena Segunda Guerra Mundial, de manera que enseguida se atribuyó a un bombardeo japonés con armas químicas. Como se supo más tarde, la niebla no la produjo un ataque enemigo, sino que se debía a la actividad de sus propios vehículos y fábricas, cuyos contaminantes se transformaron en otros por mediación de la intensa radiación solar.

El tiempo cálido y soleado de aquel verano generaba una capa de aire caliente en las alturas, lo que impedía que los contaminantes ascendieran como hacían normalmente. Esta situación, conocida como inversión térmica, se veía agravada por la especial orografía de la ciudad. Puesto que las montañas que la rodean dificultaban la dispersión de las sustancias dañinas.

Estos contaminantes generados en la atmósfera durante el esmog fotoquímico se conocen como contaminantes secundarios y uno de los más importantes es el ozono (O_3). No deja de ser curioso que este gas, enormemente dañino en contacto con los tejidos biológicos, sea en cambio indispensable para los seres vivos cuando se encuentra de forma natural en la estratosfera formando la capa de ozono. Es por ello que en la década de 1980 los científicos dieron la voz de alarma al encontrar indicios de que esta capa estaba desapareciendo en determinadas regiones del planeta. Esto atrajo la atención de la comunidad internacional, que se volcó en la búsqueda de soluciones para remediar el denominado agujero en la capa de ozono.

Las reducciones anormales del ozono estratosférico, observadas fundamentalmente en la zona de la Antártida, se atribuyeron al aumento de la concentración de cloro y bromo que destruyen las moléculas de O_3. El origen de estas sustancias estaba relacionado con las emisiones masivas de compuestos clorofluorocarbonados (CFC), utilizados en diversos artilugios de uso cotidiano como los aerosoles.

A diferencia de los esmogs, la actividad humana afectaba no solo las regiones próximas a los focos emisores de contaminación, sino que estaba poniendo en peligro el equilibrio de todo el planeta. Rápidamente se desarrollaron diferentes actuaciones para estimular la investigación y propiciar la cooperación entre las naciones, a fin de obtener un mejor entendimiento de los procesos atmosféricos a nivel mundial. En 1987 se firmó el Protocolo de Montreal, que consiguió el compromiso internacional de reducir la producción de CFC y abrió el camino a posteriores acuerdos, que finalmente determinaron la eliminación casi total de estos compuestos, lo cual frenó la destrucción del ozono estratosférico y favoreció la reconstrucción natural de la capa de ozono.

Hoy en día en muchas ciudades del mundo existen redes de monitoreo de la calidad del aire; las emisiones de contaminantes están restringidas por ley y se ponen en práctica iniciativas para promover estilos de vida más sostenibles. Así, en la década de los sesenta por fin Londres dejó de ser la ciudad de la niebla, lo que supuso otra batalla ganada en la guerra contra la contaminación. Sin embargo, la contienda continúa. Cuando aún quedan por resolver numerosos problemas en el mundo desarrollado, los llamados países emergentes apenas comienzan a afrontar las mismas dificultades. Sin duda se presenta un panorama difícil al que debemos enfrentarnos juntos trabajando por un objetivo común: la defensa de nuestra atmósfera.

24

¿EL AZUL DEL PLANETA ES REALMENTE TERRESTRE?

La Navidad de 1968 nos dejó un regalo muy especial en forma de fotografía. Por primera vez la humanidad pudo observar a todo color el planeta Tierra asomándose desde el horizonte lunar. La instantánea fue tomada por los astronautas del Apolo 8 que, aunque no llegó a alunizar, fue el primer vuelo tripulado que orbitó la Luna.

Con el transcurso del tiempo y los avances tecnológicos se han obtenido imágenes de mayor resolución cada vez más nítidas. En todas ellas se aprecia el predominio del color azul, lo que era de esperar sabiendo que tres cuartas partes de la superficie planetaria están cubiertas por agua. Sin embargo el agua es incolora, por lo menos eso parece cuando sale del grifo o la observamos en el interior de una botella, todos lo hemos visto. La explicación a esta aparente contradicción viene de la mano de un fenómeno conocido como dispersión de Rayleigh.

Cuando las ondas electromagnéticas de la luz visible chocan con partículas que tienen un tamaño inferior al de su longitud de onda, se produce la separación de las distintas frecuencias que conforman la luz. Las moléculas del agua absorben la mayoría de las frecuencias del espectro visible a excepción de los rangos en los que se hallan los tonos azulados, que son reflejados y pueden ser captados por nuestros ojos. Los choques aumentan cuanto mayor es el espesor del objeto que atraviesa la luz, lo que explica que en pequeñas cantidades la dispersión sea escasa y el agua no presente

Así fotografió el astronauta Bill Anders al planeta azul en la primera misión que alcanzó la Luna. La escasísima atmósfera de nuestro satélite hace que allí el cielo siempre aparezca oscuro. En el momento de la imagen el Sol se encontraría en la parte superior, fuera del encuadre.

coloración alguna, mientras que los tonos azules se intensifican al aumentar la profundidad en los mares.

Una buena limonada a la orilla de una idílica playa azul turquesa podría ser un magnífico plan para nuestras vacaciones de verano. Tal vez ese no sería el mejor momento para ponernos trascendentes, pero ¿qué pensaríamos si nos dijeran que el océano que contemplan nuestros ojos y hasta el agua de nuestra bebida son de origen extraterrestre?

Todavía se debaten las causas por las que hay más agua en la Tierra que en los cuerpos similares del sistema solar y no está claro su origen. Durante mucho tiempo se ha pensado que ríos y océanos son el resultado de la desgasificación de las sustancias volátiles del magma, de las que el agua es la más importante. A través de procesos como las erupciones este vapor de agua escapa a la atmósfera, donde se condensa y cae a la superficie en forma de precipitaciones.

No obstante, hoy en día se piensa que los enormes volúmenes de agua que nos rodean no pueden ser explicados únicamente con las aportaciones internas del propio planeta. Por ello, en los últimos años han cobrado fuerza las ideas que apuntan a los meteoritos como responsables de gran parte del agua terrestre.

El problema ahora se centra en desvelar la procedencia de estos objetos que han chocado contra la Tierra. Los cometas fueron los primeros candidatos considerados por los especialistas. Sin embargo, han sido descartados puesto que su gran velocidad de impacto haría que el agua transportada saliera despedida fuera de la atmósfera. Las últimas publicaciones en la materia señalan que la mayor parte del agua extraterrestre procede de los asteroides que escapan del gran cinturón ubicado entre las órbitas de Marte y Júpiter. Los estudios isotópicos del agua contenida en esos bólidos espaciales respaldan esta hipótesis, ya que muestra una gran semejanza con el agua terrícola.

Independientemente de su origen, hoy toda el agua presente en nuestro planeta conforma una capa discontinua denominada hidrosfera. La hidrosfera se encuentra repartida entre todos los seres vivos, las nubes, los ríos, las aguas subterráneas, los glaciares y, por supuesto, los océanos.

Dada la abrumadora mayoría que representa el agua oceánica (97 %) respecto al total de la hidrosfera, podemos tomarla como ejemplo de la composición media del agua en nuestro planeta azul. En ella están presentes numerosos elementos químicos, entre los que destacan el sodio (Na^+) y el cloro (Cl^-), que aparecen mezclados entre las moléculas de H_2O que actúan como disolvente. Estos iones que se encuentran disueltos en el agua salada (minoritarios en cambio en las denominadas aguas dulces) son los responsables de su característico sabor, propiedad esta que varía ligeramente a lo largo y ancho de los océanos. Así por ejemplo, encontramos que mares cerrados como el Mediterráneo son más salados debido a la evaporación, mientras que áreas cercanas a la desembocadura de grandes ríos como el Amazonas tienen una salinidad mucho menor.

La visión del planeta desde el espacio nos ha hecho conscientes del importante lugar que ocupa el agua en la superficie que habitamos. Varias fotografías históricas realizadas por la NASA, entre las que destacan las conocidas como *The blue marble* o *Pale blue dot*, han emocionado a la humanidad, que no ha tardado en rebautizar a la Tierra como el planeta azul. Título al que, aun a riesgo de perder el encanto, podríamos agregarle un adjetivo más, el de *salado*.

25

¿CÓMO ES POSIBLE QUE LOS RÍOS LLEVEN AGUA EN VERANO?

El agua ha desempeñado un papel fundamental no solo en el origen y evolución de la vida, sino también en nuestra historia humana. Fue en torno a los grandes ríos donde se desarrollaron las primeras grandes ciudades, conocidas como civilizaciones fluviales. Mesopotamia entre el Tigris y el Éufrates, Egipto entorno al Nilo, el río Indo en India y el Amarillo y Azul en China. Todos ellos eran imprescindibles, no solo para la agricultura y la pesca, sino también para el transporte, las comunicaciones y el comercio.

Desde aquellos remotos tiempos de la historia hasta épocas relativamente recientes, el origen del agua que alimenta a los ríos ha constituido un controvertido enigma. Durante siglos se creyó imposible que el flujo constante y enorme de los grandes ríos fuera mantenido por las lluvias, que parecían aportar un volumen insuficiente. La existencia de manantiales en lugares topográficamente elevados y con caudales relativamente constantes era una maravilla que cautivaba a los estudiosos.

Algunos de los grandes filósofos griegos como Tales, Platón y Aristóteles, e incluso científicos más modernos como Kepler y Descartes sostuvieron que el agua de los ríos procedía del mar, que ascendía de una curiosa manera. Según esta antigua idea, el agua penetraba en los continentes desde el fondo de los océanos y se almacenaba en las profundidades hasta

Aunque sea la faceta más llamativa del ciclo del agua, la escorrentía superficial solo representa una pequeña parte del flujo hidrológico, mientras las mayores masas de agua permanecen ocultas a nuestros ojos.

que el calor del interior la hiciera ascender hacia los relieves montañosos, donde emanaba en las zonas de nacimiento de los ríos. Las sales, mucho más abundantes en las aguas marinas, quedarían atrapadas en el subsuelo, probablemente en grandes cavernas, donde el calentamiento del agua daba lugar a procesos similares a la destilación a lo largo de su ascenso hacia la superficie continental.

No andaban equivocados en que los océanos están en el origen de estas aguas, pero hoy sabemos que este ascenso a través del interior de las montañas no se produce. En cambio, el camino que recorre el agua desde los mares hacia las alturas lo realiza a través de la atmósfera, y se inicia mediante un fenómeno denominado evaporación.

Este proceso es más intenso cuanto más lo sea la temperatura y la agitación del aire. Por ejemplo, en el Mediterráneo, que está sometido a una fuerte radiación, se evapora un metro y medio de agua al año, cantidad que va decreciendo hacia latitudes más altas. No obstante, el volumen total de agua que el mar confía al cielo cada día es inmenso y este proceso constituye la principal fuente de agua dulce del planeta.

Las masas bajas de aire que están en contacto con la superficie marina pueden verse obligadas a ascender por diversas razones. Por ejemplo, si los vientos las empujan contra una isla montañosa,. o si chocan contra otra masa de aire más frío y denso, o simplemente porque estén más calientes (y, por tanto, sean menos densas) que el aire que las rodea. Cuando estas masas de aire cargadas de humedad alcanzan mayores alturas, se encuentran también con una temperatura menor, y esto da lugar a un proceso conocido como condensación, idéntico al que produce pequeñas gotas en la superficie de una botella fría recién sacada de la nevera.

La acumulación de miles de millones de estas minúsculas gotas da lugar a las nubes. Mientras las gotas son muy pequeñas, pueden permanecer en el aire sustentadas por el viento, pero si alcanzan un determinado volumen, caerán en forma de precipitaciones.

Una fracción del agua caída sobre el suelo se evapora desde la superficie o desde las hojas de las plantas, mientras que otra parte importante desciende por las laderas de forma salvaje hasta alcanzar un cauce bien definido.

Un caso particular lo constituyen las precipitaciones en forma de nieve o granizo, que no se sumarán a esta frenética carrera hacia al mar sin antes permanecer un tiempo retenidas en glaciares o mantos de nieve. Estos almacenes superficiales de agua en estado sólido pueden darnos una pista sobre la respuesta a esta pregunta, y es que durante el deshielo primaveral, gran parte de estas aguas se liberan hacia los ríos, lo que hace muchas veces que el caudal aumente aun cuando las precipitaciones puedan haber cesado semanas atrás.

Existe sin embargo otro enorme almacén, algo más escondido, para gran parte de aquellas aguas que han precipitado. La fracción de lluvia que no se ha evaporado, ni tampoco se ha escurrido por la superficie del terreno, se infiltra en el suelo donde puede seguir diferentes caminos.

Una pequeña parte puede ser absorbida por las raíces para satisfacer las necesidades fisiológicas de los vegetales, hasta que es devuelta al ambiente mediante la transpiración que se produce en las hojas. El agua restante es arrastrada por la gravedad a través de los materiales permeables del subsuelo, hasta alcanzar la superficie freática y sumarse así a inmensas cantidades de aguas subterráneas. Estas ocupan los pequeños poros y fisuras de las formaciones rocosas conocidas como acuíferos (del latín, 'portar agua').

Es entonces cuando se comienza a desvelar el secreto de la inmortalidad de los ríos en verano. Resulta que tenían algo de razón aquellos primeros hidrogeólogos que habían interpretado un ciclo del agua inverso al que conocemos hoy.

Y es que, efectivamente, son las aguas subterráneas las que, circulando entre las fisuras y poros interconectados de las rocas, salen al exterior a través de manantiales o alimentan furtivamente a los cauces superficiales. También esta es la causa por la que el caudal de los ríos tiende a aumentar paulatinamente aguas abajo aunque no reciba nuevos afluentes superficiales. Este flujo también puede ocurrir de manera inversa, cuando es el río el que cede agua al acuífero y da lugar a situaciones curiosas como los denominados ojos del Guadiana, donde el río llega incluso a desaparecer en determinados tramos.

26

El mar es el morir, ¿o es al contrario, Manrique?

Transcurre el año 1999 y la guerra de los Balcanes se acerca a su fin. Un grupo de cooperantes internacionales se afana por conseguir una cuerda en una zona rural que ha quedado destruida por el conflicto bélico. El objetivo: amarrarla a un cadáver que yace en el fondo de un pozo antes de que la putrefacción contamine sus aguas.

Este es el argumento de la película *Un día perfecto*, una comedia antibelicista protagonizada por Benicio del Toro

Todos los residuos que generamos acabarán llegando tarde o temprano al mar. En nuestras manos está tratarlos o retenerlos durante el suficiente tiempo como para que causen el menor impacto posible.

y premiada en los Goya del 2016. Pero, desgraciadamente, esta práctica conocida como envenenamiento de pozos ha sido una realidad constante en las contiendas del pasado y del presente.

El problema no sería tan grave si solo el agua del pozo quedara contaminada por las bacterias, pero las consecuencias de estos actos son desastrosas para la toda la región. El agua que cubre el fondo de un pozo no es más que una ventana al acuífero que se esconde bajo nuestros pies, cuyas aguas fluyen lentamente entre los poros del subsuelo, por lo que una contaminación puntual afecta a pozos, manantiales e incluso ríos de todo el entorno.

Casos similares pueden producirse de forma accidental; por ejemplo, cuando un vertedero o un cementerio no están correctamente aislados del acuífero, lo que permite que las aguas de lluvia se infiltren arrastrando sustancias que impiden su consumo. Para evitar este fenómeno se realizan estudios previos del terreno, de manera que bajo estas instalaciones exista alguna capa impermeable (de arcilla, por ejemplo) que impida el contacto de las aguas lixiviadas con el acuífero en explotación.

Frente a estos ejemplos alarmantes, existen otros que pueden pasar más desapercibidos pero que son mucho más frecuentes. Es el caso por ejemplo del uso de pesticidas en grandes extensiones agrícolas. Estos producen una contaminación difusa cuando los productos químicos se infiltran y alcanzan el nivel freático. Sin embargo, una de las mayores causas de contaminación de las aguas subterráneas es consecuencia de nuestros hábitos cotidianos de consumo hídrico multiplicados por miles de hogares. La sobreexplotación de los acuíferos da lugar a que el nivel freático descienda con el paso de los años, lo que causa diversos problemas.

Por un lado, al haber un menor volumen de agua, puede aumentar la concentración de ciertas sustancias de origen natural hasta niveles perniciosos. Es el caso del flúor en las regiones volcánicas, cuyo exceso produce problemas graves en la dentición de niños y mayores. Por otro lado, en los acuíferos costeros, este descenso del nivel freático se ve compensado por una mayor infiltración de agua marina, lo que da lugar a una salinización del acuífero. Este fenómeno es unos de los mayores problemas de las regiones turísticas, hasta tal punto que en el caso de la costa mediterránea, solo el acuífero asociado al Delta del Ebro escapa a este proceso de contaminación hídrica.

Una de las soluciones tecnológicas desarrolladas para dar respuesta a este problema son las plantas desaladoras, mediante las que se obtiene agua potable a partir del agua de mar. Aparte de las grandes cantidades de energía que consume este proceso, se añade el problema de las salmueras resultantes. Estas son generalmente enviadas lejos de la costa mediante emisarios submarinos cuya ubicación debe ser bien estudiada para minimizar daños en los ecosistemas marinos.

Aunque tradicionalmente se ha considerado a los océanos como inmensos vertederos capaces de diluir y dispersar los contaminantes, actualmente comenzamos a percibir muchos efectos de estas malas prácticas. La escorrentía que arrastra todos los contaminantes terrestres hacia el mar, el uso de emisarios submarinos en el vertido de aguas residuales y la limpieza de embarcaciones causan daños especialmente perceptibles en mares poco comunicados.

Sin embargo, uno de los fenómenos que más llaman nuestra atención son las denominadas mareas negras. Estas cubren la superficie oceánica de petróleo, impiden el paso de oxígeno y luz e impregnan a los seres vivos que allí habitan. A pesar de ello, estas impactantes catástrofes causadas por accidentes de barcos petroleros solo representan el 5 % de los vertidos de hidrocarburos. La limpieza de los depósitos de estos barcos y de las refinerías son los mayores responsables de ese tipo de vertidos.

Otra forma de contaminación del petróleo y de nuestro moderno estilo de vida se hace visible en las denominadas islas de plástico. Estas enormes concentraciones de fragmentos no biodegradables que se acumulan en determinadas regiones de la superficie oceánica acaban contaminando toda la cadena alimentaria, incluido el pescado que termina en nuestros platos.

Reflexionando sobre lo leído en estas páginas bien se podría invertir la metáfora que hace siglos escribiera el poeta Jorge Manrique: «Nuestra vidas son los ríos que van a dar en la mar, que es el morir [...]». Pues hoy son nuestras vidas, nuestros devastadores estilos de vida, con nuestros plásticos, abonos, pesticidas, envases... los que podrían representar la muerte, no solo de los mares, sino de gran parte de la hidrosfera.

27

¿LA TOMA DE LA BASTILLA FUE COSA DEL CLIMA?

Hace tiempo ya que los pescadores peruanos se percataron del calentamiento anual que se producía en las aguas costeras hacia finales del mes de diciembre. Comprendieron que este fenómeno, que se repetía cada año, estaba relacionado con la llegada de aguas más cálidas que denominaron corriente del Niño, en referencia al niño Jesús y las festividades navideñas que se celebran en esa época del año.

Sin embargo, este calentamiento era tan intenso algunos años que provocaba un aumento de la evaporación y las

La historia de las civilizaciones ha estado marcada por múltiples acontecimientos y muchos de ellos han tenido una causa climática. Las sequías, las malas cosechas, la sed, el hambre, las grandes migraciones y hasta algunas guerras y revoluciones han estado y estarán condicionadas por pequeñísimas variaciones en el complejo equilibrio climático del planeta.

precipitaciones y hacía que los bancos de peces desaparecieran. Este fenómeno, que adoptó el nombre del Niño, ha centrado la atención de climatólogos y periodistas de todo el planeta, que lo han rebautizado como ENSO (siglas de El Niño Southern Oscillation).

En situaciones normales, los vientos alisios retiran las aguas calientes de la superficie oceánica, lo cual permite que afloren las frías y profundas aguas cargadas de nutrientes en la costa sudamericana. Sin embargo, cada cierto tiempo estos vientos del Pacífico tienen una caída importante, que interrumpe este sistema de circulación, y las aguas cálidas permanecen en las proximidades de Perú y Ecuador. Esto provoca lluvias inusuales a lo largo del litoral americano a la vez que terribles sequías tienen lugar del otro lado del Pacífico.

Los desastres naturales relacionados con El Niño que se repiten cada década no solo afectan a las regiones mencionadas, sino que sus efectos se extienden a otras zonas del mundo, lo cual nos muestra un claro ejemplo de la complejidad e interconexión de los procesos que regulan el clima global de la Tierra.

Los océanos actúan como el gran termostato del planeta, debido a la gran capacidad del agua para almacenar y liberar calor. Además, sus corrientes desempeñan un papel fundamental en la distribución de esa energía alrededor del globo. La «cinta transportadora» oceánica constituye una corriente permanente que recorre todo el planeta, formada por el flujo combinado del agua profunda y el agua superficial, que no se mezclan con facilidad. Esta circulación se debe al efecto de convección, originado principalmente por diferencias de temperatura y salinidad, de manera que pequeñas modificaciones locales de estas variables pueden provocar alteraciones climáticas en todo el planeta.

Igualmente los científicos saben que los procesos geológicos internos tienen también una influencia determinante sobre el clima. Así, por ejemplo, las cenizas expulsadas en una erupción bloquean parcialmente la radiación solar, lo que produce un efecto refrigerante sobre la atmósfera. Se cuenta con pruebas de que una actividad volcánica masiva y prolongada puede conducir a un enfriamiento global. Existen casos históricos como la intensa actividad volcánica que a finales del siglo XIII generó una reacción en cadena que afectó al hielo y las corrientes oceánicas, lo que hizo que las temperaturas disminuyeran durante los siglos posteriores. Este período relativamente más frío es conocido como la Pequeña Edad de Hielo.

Un ejemplo más cercano en el tiempo lo encontramos en el momento histórico al que hace referencia esta pregunta: la toma de la Bastilla en 1789, la primera gran cita de la Revolución francesa. Las cosechas de toda Europa habían disminuido en aquellos años, lo que provocó el aumento del precio de los alimentos. Los historiadores señalan a este declive económico y al hambre que se había extendido entre los pobres de Francia como uno de los principales detonantes de las revueltas.

Los geólogos han descubierto que seis años antes un volcán situado a miles de kilómetros de la capital gala había entrado en erupción. Todos los años hay cientos de erupciones en nuestro planeta, pero aquella del volcán Laki fue especialmente intensa y prolongada, por lo que emitió grandes cantidades de gases y partículas diminutas al aire. La bruma del Laki se extendió por todo el continente y causó alteraciones climáticas que matarían a millones de europeos.

Con todo, estas catastróficas variaciones climáticas que han condicionado la historia de la humanidad son menospreciables cuando se comparan con los grandes cambios climáticos que han tenido lugar en la historia de la Tierra.

La energía procedente del Sol es la que pone en marcha toda la maquinaria climática de los planetas similares al nuestro. Parte de esta radiación entrante es reflejada en la superficie planetaria. Si esta escapa de nuevo al espacio el planeta se enfría, pero si la atmósfera es capaz de retenerla el planeta se calienta. Esta segunda situación es la que tiene lugar en nuestra atmósfera y los gases responsables de esta característica se denominan Gases de Efecto Invernadero (GEI). Gracias a ellos, la temperatura en la Tierra se mantiene en un estrecho margen que posibilita la vida. Sin la suficiente cantidad de vapor de agua, ni de CO_2 (principales GEI en nuestra atmósfera), la temperatura media en la superficie terrestre sería del orden de 18 °C bajo cero, lo que haría imposible la presencia de agua en estado líquido.

Sin embargo, otra revolución humana, la Revolución Industrial, está poniendo en peligro el equilibro climático natural en que ha vivido la humanidad. No es la primera vez que varía la concentración de GEI en la historia de la Tierra, pero tampoco sería la primera vez que una especie dominante se extingue. La combustión masiva de combustibles fósiles está liberando a la atmósfera enormes cantidades de CO_2 cada día, lo cual provoca un aumento del efecto invernadero y el consecuente cambio climático del que ningún miembro serio de la comunidad científica duda ya.

Se prevé que este calentamiento global afectará los actuales patrones climáticos y alterará los recursos hídricos, el nivel del mar y las cosechas, lo que, en el mejor de los casos, obligará a migrar a millones de personas. Es hora, pues, de que una nueva revolución se imponga, se modifique el modelo de desarrollo actual y se enarbole a la ciencia y la tecnología al servicio de un planeta más sostenible y justo para todos. Un planeta del que, al menos de momento, nadie puede escapar.

V

GEOMORFOLOGÍA

28

¿ES VERDAD QUE EL RELIEVE CAMBIA?

En la antigüedad la Tierra era considerada plana. La civilización griega mantuvo durante muchos años la idea de un mundo con forma de disco con Grecia en una posición central. Sin embargo, con el desarrollo de la navegación a vela se fue tomando conciencia de la curvatura del planeta. Por una parte, los navegantes que se dirigían hacia el sur se percataron de que existían constelaciones diferentes que antes no habían visto, a la vez que desaparecían las que normalmente divisaban desde sus hogares.

Anaximandro de Mileto entendió que esto era una evidencia de que la superficie terrestre era curva, de manera que al desplazarnos sobre ella podríamos observar diferentes sectores de la bóveda celeste. Para él la Tierra era un cilindro.

Posteriormente se tomó consciencia de que los barcos que salían de puerto iban desapareciendo de forma gradual: primero el casco y por último las velas más altas. Y como así ocurría independientemente de que los buques fueran hacia el sur, el norte, el este o el oeste, fue ganando crédito la idea de una Tierra curvada en todas direcciones, es decir, una Tierra esférica. Hoy

Muchas veces no somos conscientes, o podemos llegar a pensar que se trata de accidentes, pero nada escapa a la gravedad del planeta. Las tierras que forman las laderas siempre están tentadas a desplazarse hacia abajo y los esbeltos monolitos de dura roca no soportarán por mucho tiempo la verticalidad de su figura.

sabemos que no se trata de una esfera perfecta, pero casi. Y a esta forma idealizada, lisa y casi esférica del planeta la denominamos geoide.

Sin embargo, del mismo modo que la superficie de los mares presenta irregularidades a menor escala debido al oleaje, la superficie topográfica del planeta también es tremendamente escabrosa. El concepto *relieve* se emplea para denominar a todo aquello que se aleje de la superficie imaginaria de ese geoide ideal. Las elevaciones, depresiones, mesetas, cuencas, valles, cerros, montañas y cañones que se encuentran en nuestro planeta son parte del mismo.

La causa última de estas irregularidades debemos buscarla en el interior de la Tierra. Es el calor de origen interno el responsable del empuje que sufre la litosfera en contra de la gravedad y produce regiones con mayores elevaciones. Los procesos geológico asociados a esta energía son lentos y graduales a escala geológica, pero en ocasiones podemos percibirlos en forma de terremotos o erupciones volcánicas.

Las elevaciones producidas en el terreno dan lugar a superficies topográficas con un mayor o menor grado de inclinación que, desafiando la atracción gravitatoria, se mantendrán en equilibrio mientras la fuerza de cohesión interna sea superior a su propio peso. Pero la estructura interna de las rocas se debilita progresivamente con el paso del tiempo, lo que hace que la ladera sea cada vez más inestable. Diversos fenómenos como el aumento de la inclinación de la ladera o un temblor de tierra actúan como factores desencadenantes del deslizamiento gravitacional. Estos procesos a favor de la pendiente, que desempeñan un papel fundamental en la destrucción del relieve, se ven acelerados con la participación de diversos agentes geológicos externos, entre los que destaca el agua.

De la misma manera que el calor interno es capaz de elevar la superficie topográfica, la energía calorífica procedente de la radiación solar será la responsable de desplazar hacia las alturas las aguas presentes en nuestro planeta. Al precipitar estas sobre la superficie el terreno se empapa, lo que aumenta el peso de las laderas y reduce la fricción interna que las sostienen en cotas elevadas. De esta manera, los movimientos en masa de materiales se ven enormemente favorecidos por factores condicionados por la presencia de esta agua.

Además, en su discurrir hacia cotas más bajas, el agua pone en movimiento grandes cantidades de fragmentos rocosos. A mayores pendientes mayor es la velocidad con la que circula el agua y mayor su capacidad de arrastre. Todo este proceso va desmantelando progresivamente la orografía y haciéndola más suave.

Los ríos, junto con los fenómenos de ladera antes mencionados, son los mecanismos erosivos más ampliamente repartidos y, por tanto, los más importantes en todo el planeta.

En condiciones extremadamente bajas de temperatura el agua se encuentra en estado sólido, sin embargo, es capaz de fluir en forma de glaciares y su fuerza como modelador del relieve es aún mayor.

En los lugares donde la presencia del agua es mínima, otro fluido, el aire, es el encargado de modificar el relieve. Aunque el viento, debido a su menor densidad, posee una capacidad para el acarreo de materiales reducida y, por tanto, su contribución al modelado de la superficie del planeta en general es escasa. Sin embargo, debemos señalar su importancia en la fragmentación y degradación de las rocas.

Este proceso, conocido como meteorización, tiene lugar en todas las superficies que están en contacto con la atmósfera y su grado de intensidad es variable, en función de la composición de las rocas expuestas y las condiciones climáticas de cada región. Así, por ejemplo, los grandes contrastes térmicos en las regiones montañosas favorecen la fragmentación de las piedras, mientras que las elevadas temperaturas combinadas con un alto grado de humedad propician la alteración química de los minerales.

Como hemos visto, los procesos creados por la geodinámica externa tienden a contrarrestar los que proceden del interior de la Tierra. Estos mecanismos fueron estudiados por el científico William Morris Davis a finales del siglo XIX, quien clasificó los relieves de acuerdo con esa lucha entre los procesos geológicos internos y los externos. Así, distinguió entre relieves jóvenes, que han sido recientemente elevados, donde los ríos se han encajado formando valles estrechos y abruptos; otros maduros, con valles más anchos y laderas más suaves, y por último los viejos, donde los valles están tan abiertos que dan lugar a extensas llanuras.

Estas descripciones correspondían con diferentes etapas que se sucedían en el tiempo y dieron lugar al que aún se conoce como ciclo de Davis. Este modelo simplificado de la evolución gradual del relieve se oponía a las explicaciones catastrofistas que prevalecían en aquella época, y su importancia fue tal que dio lugar al nacimiento de una nueva rama de la ciencia, la geomorfología.

29

¿Cómo hacer un relieve de película?

«Todos los "elegidos" la han soñado, pensado, dibujado, modelado… tienen obsesión por ella sin haberla conocido». De esta forma la Torre del Diablo atormentaba a los protagonistas de la película *Encuentros en la tercera fase*, hasta descubrir que serviría de punto de encuentro entre la humanidad y la vida extraterrestre que nos visitaba.

Este monumento natural ubicado en Norteamérica tiene una morfología aproximadamente cilíndrica que sobresale en el entorno. Su singularidad es tal que también inspiró las leyendas de diversas tribus indias mucho antes de que Spielberg lo convirtiera en un símbolo del séptimo arte.

Al calor de las hogueras se contaba como un grupo de muchachas cheyenes fueron perseguidas por osos voraces y, cuando estaban a punto de ser atrapadas, pidieron ayuda al Gran Espíritu, quien hizo que se alzara la roca sobre la que se encontraban. Aunque los intentos de las fieras por trepar resultaron inútiles, dejaron en sus paredes el rastro de los supuestos arañazos que la roca exhibe en todo su contorno.

Hoy en día conocemos a este tipo de formas monolíticas con el nombre de pitón o aguja, y los geólogos han conseguido desvelar un origen racional para todas ellas. La mayoría se forman como consecuencia de la solidificación del magma en su ascenso a través de un volcán. Esta «chimenea petrificada» suele ser más resistente a la erosión que el propio cono volcánico, de manera que con el transcurso de unos pocos miles de años, el pitón permanece como una evidencia prominente del antiguo edificio volcánico.

El rasgado aspecto de la superficie realmente se debe a la fractura progresiva de toda roca durante el enfriamiento de la lava, proceso por el que suelen aparecer formaciones regulares de pilares más o menos verticales mediante la disyunción columnar.

Otras de las formaciones curiosas asociadas a la actividad magmática son los diques. En este caso el magma que ha quedado solidificado en enormes fisuras que atraviesan el subsuelo puede aflorar con el aspecto de resistentes muros naturales que llegan a alcanzar longitudes de varios kilómetros. El proceso encargado de exhumar estas formas inicialmente enterradas es el mismo que en el caso de los pitones y es conocido como erosión diferencial.

Este fenómeno puede dar lugar a situaciones curiosas como los denominados relieves invertidos. Imaginemos que en los alrededores de un valle acontece una erupción volcánica. Es bastante frecuente que en estos casos la lava se acumule preferentemente en las partes topográficamente más deprimidas, como por ejemplo un cauce. La colada de lava quedará petrificada en el fondo del valle y servirá de protección al cauce frente

Parece inevitable que algunos relieves sirvan de escenarios para las más bellas historias creadas por los seres humanos. Desde mitos y leyendas hasta las películas más futuristas, la creatividad humana ha encontrado en las bellezas naturales la mejor inspiración para la mayoría de sus obras.

a la persistente erosión. Con el transcurso de unos cuantos milenios encontraremos que algunos tramos de aquel antiguo curso fluvial ocuparán la cima de una meseta volcánica, rodeada por valles excavados por los ríos actuales.

Por supuesto, estos procesos de erosión diferencial no son exclusivos de las regiones de origen volcánico. Un ejemplo, muy hollywoodiense también, lo encontramos en Monument Valley, una extensa región formada por estratos de origen sedimentario. Este valle es famoso por sus curiosos cerros de coloración rojiza, que permanecen como testigos de una extensa formación de resistente arenisca que fue depositada hace millones de años en un ambiente muy distinto al actual.

Esas estructuras, que se convirtieron en maravilloso telón de fondo de numerosas películas del género wéstern, conservan la horizontalidad original con que se formaron los estratos. Sin embargo, esto no es lo más frecuente, dado que los mismos fenómenos internos que elevan las rocas estratificadas desde el fondo marino son capaces de deformarlas, lo que provoca que hoy las encontremos con geometrías muy diversas.

Los terrenos de origen sedimentario en que se alternan capas duras y blandas con una inclinación constante dan lugar a un tipo de colinas asimétricas muy características. En estos casos, una de las laderas, denominada cuesta, coincide con la superficie de estratificación hasta que es interrumpida en la cima por la erosión del valle colindante, al que se desciende de forma mucho más abrupta, atravesando las capas más blandas que se encuentran por debajo.

En otras regiones donde la deformación ha dado lugar a la sucesión de pliegues, podemos encontrar otro tipo de relieves invertidos de origen muy similar al de las mesetas volcánicas. Este caso se produce cuando la parte más profunda de un sinclinal (pliegue cóncavo, es decir, en forma de v) queda en la cima de una meseta a causa de la erosión de las capas que lo flanquean, lo que da lugar a una forma conocida como sinclinal colgado.

Otra maravillosa pieza de esta orfebrería geológica la podemos encontrar en la región turca de Capadocia. Su fantástico paisaje está lleno de puntiagudas formas coronadas por sombreros de basalto, más resistentes a la erosión, que protegen la base de la estructura bastante más blanda. Estas peculiares morfologías de unos pocos metros de altura se conocen como chimeneas de hadas.

Nuevamente nos encontramos frente a un fenómeno de erosión diferencial, aunque generalmente a una escala menor que los ejemplos anteriores. En este caso cobra especial protagonismo la protección que ejercen los fragmentos más resistentes sobre los materiales más fácilmente deleznables que se encuentran debajo. De esta manera se forma uno más de los múltiples paisajes geológicos que serían justos merecedores de un Óscar a la mejor escenografía.

30

¿QUÉ PASA DURANTE LAS LLUVIAS TORRENCIALES?

En los Juegos Olímpicos de 1974 un nuevo deporte se sumaba a las disciplinas oficiales. La construcción del Eiskanal en las cercanías de Múnich iba a permitir que los piragüistas de aguas bravas deleitaran a la afición con la potencia de su paleo y la agilidad de su navegación. El canal recreaba las condiciones propias de los ríos en su curso más alto, con corrientes y remolinos que se formaban al combinar la presencia de obstáculos con grandes pendientes que dotaban de enorme energía a la corriente de agua.

Las aguas de escorrentía superficial, que se tratan de recrear en este tipo de instalaciones deportivas, son el agente modelador más importante de la superficie terrestre. No solo son capaces de excavar sus propios cauces, sino que movilizan enormes cantidades de sedimento producido por la meteorización en las laderas y cumbres de los alrededores. La mayor parte es transportada en forma de pequeña partículas sólidas que viajan suspendidas en la corriente, y son esos granos de limo, arcilla y arena los responsables del aspecto más o menos turbio que pueda presentar un río.

Cuando estas aguas bravas alcanzan zonas de menor pendiente, se produce una combinación de procesos de erosión y depósito que tienen gran importancia en la dinámica del río. Por lo común las corrientes que fluyen sobre estas llanuras se mueven en trayectorias curvas denominadas meandros, en cuyo lado externo, donde la velocidad y la turbulencia del agua son mayores, se produce erosión; mientras que en sus zonas internas, con menos velocidad, se deposita parte de la carga. Este mecanismo de retroalimentación hace que los cauces sean cada vez más enrevesados y vayan modificando su geometría de forma continua dentro del propio valle.

A pesar de la importancia que tienen los procesos descritos en la evolución de un valle, las mayores modificaciones de la morfología fluvial se producen de forma intermitente, coincidiendo con los períodos de grandes precipitaciones. Por un lado, el impacto de las gotas de lluvia y el descenso de las aguas no encauzadas son capaces de vencer la cohesión de las partículas del suelo. Estas aguas salvajes representan una parte importante de la erosión hídrica y su acción se verá favorecida por la presencia de fuertes pendientes y la ausencia de vegetación. Además, como vimos al inicio del capítulo, estas aguas pueden actuar como factor desencadenante del deslizamiento de las laderas y poner los materiales en las cercanías del cauce, más accesibles a las aguas que realizan el posterior lavado. Como consecuencia de todo esto, el número de partículas en suspensión dentro del cauce aumenta enormemente y llega a haber tanta cantidad de sedimento como de agua.

Afortunadamente los avisos meteorológicos y el sentido común nos evitan adentrarnos en determinados ambientes durante los días de inclemencias climáticas. Pero no por ello debemos imaginar que la actividad geológica que observamos en los placenteros paseos de verano es la responsable de algunos de estos rasgos geomorfológicos que socavan el paisaje.

Por otra parte, el incremento del caudal hace que también aumente la velocidad del flujo, lo que permite que partículas más grandes que la arena floten en la corriente. Los fragmentos mayores, que pueden permanecer inmóviles en el fondo durante la mayor parte del año, son demasiado grandes para ser transportados de esa forma, sin embargo se mueven mediante otros mecanismos.

A diferencia de la carga suspendida, esta fracción se traslada solo con caudales y velocidades propias de los desbordamientos fluviales, y por ello es la más difícil de estudiar. No obstante se conoce que estos cantos pueden ser arrastrados y rodados por el fondo o incluso dar saltos de varios metros, lo cual causa un efecto de molienda que es el principal responsable del trabajo erosivo dentro del cauce. Es por eso que en el curso de unos pocos días o incluso unas pocas horas en una etapa de inundación, una corriente puede erosionar y transportar más sedimento que durante los meses restantes del año.

Cuando tiene lugar la crecida de un río, las aguas colman el cauce e invaden las tierras colindantes dentro de su propio valle, denominadas llanuras de inundación. Este proceso que se repite de forma periódica ha tenido grandes ventajas para las civilizaciones humanas, tal es el caso de los aportes anuales de sedimentos y nutrientes a las tierras próximas al Nilo, que propiciaron el asentamiento y desarrollo del Antiguo Egipto.

En estos períodos de inundación es posible que las aguas encuentren nuevos caminos y, cuando los niveles vuelven a bajar, queden abandonados algunos tramos del cauce. Es el caso de los meandros, cuyas curvaturas llegan a ser tan contorsionadas que algunos terminan por estrangularse cuando el agua descubre un atajo para evitarlo. El meandro acaba abandonado y da lugar a un original lago con forma de medialuna.

Afortunadamente, la mayoría de los excursionistas conocen las previsiones meteorológicas y evitan los días de lluvias torrenciales para planificar sus salidas. Y es que en esos días en que ni siquiera los más aguerridos piragüistas transitan por las embravecidas aguas, es cuando los valles son excavados y modelados por las aguas. Una transformación que transcurre de forma intermitente por la interacción de múltiples procesos, de los que generalmente es mejor permanecer alejados. Pequeñas y grandes catástrofes a escala humana que se repiten con relativa frecuencia y forman parte de la dinámica natural de los valles fluviales dominados por la acción geológica de las aguas superficiales.

31

El mar o la tierra, ¿quién es más fuerte?

Una de las bromas más usuales para los habitantes de las islas Canarias aludía a la desaparición del Dedo de Dios. Para los vecinos del pueblo costero de Agaete, quienes habían crecido admirando esta aguda formación rocosa situada en el mar a escasos metros del acantilado, resultaba absurda la posibilidad de su pérdida.

Cada vez que se forma una nueva isla o se eleva una nueva costa, la furia del oleaje comienza su trabajo como incansable escultora del litoral. A veces nos deja fragmentos en forma de sugerentes playas; en otras ocasiones las cuevas se agrandan y hacen más inestables los acantilados, mientras algunos islotes permanecen como testigos a escasos metro dentro del agua.

«Hoy es un día de frustración y lamentación por la desaparición de nuestro símbolo más importante» declaró el alcalde después de que el paso de un temporal devastador arrancara el enorme fragmento de roca, que se desplomó y se hundió en el fondo de las aguas.

La zona donde el mar y la tierra se encuentran es el lugar donde una fuerza descomunal se enfrenta a unos materiales casi indestructibles. El conflicto que se produce en las costas rocosas es continuo y, muchas veces, espectacular.

La mayor parte de esta actividad es realizada por las olas que, desde un punto de vista físico, no son más que ondas que se propagan por la superficie del agua y transmiten la energía proporcionada por el viento a centenares de kilómetros. Tras un largo viaje sin impedimentos, las olas se aproximan a la costa, donde la escasa profundidad del fondo las eleva sobre el mar. Cuando alcanzan una pendiente inestable se desploman hacia delante y rompen sobre el litoral que absorbe la energía del impacto.

Cuando el tiempo es tranquilo la acción de las olas es mínima; es durante las tormentas cuando llevan a cabo la mayor parte del trabajo. El violento impacto de las grandes olas de tormenta lanza miles de toneladas de agua contra la costa y la fuerza a penetrar en cualquier abertura de la roca. Como consecuencia de este empuje, el aire que ocupaba las fracturas se comprime en el interior, acelera enormemente la abertura y extensión de estas grietas y desaloja fragmentos de roca.

A medida que progresa la erosión de la base del terreno costero, las rocas de encima tienden a sobresalir y se desmoronan, lo que da lugar a la formación de un acantilado marino que va retrocediendo por la repetición de este proceso.

La erosión diferencial, producto de la heterogeneidad de los materiales rocosos y sus diferentes grados de fracturación y resistencia, puede dar lugar al desarrollo de morfologías muy peculiares como el puntiagudo Dedo de Dios. Estas chimeneas litorales, como se las conoce de forma genérica, suelen originarse con la formación de cuevas marinas, que se unen para dar lugar a arcos costeros que terminan por desmoronarse. Como resultado aparece este tipo de restos aislados que con el tiempo también son consumidos por la erosión.

El acantilado en recesión deja detrás una superficie relativamente plana bajo las aguas, llamada plataforma de abrasión o terraza marina, sobre la que se depositan los materiales desprendidos de la costa. La incesante acción de molienda de roca contra roca en la zona de rompiente pule y redondea los fragmentos presentes a lo largo del litoral, denominados cantos rodados.

Los fragmentos más pequeños, como la arena, son movilizados por el vaivén del oleaje, que los deposita en aquellas zonas donde las aguas están más tranquilas. Durante las tormentas de invierno, la fuerte resaca del oleaje puede llegar a retirar toda la arena hacia regiones próximas pero algo más profundas. En verano, cuando la actividad de las olas es relativamente suave, el agua rompiente es capaz de devolver la arena hacia la orilla. De esta forma queda restablecido uno de los atractivos que más solemos aprovechar durante nuestras vacaciones en la playa.

La dirección en la que las olas se aproximan a la costa tiene también una importante influencia en la distribución de los materiales no consolidados. La subida de cada ola rompiente suele hacerse con un ángulo oblicuo a la línea litoral, mientras que la resaca que se opone suele descender de forma perpendicular a la playa, siguiendo la línea de máxima pendiente. Esto provoca un movimiento conocido como deriva litoral, que transporta gran cantidad de sedimento en paralelo a la línea de costa, lo cual crea una gran diversidad de formas deposicionales a lo largo de la misma. Algunos ejemplos son las flechas, las barras de bahía, los tómbolos y las islas barreras.

El Dedo de Dios, como casi todos los materiales del archipiélago canario, se formó como consecuencia de sucesivas erupciones en el pasado que dieron origen a estas islas del Atlántico. Entender su nacimiento y muerte es introducirnos en una apasionante historia de lucha o dialéctica entre construcción y destrucción, entre creación y desmantelamiento; y a pesar de que en aquel triste día para muchos isleños el alcalde prometiera hacer todo los posible por reconstruir el icónico monumento natural, lo cierto es que no vale la pena lamentarse en exceso por estos fenómenos que modelan el paisaje costero de forma imparable.

32

¿CUÁL ES EL SECRETO DE LA GRAN ESFINGE?

Tras el ocaso de su civilización los antiguos egipcios dejaron atrás enormes monumentos. Si viajamos a la meseta de Guiza nos encontraremos con alguno de ellos, como las pirámides de Keops, Kefrén y Micerinos, entre otros templos funerarios, embarcaderos y calzadas. Al contemplar esos restos arqueológicos tan solo podemos imaginar el deslumbrante aspecto que tendrían en tiempos remotos, cuando el Imperio vivía su mayor esplendor.

Una de las más famosas construcciones que se levantan en esta enigmática necrópolis es la Gran Esfinge. En torno a ella gira uno de los mayores misterios de la egiptología. Y es que, frente a la existencia de información relativamente abundante sobre la construcción de las pirámides vecinas, destaca la carencia de documentación acerca de los orígenes de esta gran obra. Por su proximidad espacial se ha creído que fue erigida al mismo tiempo que las pirámides, pero actualmente no existe

Todo nuestro patrimonio cultural está condenado a degradarse. Pese a los esfuerzos de los restauradores por mantenerlos, los monumentos están expuestos a la acción de agentes geológicos como el viento, que lanza infinidad de partículas contra la superficie generando una abrasión capaz de modelar a las rocas más persistentes.

consenso sobre su antigüedad. Algunos sospechan, incluso, que no fue esculpida por la mano del hombre.

Si nos adentramos en el cercano desierto del Sáhara, descubriremos unas pistas que podrían ayudarnos a encontrar la solución. Estas áridas y desoladas regiones carecen de humedad suficiente para cohesionar las partículas del suelo y, sobre todo, para desarrollar una abundante vegetación que las sujete. En su superficie afloran con frecuencia las rocas desnudas, salvo en las regiones cubiertas por grandes cantidades de arena en forma de dunas. Estas condiciones tan particulares hacen que el viento, que generalmente pasa desapercibido en otras regiones climáticas donde el agua acapara todo el protagonismo, tenga aquí un papel predominante como agente modelador del paisaje.

Quinientos kilómetros al sur de las pirámides, el desierto aparece lleno de afloramientos rocosos que han adquirido una forma increíblemente similar a la de la Gran Esfinge. En esta zona específica la acción del aire soplando en una misma dirección ha convertido a las rocas del entorno en monumentos naturales con formas caprichosas.

Este sorprendente mecanismo de erosión eólica se denomina abrasión. Por supuesto que un único grano de arena resultaría inefectivo, pero cuando se trata de millones de impactos combinados con enormes períodos de tiempo obtenemos una fuerza capaz de pulir y esculpir las rocas más resistentes. Estos casos en que la abrasión ha actuado sobre grandes piedras se conocen como yardang, pero su efecto también puede quedar patente en rocas más pequeñas, que se denominan ventifactos.

Los minúsculos misiles pueden haber recorrido cientos de kilómetros antes de producirse el impacto. El proceso mediante el que la arena suelta es catapultada desde el suelo para sumarse a este enorme campo de batalla se conoce como deflación. El resultado más destacable de este fenómeno es la aparición de depresiones, que llegan incluso a retirar toda la arena y dejan únicamente los cantos gruesos y demasiado grandes para ser movidos por el viento, hasta formar una capa continua denominada hamada o reg. En contraposición a estas zonas pavimentadas de forma natural, en las regiones desérticas donde se acumula la arena se forman enormes campos de duna, denominados erg.

Estos procesos, resultantes de la interacción entre las partículas sólidas y el viento fuerte, son aprovechados en algunas situaciones que pueden resultarnos cotidianas. Tal es el caso de la deflación con la que limpiamos las alfombrillas de un coche al ventilarlas con pistolas de aire en una gasolinera, o los instrumentos utilizados para eliminar grafitis mediante la proyección de arena, que mediante abrasión arranca las capas más superficiales de un muro.

El viento sin embargo es un escultor que nunca sabe cuándo detenerse. Mientras que los primeros egipcios retocaron aquel curioso promontorio para adaptarlo a su cultura y asignarle la función de custodiar las pirámides a través de los siglos, los equipos actuales de conservación arqueológica se encuentran indefensos ante los diminutos granos de arena y el inexorable paso del tiempo.

En la actualidad esta roca de incalculable valor patrimonial necesita de muchos trabajos de restauración para su mantenimiento. Uno de los monumentos más emblemáticos de Egipto y de toda la Antigüedad continúa desmoronándose poco a poco. Y puede que muchos otros de sus intrigantes misterios se los lleve el viento antes de que logremos descifrarlos.

33

¿Cómo se desplazan las rocas gigantes?

En los inicios del siglo xix, uno de los principales debates de la geología giraba en torno a unas enormes piedras de varios metros de diámetro y toneladas de peso. Estos grandes bloques se encontraban distribuidos en colinas, mesetas o llanuras de regiones muy diversas, pero los científicos europeos fijaron su atención en los ubicados en las montañas francesas del Jura.

Esta cordillera de roca caliza se encuentra separada de los mayores relieves centroeuropeos por el gran valle del Ródano.

Aunque había evidencias de que llevaban muchísimo tiempo en esa posición, parecía claro que aquellas gigantescas masas de piedra habían recorrido una enorme distancia en algún momento del pasado, ya que están formadas por rocas como el granito, que solo aflora en la cordillera de los Alpes a varios cientos de kilómetros.

Estos bloques, que denominaron erráticos, traían de cabeza a los naturalistas de la época, que llegaron a exclamar enfurecidos: «¡Los granitos no se forman en la tierra como la trufa, y no crecen como las sabinas en las rocas calcáreas!». Esta situación alimentaba la imaginación de muchos científicos y fomentaba las más diversas hipótesis.

Una de las explicaciones más interesantes afirmaba que aquellos bloques erráticos que salpicaban el continente habrían sido dispersados por el aire, como consecuencia de violentos escapes de gases subterráneos sacudidos por la actividad sísmica alpina. Aquella hipótesis fue rechazada. No se conocían ejemplos actuales de ese tipo de fenómenos y se dedujo correctamente que, si así fuera, los bloques erráticos habrían quedado destrozados y se observarían cráteres en el lugar del impacto.

Mientras tanto, el conocimiento de los depósitos sedimentarios más recientes del planeta se estaba ampliando y podía arrojar algunas pistas acerca de este enigma. Estos depósitos, denominados cuaternarios, se caracterizan por no haber estado sometidos a grandes cambios, de manera que suelen encontrarse en su posición original. Los sedimentos asociados a los ríos actuales son un buen ejemplo de este tipo de materiales. Estos depósitos que cubren grandes extensiones de los continentes se

«[…] no tenemos más que ensanchar nuestras ideas respecto a las cosas del pasado, observando lo que vemos en el presente, y comprenderemos muchas cosas que con una visión más estrecha aparecen aisladas en la naturaleza o sin una causa precisa; este es el caso de estos bloques de granito tan extraños al lugar en el cual están situados, y tan grandes que parece como si los hubiera transportado algún poder sobrenatural al lugar desde el cual vinieron».
Aunque estas palabras de Hutton pasaron desapercibidas, él fue capaz de adelantarse al profundo impacto que causarían los nuevos descubrimientos.

caracterizan por mostrar una buena estratificación y un orden interno reconocible.

Por otro lado, los naturalistas de aquella época se percataron de que bajo algunos de estos depósitos aluviales se encontraban otros, formados por fragmentos de muy diferentes tamaños y carentes de una estratificación rudimentaria. Tras estas observaciones, llegaron a la acertada conclusión de que aquellos montones de aspecto caótico que los campesinos franceses denominaban morrenas habrían sido puestos allí por agentes que por aquel entonces ya no actuaban en la región.

Estos agentes geológicos del pasado debían de ser los mismos que habían puesto en movimiento a los grandes bloques erráticos. Aquellos materiales fueron calificados como diluvianos, en referencia a una supuesta inundación catastrófica que imaginaron como responsable de aquellos depósitos. Diversos y refinados modelos recurrían a la acción de grandes olas y torrentes marinos provocados por los frecuentes seísmos alpinos. Otros reputados naturalistas, entre los que se incluía Charles Lyell, apostaron por un mar glacial, recorrido por los recientemente descubiertos icebergs que arrojarían su carga al fundirse.

Sin embargo, aquellas explicaciones resultaban insatisfactorias para el suizo Ignaz Venetz, que en 1821 sugirió otro escenario para dar explicación a los hechos observados. Para Venetz, gran parte de las tierras europeas habían estado cubiertas por glaciares en el pasado, y aquello que denominaban depósitos diluvianos eran evidencias de que las masas de hielo habían ocupado en el pasado una extensión mucho mayor a la actual.

Para muchos naturalistas, aquella hipótesis glaciar parecía tanto o más extraña que las anteriores explicaciones, por lo que recibió la burla de gran parte de la comunidad científica. En los años siguientes un compatriota suyo, Louis Agassiz, se propuso encontrar pruebas que contradijeran las aparentemente extravagantes ideas de Venetz. Sin embargo, durante su minuciosa investigación de campo en el entorno de los Alpes, comprobó que efectivamente el agua líquida no era el único agente capaz de mover rocas.

En los ascensos realizados hacia los glaciares encontraba superficies extraordinariamente pulidas, en las que aparecían con frecuencia largas estrías con una orientación similar a la de los valles. Hasta entonces aquellas estrías habían pasado desapercibidas y llegaron a explicarse torpemente como simples arañazos producidos por el paso de carros y crampones.

Agassiz, sin embargo, interpretó correctamente que aquellas hermosas superficies habían sido pulidas por el paso del hielo glaciar, y que las estrías eran producidas por el transporte de fragmentos rocosos en su base. De hecho, en el frente de todos los glaciares encontró depósitos de morrena, similares a aquellos que se habían encontrado en cotas más bajas.

Sus investigaciones no solo iban a permitir explicar el aspecto de esas superficies y otras características propias de los valles glaciares, sino que dejaban claro que durante el período cuaternario, muchas regiones del planeta que hoy disfrutan de un clima templado habían estado cubiertas por hielo en un pasado geológico relativamente reciente.

Los enormes bloques erráticos que adornaban los campos del Jura y otras regiones habían realizado sus enormes viajes sobre los lentos pero eficientes glaciares, hasta ser abandonados en sus posiciones actuales igual que sucede con las morrenas. Aún hoy podemos observar estos grandes bloques en movimiento a hombros de los glaciares que persisten en muchas montañas del planeta.

34

¿PUEDEN DISOLVERSE LAS ROCAS?

Eslovenia, un pequeño país europeo frecuentado por visitantes vacacionales, describe de la siguiente manera algunos de sus atractivos en su web de información turística:

> Hasta que no se adentre en el mundo subterráneo, no ha vivido Eslovenia de verdad. Laberintos de galerías y salas con maravillosas estalagmitas y estalactitas le revelarán una dimensión completamente nueva del mundo. Mire hacia el cañón subterráneo más profundo y más grande del planeta.
>
> Con el mítico trenecito turístico que recorre la Cueva de Postojna adéntrese en la maraña de túneles subterráneos para admirar las extrañas formas de las formaciones calcáreas. Visite el Castillo de Predjama, el más grande del mundo ubicado dentro de una cueva.

Así se anuncian las sorprendentes instalaciones que, ubicadas en el interior de estas cuevas, tratan de atraer visitantes a un lugar ya de por sí infinitamente cautivador.

De forma natural existen en estas cuevas zonas inundadas, donde se forman lagos subterráneos de extraordinaria belleza. Por encima de ellos, el incesante goteo de las aguas infiltradas desde la superficie rompe el silencio sepulcral de este mundo subterráneo, lo que lo hace aún más atractivo.

En el techo, donde el agua surge de forma preferente a través de fisuras, encontramos colgando unas formas muy conocidas, las estalactitas. Bajo ellas crecen en el suelo por goteo unas formas con un aspecto similar pero invertido, las estalagmitas. Ambas tienen un lento pero continuo crecimiento, las primeras hacia abajo, las segundas hacia arriba, de manera que en ocasiones ambas se unen y forman columnas que van desde la parte inferior hasta el techo de la cueva. Este tipo de depósitos se conocen como travertinos y podemos observarlos también tapizando las paredes y el suelo de las grutas.

Estas enormes cavernas eslovenas se han formado en la intersección de grandes conductos verticales y horizontales por los que circula el agua. Y han crecido, en parte, por el desprendimiento de piedras del techo, algunas de las cuales aún permanecen bajo el agua.

En contraste con ese húmedo mundo subterráneo, encontramos en la superficie del macizo áreas que están dominadas por una enorme aridez. La ausencia de un suelo rico impide el desarrollo de una densa vegetación, lo que hace que en el paisaje abunden afloramientos de tonos grises formados por roca caliza.

El agua de lluvia, aunque desaparece rápidamente, ha marcado la superficie de pequeñas y grandes acanaladuras conocidas como lapiaces. Por ellas la escorrentía discurre hacia enormes conductos verticales denominados simas, que en muchos casos permiten el acceso a las cuevas de los espeleólogos.

El relieve está repleto de depresiones con formas y tamaños variados; desde grandes embudos circulares de algunos metros de diámetro, hasta enormes socavones kilométricos con un contorno irregular. La mayoría se han formado por el hundimiento de una, varias o multitud de cuevas próximas a la superficie, y en función de ello reciben el nombre de dolina, uvala o poljé.

En los grandes poljés encontramos manantiales en las cotas más bajas por los que resurge parte del agua infiltrada y descubrimos restos del antiguo relieve que sobresale en forma de pináculos rocosos.

Las peculiaridades de este paisaje son la evidencia de que rocas tan consistentes como la caliza pueden disolverse. La agresividad del agua sobre el mineral calcita ($CaCO_3$) depende de la cantidad de dióxido de carbono (CO_2) que arrastre en su descenso. Como resultado se obtiene bicarbonato cálcico [$Ca(CO_3H)_2$] mediante la siguiente reacción:

$$CaCO_3 + CO_2 + H_2O \rightarrow Ca(CO_3H)_2$$

Al igual que el conocido fármaco que combate las digestiones pesadas, el bicarbonato resultante en la reacción anterior es soluble en el agua, y por tanto fácilmente transportado en la escorrentía subterránea.

A mayores presiones el agua tiene mayor capacidad para contener CO_2, de manera que la destrucción del macizo calcáreo alcanza una mayor intensidad conforme profundizamos bajo las aguas subterráneas, donde todos los poros y fisuras del macizo rocoso están rellenos de agua. De forma contraria, la reacción anterior puede invertirse si las condiciones varían levemente, lo que da lugar a formas como las estalagmitas y resto de travertinos.

Esta agreste y bella región mediterránea conocida como Kras fue descrita por primera vez en 1893 por Jovan Cvijić. A partir del trabajo realizado por este geógrafo esloveno, todos los relieves del planeta que han sufrido un modelado similar se conocen como karst o carso (respectivamente los topónimos en alemán e italiano de la región).

La sucesión en el tiempo de precipitaciones da lugar a un envejecimiento de los macizos kársticos, algunos de ellos muy conocidos como la Ciudad Encantada de Cuenca (España), los mogotes de Viñales (Cuba) o las espectaculares agujas de la película *Avatar* (China). Todos ellos de un enorme atractivo turístico y geológico.

VI

CICLO DE LAS ROCAS

35

¿CÓMO SE FORMA EL BASALTO?

Mefistófeles: Cuando Dios, el señor —bien conozco yo las razones—, nos hizo emigrar del aire a las más hondas profundidades, allá donde en el centro arde un fuego eterno, nos encontrábamos ante un excesivo fulgor, muy apretados e incómodos. Los diablos empezamos a toser todos a la vez, el infierno se inundó de hedor de azufre y ácido. Se formó un gas tan horrible que la corteza de la tierra de los continentes estalló, en todo su grosor. Ahora hemos pasado al otro extremo, lo que antes era abismo ahora es cumbre. […]

Fausto: […] Cuando la naturaleza se construyó a sí misma, el globo terráqueo tomo por sí mismo una perfecta forma redonda; luego se solazó creando picos y barrancos, luego plácidamente modeló las colinas y suavizó las pendientes en

el valle. Allí todo verdea y crece y para entrete-
nerse no necesita hacer locuras.

Mefistófeles: Eso es lo que tú piensas y te parece tan claro como la luz del sol, pero el que estuvo allí
presente sabe que fue de forma diferente. Allí
estaba cuando la masa hirviente del abismo
borboteando se hinchó despidiendo una tormenta de llamas, cuando el martillo de Moloc,
fundiendo unas rocas con otras, arrojaba a gran
distancia los escombros del monte. En la tierra
están aún inmóviles esas extrañas masas. [...]

Fausto: Es curioso observar cómo contemplan los diablos la naturaleza.

En este fragmento de la obra dramática *Fausto*, el de-
monio Mefistófeles se muestra a favor de la idea del fuego
interno de la Tierra. Para él, las montañas son consecuencia
de los procesos ocurridos en el interior del planeta, y los
volcanes su máxima expresión. Fausto, sin embargo, aludía
a causas externas para explicar el origen de los valles y las
montañas, a partir de una superficie inicial perfectamente
horizontal, como la que se deposita en el fondo de un mar
que precipita.

El literato alemán Goethe reflejó de esta manera las dos
posiciones geológicas enfrentadas en su época: el neptunismo
y el plutonismo. Existía tal entusiasmo en aquel debate que
la prensa se hizo eco de la polémica. Filósofos, naturalistas,
religiosos y políticos se posicionaban de forma apasionada en
uno de los dos bandos enfrentados, hasta el punto de que la
controversia llegó a convertirse en un debate ideológico.

Las ideas neptunistas defendían el origen acuoso de las
rocas que cubrían la superficie terrestre. Múltiples observaciones como los fósiles y los sedimentos que conformaban
los estratos parecían refrendar esta idea a la que se sumaban los
más prestigiosos geólogos. Todo ello, junto a la coherencia
con el relato del diluvio universal, favoreció que tuviese un
gran apoyo fuera de los círculos científicos.

Sin embargo, unas extrañas masas como las referidas
por Mefistófeles en el diálogo anterior iban a sembrar la

Además del color oscuro, esta roca maciza se caracteriza por la presencia de fracturas que forman una típica estructura en columnas geométricas. Su aspecto se debe a la contracción que sufren los materiales, que tienden a romperse en la forma más parecida al círculo sin dejar espacios libres: el hexágono.

polémica. Para los científicos el debate se centraba en desvelar el origen de una roca concreta: el basalto.

El basalto es una piedra dura y oscura, en cuyo seno se distribuyen bellos cristales de diversos colores, uno de ellos verde, conocido como olivino. En las regiones europeas, donde se estaba desarrollando el debate, suelen presentarse en forma de capas que se intercalan entre estratos sedimentarios. Para los neptunistas la explicación estaba muy clara y su origen era comparable al de otras rocas como la caliza, el yeso o la sal. El basalto era, para ellos, resultado de la precipitación química en el fondo de un mar químicamente distinto a los actuales y que con una distribución global habría cubierto los continentes en el pasado.

Aunque muy pocos de aquellos naturalistas habían tenido contacto con los volcanes, ninguno negaba la existencia de erupciones como las producidas en el Etna con frecuencia.

Pero la mayoría los interpretaba como procesos puntuales, ligados a la combustión que tenían lugar en el subsuelo del propio volcán. Suponían que las causas de este calentamiento local estarían ligadas a materiales inflamables como el azufre o el carbón, que desencadenarían explosiones e incendios subterráneos a escasa profundidad. Estos supuestos mecanismos serían los responsables no solo de fundir las rocas circundantes de basalto que saldrían al exterior en forma de lava, sino también de provocar los terremotos sentidos en áreas no volcánicas.

Uno de los discípulos de aquella corriente neptunista nacida en la Escuela de Minas de Friburgo fue Alexander von Humboldt. Este célebre naturalista alemán exploró el continente americano con fines científicos y a su regreso aportó una visión global de los fenómenos naturales que afectan al planeta. Antes de alcanzar el Nuevo Mundo, realizó una parada de varios días en la isla de Tenerife, con la intención de subir a lo alto de su majestuoso volcán, el Teide. Durante la ascensión de casi cuatro mil metros, pudo comprobar que la isla estaba formada mayoritariamente por basaltos y, ya en la cima, observar desde lo alto las recientes coladas de lava petrificadas en la ladera y medir los gases calientes que aún hoy emanan del cráter.

Las dudas sobre las teorías neptunistas que había aprendido comenzaban a tambalearse, y sería en su visita a diversos volcanes andinos como el Chimborazo en Ecuador cuando abandonaría definitivamente aquellas ideas. A su regreso a Europa, Humboldt comenzaría a defender las ideas plutonistas aportando nuevas evidencias a los científicos del Viejo Continente.

En sus propias palabras: «Todas las ideas que se han expresado sobre las causas de los volcanes, sobre los orígenes de sus productos, me parecen falsas e insostenibles». Para Humboldt, las enormes masas de basalto expulsadas por los volcanes y, sobre todo, la distribución de los mismos formando parte de enormes cordilleras, eran la prueba definitiva de la existencia de un calor interno en el planeta. Y ese era, en última instancia, el único motor capaz de provocar terremotos y levantar las montañas. Las ideas plutonistas de Hutton y Lyell encontrarían así, en el que inicialmente fuera uno de sus más poderosos oponentes, a su mayor aliado.

36

¿QUÉ ES UNA CUENCA SEDIMENTARIA?

Mientras leéis estas líneas, un pequeño fragmento de roca está muy cerca de depositarse a miles de metros de profundidad en el océano. Se encuentra a escasos centímetros del fondo y a enormes distancias del continente del que zarpó hace ya varios años. Sin embargo, incluso en esas aguas tranquilas, casi inmóviles y carentes de luz, podría permanecer varios meses más en suspensión; sin subir ni bajar.

Esta historia, que puede resultarnos tan banal, tiene lugar continuamente en uno de los escenarios más importantes para la geología: las cuencas sedimentarias. La palabra *cuenca*, que procede de 'concha', se usa en las ciencias de la Tierra para hacer referencia a zonas deprimidas topográficamente y, por tanto, receptoras tarde o temprano de los sedimentos que se originan en la superficie terrestre. Debido a esto se desarrollan espesores sedimentarios kilométricos acumulados durante millones de años.

Las cuencas se alimentan de rocas más antiguas que forman parte de un relieve circundante y se ven sometidas a procesos de destrucción conocidos como meteorización. La cantidad y calidad de estos productos de meteorización dependen de diversos factores. El clima, por ejemplo, controla el predominio de un determinado agente geológico como puede ser el viento, los ríos o los glaciares. La altitud, por su parte, incide en la velocidad a la que se destruyen los materiales, mayor cuanto mayores sean los relieves.

Aunque una pequeña fracción de los materiales desprendidos pasa a formar parte de los suelos o lagos continentales, la mayor parte es tarde o temprano erosionada del medio generador y transportada hacia las grandes cuencas oceánicas. El principal agente de transporte es el agua de los ríos que, a escala global, mueve a más del 90 % del material sedimentario. Las cantidades aportadas por uno solo de los grandes ríos del planeta se miden en miles de millones de toneladas cada año.

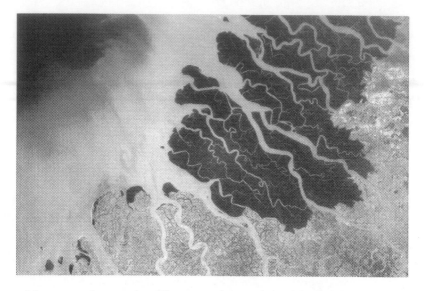

A la vez que los grandes relieves son desgastados por la erosión, los flujos de agua depositan enormes masas de sedimento al llegar al mar. Los más gruesos permanecen cerca de la línea de costa mientras las finas arcillas pueden permanecer a flote a merced de la corriente.

Como vimos al inicio, algunos de estos aportes pueden tardar muchos años en depositarse, pero la mayoría lo hacen más rápidamente en las proximidades de la costa. Así, mientras que en los ambientes pelágicos solo se acumula un milímetro de sedimentos cada mil años, en el entorno de los deltas se alcanzan cientos de metros.

El aporte acumulado durante largos períodos de tiempo hace que en las áreas adyacentes a los continentes se alcancen espesores sedimentarios de hasta diez kilómetros. Esta sedimentación continuada solo es posible debido al hundimiento simultáneo que se produce en las cuencas, conocido como subsidencia. De no ser así, la llegada de aportes sucesivos rellenaría rápidamente el volumen disponible para el depósito y la sedimentación se trasladaría a otras regiones.

Desde el momento en que se produce el depósito, los sedimentos se ven sometidos a una transformación denominada diagénesis. El enterramiento causado por los aportes sucesivos y la subsidencia hacia zonas más profundas tienen como consecuencia un aumento de la presión y de la temperatura que concluye con la formación de rocas sedimentarias.

Una etapa importante de este proceso es la compactación, donde el agua marina que ocupaba los poros del sedimento es expulsada y el empaquetamiento de los granos se reajusta. La circulación del agua subterránea a través de la reducida porosidad provoca la precipitación de diversos materiales cementantes como la calcita o la sílice, que favorecen la litificación del sedimento con el transcurso del tiempo.

Algunos importantes secretos de las cuencas se mantuvieron escondidos bajo las aguas hasta hace unas décadas, cuando se desarrolló la investigación oceanográfica. Sin embargo, los geólogos llevan siglos aplicando este término para referirse a cuencas del pasado, cuyos grandes espesores de sedimentos hoy aparecen emergidos y forman parte de las cadenas montañosas de nuestro planeta. Estas cuencas inactivas, fuertemente deformadas, han pasado a someterse a la actividad erosiva y son ahora generadoras de sedimento para las cuencas activas, lo que da continuidad al ciclo geológico que se repite desde hace miles de millones de años.

Por cierto, la partícula de arcilla con la que iniciamos esta pregunta ya se ha depositado. Pero no por su propios medios, sino porque al chocar con otras y quedar débilmente pegadas, han alcanzado la suficiente masa para vencer el rozamiento del agua y descender el último tramo hasta el (casi) eterno descanso del fondo oceánico.

37

¿CÓMO PUDO LLEGAR GRAVA AL MEDIO DEL OCÉANO?

Imaginemos una piedra del tamaño de un puño. A estos fragmentos de roca de grandes dimensiones se los conoce como grava. Normalmente los fragmentos de grava se juntan con los de su mismo tamaño, pero este está aislado. Aislado en medio de los infinitos campos de fango pelágico que cubren el fondo del océano. Estos fangos están formados por innumerables cantidades de sedimentos finos, la arcilla, que también tienden a juntarse.

Aquel fragmento de grava pudo haber sido tirado desde un barco; pero no, no existía la navegación cuando esto ocurrió. También pudo ser lanzado por un volcán submarino; pero tampoco, no es una roca de origen volcánico. Su origen no es extraterrestre y es demasiado pesada para haber llegado flotando, por lo que su presencia a miles de kilómetros de distancia de la costa es, cuando menos, misteriosa.

Las corrientes de agua seleccionan los clastos por tamaños; cuanto más fuerte sea la corriente, mayor será el tamaño del clasto transportado. A medida que pierde energía se depositan, en primer lugar, los clastos mayores, mientras que los más pequeños continúan siendo movilizados hacia ambientes más tranquilos. Este proceso da lugar a una gradación en el tamaño de grano, de tal manera que sirve como indicador de la energía y velocidad de las corrientes que tuvieron lugar en el momento de la sedimentación. Generalmente las gravas quedan abandonadas en los márgenes de los ríos, en los deltas o en las playas, mientras que la arcilla se mantiene en suspensión hasta las zonas más distales del océano.

Por otro lado, la composición y el aspecto de los granos también pueden arrojar información sobre los procesos geológicos que han tenido lugar de forma previa al depósito. Los fragmentos de grava se obtienen mediante meteorización física en las áreas continentales que están siendo desmanteladas, de manera que pueden conservar la estructura y mineralogía de la roca originaria, lo cual aporta importante información acerca de las montañas y relieves en los que se ha generado el sedimento. Las arcillas, sin embargo, son producidas por la meteorización química, que cambia la estructura mineral original, lo que da lugar a nuevos y minúsculos cristales planos.

Estos minerales de la arcilla, vistos al microscopio, revelan un aspecto planar debido a la estructura cristalina propia del grupo al que pertenecen, los filosilicatos. Sin embargo, el aspecto de una grava es consecuencia de los golpes que ha sufrido durante el transporte, de manera que a mayor cantidad de golpes, mayor será la redondez del fragmento. En el caso más general, cuando son transportados por un fluido (agua o aire), un fragmento bien redondeado será el resultado de haber recorrido una distancia mayor.

El oleaje es capaz de movilizar grandes fragmentos sedimentarios, pero en cuanto nos adentramos en el agua esta energía se desvanece. Los mayores son rápidamente depositados en el fondo del mar, de manera que el tamaño de grano nos sirve como indicador de la distancia de un estrato con respecto a la costa.

Además de los gruesos fragmentos de grava y los finos de arcilla, los sedimentólogos han establecido categorías intermedias entre las que se encuentra la arena. Del mismo modo que las gravas, las arenas se obtienen generalmente por meteorización física, y aunque también pueden tratarse de pequeños fragmentos de roca, la mayor parte de los granos son cristales individuales arrancados de la roca.

Dado que el granito es la roca más abundante y representativa de las áreas continentales desmanteladas, la composición mineralógica de los principales depósitos de arena está representada por cantidades variables de cuarzo, feldespato y mica. De estos tres minerales, el cuarzo es con diferencia el más resistente a la meteorización química, mientras que los otros se transforman en arcillas con relativa facilidad. De este modo, la presencia de granos de feldespato da lugar a unas arenas denominadas arcosas que se asocian a un transporte breve y a climas áridos. Por el contrario, un transporte prolongado destruye los fragmentos que no sean de cuarzo, lo cual forma una roca muy resistente denominada cuarcita.

Otro aspecto importante en el análisis de los depósitos detríticos es la forma en que se combinan granulometrías diversas, con granos de tamaño arena o grava embebidos en una matriz arcillosa. Así, encontramos depósitos muy bien seleccionados por flujos cuyas velocidades varían de forma suave, como el viento que transporta la arena de las dunas, frente a otros que frenan de forma brusca. Estos cambios drásticos en la velocidad suelen tener relación con variaciones igualmente contundentes en la pendiente por la que circulan. Tal es el caso de las bases de las montañas, en las que suelen mezclarse gravas y arcillas y la base de los taludes oceánicos, en los que la fracción fina se combina con arenas.

Estos pocos depósitos seleccionados suelen estar asociados a fragmentos angulosos que reflejan un transporte escaso y limitado al tramo de la abrupta pendiente. De este modo se forma un tipo especial de depósitos gruesos denominado brecha (frente a los conglomerados redondeados) y otros arenosos denominados grauvacas.

Pero retomemos la grava del misterio con la que iniciamos la pregunta, aquella que se encuentra aislada, en medio de un mundo de arcillas. Podríamos pensar ahora que se trató de un flujo que se detuvo de forma repentina; pero no, no existen relieves en el entorno del depósito y las aguas a esa profundidad jamás han sufrido bruscos cambios de velocidad. Si recordamos el capítulo anterior de este libro, probablemente hayamos encontrado similitudes entre esta grava y los grandes bloque erráticos que describimos previamente, y es que efectivamente, aquel fragmento de grava no fue arrastrado allí por la corriente, sino por un fragmento de hielo a la deriva, un iceberg, que en su proceso de fusión fue descargando las rocas que transportaba desde el continente helado. Es así como se forman este tipo de anomalías granulométricas, que se conocen con el nombre de paratillitas por su similitud con las tillitas o morrenas glaciares.

38

¿EL EFECTO INVERNADERO PUEDE QUEDAR PETRIFICADO?

Para contribuir a paliar el incremento del efecto invernadero los investigadores intentan extraer de la atmósfera parte del CO_2 liberado por la actividad humana. Una opción para capturar y almacenar este exceso consiste en convertirlo en roca sólida inyectándolo en formaciones de basalto, con una gran cantidad de poros generados por la liberación de gases volcánicos, a unos novecientos metros bajo tierra. A esa profundidad las reacciones químicas naturales desencadenan la transformación. Los minerales que forman parte del basalto son inestables y liberan algunos elementos (calcio, hierro y magnesio) que se disuelven en las condiciones ácidas creadas por el CO_2.

Se obtiene un precipitado de color blanco conocido como ankerita ($CaFe(CO_3)_2$), muy similar a la dolomita ($CaMg(CO_3)_2$), pero con presencia de átomos de hierro (Fe) en lugar de magnesio (Mg). Ambos son minerales del grupo de los carbonatos que comparten la capacidad de retener CO_2 en sus estructuras cristalinas.

Aunque la roca dolomía es relativamente abundante en algunos lugares como el sector alpino de los dolomitas, la cantidad que se forma en la naturaleza de este mineral a partir del CO_2 son mínimas. La mayoría se ha originado mediante procesos diagenéticos, por reemplazamiento de magnesio (Mg) en el lugar ocupado por el calcio (Ca) en las estructuras cristalinas de otro mineral previamente formado, la calcita ($CaCO_3$).

La calcita es el resultado de un proceso natural de captación del CO_2 hacia la litosfera, que es, con mucho, el mayor depósito terrestre de carbono. El agua de lluvia se combina con este gas atmosférico y crea un ácido que ataca a las rocas. Como producto de la meteorización química se forma el ión bicarbonato (HCO_3^-) que, al ser soluble en agua, es transportado por los ríos y aguas subterráneas hacia los mares. El posterior precipitado de estas sustancias da lugar a rocas

Muchos de los relieves más vistosos que nos rodean están formados por rocas calizas. Esta roca puede presentarse en distintas variedades, pero todas están formadas mayoritariamente por el mineral calcita, un carbonato que precipita como consecuencia de la presencia de CO_2 en las aguas.

sedimentarias compuestas fundamentalmente por carbonato cálcico, que reciben el nombre de caliza.

Este tipo de precipitado de calcita representa el 10 % del volumen total de todas las rocas sedimentarias. Un ejemplo son las estalagmitas depositadas en las cavernas cuando las gotitas de agua son expuestas al aire de la cavidad, parte del dióxido de carbono disuelto se escapa y causa la precipitación del carbonato cálcico. Otra variedad se produce en las aguas poco profundas de los mares cálidos. A partir de minúsculas partículas que son movidas por las corrientes en un continuo vaivén, se depositan capas sucesivas que dan lugar a pequeños granos esféricos denominados ooides.

De forma general las calizas que tienen un origen inorgánico se forman cuando los cambios químicos o las temperaturas elevadas del agua aumentan la concentración del carbonato cálcico hasta el punto de que este precipita. Algo similar ocurre con otro conjunto de rocas, las evaporitas, entre las que destacan la sal (cloruro sódico, NaCl) y el yeso (sulfato cálcico hidratado, $CaSO_4 \cdot 2H_2O$). Estas rocas se forman también por la sedimentación de precipitados químicos al variar las condiciones ambientales. Pero, como su nombre indica, en este caso la evaporación del agua es el mecanismo desencadenante.

No obstante, la mayor parte de la caliza no se produce por estos procesos de precipitación inorgánica, sino que son consecuencia de la actividad biológica. Una caliza bioquímica de fácil identificación es la coquina, una roca de grano grueso compuesta por fragmentos de caparazones poco cementados. Otro ejemplo menos obvio, aunque familiar, es la creta, una roca blanda y porosa constituida casi en su totalidad por las partes duras de microorganismos marinos.

El material disuelto en el agua es extraído por los seres vivos que la habitan para producir estructuras fundamentalmente de carbonato de calcio ($CaCO_3$). Una vez que los organismos mueren, estas se depositan en el fondo oceánico, donde los procesos diagenéticos las transforman en roca caliza. Aunque predomine, no siempre resulta evidente el origen biológico de la caliza, puesto que los caparazones y los esqueletos pueden sufrir cambios considerables antes de litificarse para formar una roca.

Si bien la mayoría de las partes duras de los organismos acuáticos son fabricadas de carbonato cálcico, algunos otros, como las diatomeas y los radiolarios, producen esqueletos compuestos de sílice (SiO_2). A pesar de que el agua de mar contiene cantidades ínfimas, estos pequeños seres vivos son capaces de extraer la sílice y dar origen a formaciones de roca silícea muy compactas y duras, que se pueden encontrar como nódulos irregulares en la caliza y como capas de roca. Un ejemplo conocido es el pedernal, cuyo color oscuro se debe a la materia orgánica que contiene.

Además de los microorganismos y moluscos con concha comentados previamente, una de las mayores fábricas de caliza la encontramos en los exuberantes ecosistemas coralinos. Los corales han sido también los responsables de la precipitación de enormes cantidades de roca (en este caso caliza) en el pasado geológico. Estos diminutos animales viven en colonias de numerosos individuos que fabrican esqueletos externos ricos en calcita, que en su conjunto dan lugar a estructuras masivas de gran tamaño llamadas arrecifes. A este proceso contribuyen algas secretoras de carbonato que facilitan la cementación y consolidación de la formación como una masa sólida.

La geología ha descubierto el papel de las rocas sedimentarias de precipitación química en la historia climática del planeta y hoy en día la ingeniería ambiental utiliza estos conocimientos para intentar disminuir las enormes emisiones de CO_2 a la atmósfera. Aunque las tecnologías desarrolladas hasta el momento resultan insuficientes y suponen soluciones locales, en áreas con rocas de basalto, cuando se trata de luchar contra el calentamiento global toda ayuda debe ser bienvenida.

39

¿Qué pistas nos desvelan las rocas sobre el pasado de la Tierra?

Alfred Wegener ha sido uno de los mayores detectives que han indagado en el pasado de nuestro planeta. Especialista en el estudio de los climas y ayudado por su abuelo, fue capaz de reconstruir el clima de la Tierra durante el carbonífero a partir de las pistas grabadas en las rocas. Sus resultados fueron asombrosos. La distribución climática durante aquel período era tan peculiar que los mejores climatólogos del presente se desorientarían. Allí donde hoy se extienden los hielos, se podían observar huellas de ardientes desiertos y donde reinan las actuales selvas tropicales, el suelo aún conserva las marcas de gigantescos glaciares. Según sus investigaciones, el clima del planeta parecía haber estado completamente loco en aquel período.

La ciencia que estudia las características climáticas de la Tierra a lo largo de su historia es la paleoclimatología. Esta parte de la idea de que cada clima deja unas pruebas en las rocas, a través de fósiles, formas erosivas y, sobre todo, depósitos sedimentarios.

Así, por ejemplo, las formaciones de carbón mineral son indicadoras de la existencia de vegetación y humedad en el pasado. Una gran capa de este mineral se corresponde con

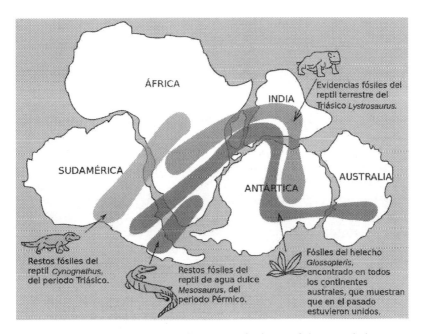

La caprichosa distribución de algunos fósiles resultó un verdadero quebradero de cabeza para muchos científicos. Se propusieron diversas hipótesis para explicarlo, algunas tan atrevidas como suponer que los continentes habían estado unidos y se estaban desplazando.

una selva frondosa, asociada a un clima ecuatorial. También es posible inferir la existencia de casquetes helados si observamos superficies pulidas, aborregadas, sobre las que se aprecien estrías talladas por las rocas arrastradas en la base de los glaciares. Por su parte, los grandes depósitos de sal están dados por la existencia, en el pasado, de un mar incomunicado que recibía menos agua de la que se evaporaba, evidencias de un clima desértico.

Los estudios paleontológicos tienen también gran importancia para la interpretación de la historia climática. El conocimiento de las características desarrolladas por diferentes grupos de organismos fósiles permite interpretar las condiciones ambientales a las que se adaptaron.

Por su naturaleza algunos organismos no pueden vivir bajo determinadas condiciones climáticas. Este es el caso de los grandes reptiles, quienes tienen vetadas las regiones frías debido a su incapacidad para regular por sí mismos su temperatura corporal, por lo que sus fósiles pueden utilizarse como indicadores térmicos de una determinada región.

Los árboles también constituyen un registro de las temperaturas y su variabilidad anual. La presencia de anillos en troncos fosilizados indica que la planta vivió en un clima templado con una marcada estacionalidad, donde los árboles fabrican un nuevo anillo cada verano, mientas que en el invierno detienen su crecimiento. Por el contrario, la ausencia de anillos en los troncos suele estar asociada a climas ecuatoriales que carecen de variabilidad anual.

La composición química de las rocas igualmente puede aportar indicios valiosos en este proceso de reconstrucción. Por ejemplo, las lutitas negras (ricas en carbono) indican un ambiente de sedimentación en aguas estancadas, donde la oxigenación es baja, lo que permite que la materia orgánica no se descomponga.

Las estructuras sedimentarias, presentes dentro de los estratos o en las superficies de estratificación, proporcionan información adicional de gran utilidad para la interpretación de la geografía de una determinada cuenca en el pasado. Estas reconstrucciones paleogeográficas se basan en identificar las estructuras presentes y relacionarlas con el ambiente en que se desarrollan, y permiten, entre otras cosas, trazar la línea de costa a lo largo de las épocas geológicas. Tal es el caso de las grietas de desecación, que indican que el sedimento estuvo alternativamente húmedo y seco, por lo que se asocian con ambientes como los lagos someros y las cuencas desérticas.

Aunque la mayoría de los sedimentos se depositan en capas horizontales, en ciertas circunstancias es posible encontrar capas inclinadas dentro de determinados estratos, que reciben el nombre de estratificación cruzada. Estas estructuras se desarrollan en el interior de las dunas de arena y pueden indicar la existencia de antiguas playas o desiertos áridos.

Otro tipo de ondulaciones, similares a las dunas pero a menor escala, son las rizaduras o *ripples*. Unas son asimétricas, y permiten reconstruir la dirección predominante de las corrientes y, de esta forma, la inclinación y el aspecto de los antiguos relieves. Otras, simétricas, originadas por la continua oscilación del oleaje costero.

Por otro lado, la presencia de conglomerado puede indicar un ambiente de gran energía en una zona de rompientes donde los materiales de mayor tamaño quedan descubiertos, separados de las partículas finas que se marchan en suspensión hacia otros ambientes. Del mismo modo que el depósito de grandes espesores de arcilla hace pensar que la zona estuvo situada en la parte más interna de un antiguo océano.

Los depósitos sedimentarios no aparecen aislados en la naturaleza. La variedad de características litológicas y paleontológicas, que permiten deducir el origen y el ambiente de formación de las rocas sedimentarias, determinan distintas facies. La variación lateral de estas permite reconstruir la paleografía y la línea de costa en un momento determinado del pasado. Resulta también muy interesante conocer los cambios de facies en la vertical, puesto que brindan información sobre la evolución de una determinada cuenca sedimentaria.

De esta manera, si encontramos depósitos propios de un ambiente marino profundo sobre los que se superponen facies de playa y por encima de estas aparecen facies continentales, estaremos entonces observando una secuencia de somerización de la cuenca, y podremos interpretar que durante ese período de tiempo se produjo un proceso de regresión marina.

Por supuesto, también puede darse la situación contraria, en que las facies continentales se encuentren bajo facies costeras y estas, a su vez, bajo facies distales y profundas. En este caso se trataría de una secuencia de profundización, evidencia de que tuvo lugar una transgresión marina.

Este patrón de distribución de facies, en que la secuencia de cambios laterales (depósitos más distales a la costa–depósitos costeros–depósitos continentales) se repite en la vertical, es muy frecuente en el registro estratigráfico, y se conoce como Ley de Walter.

Como hemos visto, y pese a la antigüedad de las eras geológicas, los geólogos disponen de multitud de estrategias para reconstruir los ambientes del pasado que, en muchas ocasiones, permiten llegar a conclusiones fascinantes. Un buen ejemplo podremos verlo en las investigaciones de Wegener, que le llevarían a imaginar la fugacidad de la geografía global y el asombroso desplazamiento de los continentes.

40

¿Pueden doblarse las rocas?

En nuestra vida cotidiana estamos familiarizados con reconocer las dos caras de una misma tela. Las costuras o la intensidad del estampado son algunas de las pistas que nos permiten vestirnos y hacer la cama de forma correcta. Este tipo de criterios, por los que podemos diferenciar el interior del exterior de una camiseta, o la parte inferior y superior de una sábana, se denominan criterios de polaridad, y son muy útiles en geología cuando se aplican a los estratos.

Imaginemos, por ejemplo, lo que sucede cuando las lluvias cesan y hacen que los charcos y pantanos desaparezcan. El fango depositado en el fondo queda al descubierto, y se cuartea debido a la evaporación del agua. Si unas lluvias posteriores traen nuevos aportes de fango, este fino sedimento rellenará, como si se tratara de un molde, estas grietas de desecación sobre las que se asienta. Como resultado, obtendremos que el nuevo nivel de arcillas reproducirá estas formas en la superficie inferior pero a la inversa, es decir, como salientes en lugar de hendiduras.

Este tipo de procesos y estructuras de desecación pueden quedar conservadas también en una superficie de estratificación. De esta manera, si en un determinado afloramiento con los estratos en posición vertical observamos este tipo de salientes o hendiduras, podremos determinar si la parte superior de esa formación geológica se encuentra a nuestra izquierda o nuestra derecha.

Parece evidente que unos estratos en posición vertical han sido movilizados desde su horizontalidad original. Pero imaginemos ahora que los estratos están en posición horizontal, y las grietas de desecación nos muestran que lo que antes estaba arriba, ahora está hacia abajo. Este tipo de situaciones en las que los estratos han sufrido un vuelco tan espectacular son frecuentes en la naturaleza, y se conocen como secuencias invertidas.

Para descifrar el origen de estos cambios, retomemos el símil de una cama bien hecha. Apoyemos nuestras manos sobre ella y comencemos a empujar la una contra la otra. Entre

Con frecuencia los pliegues se presentan tan inclinados que difícilmente podemos definirlos como cóncavos o convexos. Con mucha frecuencia el trabajo de campo nos obliga a acercarnos hasta cada afloramiento para descubrir pistas que nos indiquen qué era arriba y qué era abajo.

ambas manos se nos creará una elevación, formada por dos pendientes contrapuestas separadas por una zona central donde la curvatura es máxima. Al igual que en las sábanas, también los estratos geológicos muestran este tipo de arrugas que reciben el nombre de pliegues. En este caso la parte más curvada se conoce como charnela y los lados inclinados se denominan flancos.

Es muy probable que si continuamos empujando llegue un momento en que el pliegue caiga hacia un lado, de manera que quede descansando sobre uno de sus flancos. Si después recortamos el flanco superior, quedará a la vista el inferior, pero con el estampado hacia abajo, es decir, con una secuencia invertida. Los pliegues son abundantes en la superficie terrestre, donde la erosión es la encargada de sacar a la luz los diferentes criterios de polaridad que permiten reconstruir la disposición geológica de la región.

Este tipo de estructuras convexas se conocen como pliegues anticlinales y, del mismo modo en que las arrugas no suelen estar aisladas en una cama deshecha, es frecuente que estén asociados con pliegues cóncavos denominados sinclinales. Esto da lugar a una serie de ondulaciones en las que, con frecuencia, el flanco de un anticlinal coincide con el del sinclinal adyacente.

Aunque el símil que hemos utilizado nos permita reproducir estructuras similares, parece obvio que si tratamos de deformar una roca con un martillo, o un estrato con una retroexcavadora, solo conseguiremos destrozarlos. Entonces..., ¿cómo es posible que se doblen sin que se rompan?

Es verdad que los esfuerzos geológicos implicados en este tipo de deformación actúan durante larguísimos períodos de tiempo, de manera muy diferente al golpeo de un martillo. Pero esta diferencia no es suficiente para explicar este tipo de deformación dúctil que origina los pliegues.

Para dar respuesta a esta pregunta debemos tener en cuenta las condiciones a las que se somete una roca: la presión y la temperatura. Estas dos variables aumentan a medida que profundizamos en nuestro planeta, hasta llegar a valores colosales. Sin embargo, no será necesario irnos tan abajo para deformar las rocas de manera dúctil, ya que es en la corteza terrestre donde se alcanzan las condiciones para este tipo de comportamiento plástico de las rocas.

Por el contrario, las rocas más próximas a la superficie, donde las temperaturas y las presiones de confinamiento son bajas, tienden a comportarse de la manera que nuestra experiencia cotidiana nos indica, es decir, como un sólido que se fractura cuando se supera su resistencia. Así, observamos que los esfuerzos compresivos en estas condiciones de deformación frágil dan lugar a fracturas sobre las que se desplazan las masas rocosas que son empujadas.

Estas estructuras se conocen como fallas inversas, presentan un plano inclinado de rotura con un cierto grado de inclinación y en ellas se observa cómo el bloque rocoso que se apoya sobre el mismo ha realizado un movimiento ascendente. Este tipo de esfuerzo tiende a acortar el cuerpo rocoso, puesto que desplaza a los bloques de la corteza uno hacia el otro.

Por el contrario, existe otro tipo de falla, en la que los materiales que se apoyan sobre el plano han realizado un movimiento descendente, que se conoce como fallas normales. Estas no son posibles en ambientes donde los esfuerzos son compresivos, lo cual indica por el contrario que esa región estuvo sometida a esfuerzos distensivos (como el que realizamos con nuestras manos al alisar una cama).

Sin embargo, la que probablemente sea la falla más conocida del planeta, la falla de San Andrés en California, no se corresponde con ninguno de los tipos descritos. El movimiento que se produce en esta falla no representa un hundimiento ni un levantamiento de ninguno de los bloques separados por la ruptura, sino que el desplazamiento dominante es horizontal. Este tipo se conoce como falla de desgarre, y se produce por esfuerzos denominados de cizalla (similares a los que realizamos con las palmas de nuestras manos al frotarnos para darnos calor).

Cada vez que observamos un afloramiento con rocas deformadas, debemos recordar que nos encontramos ante una ventana para asomarnos a las entrañas de la corteza, donde las condiciones son muy diferentes a las que podemos apreciar en la superficie del planeta.

41

¿CÓMO AFECTA EL CALOR A LAS ROCAS?

La alfarería es la técnica por la que somos capaces de transformar el barro en un tazón, un plato, una tinaja, un botijo o un ánfora. La humanidad viene elaborando estos objetos desde hace miles de años debido a su gran utilidad como recipientes en nuestras actividades cotidianas, para el almacenaje o el transporte de sustancias.

Tradicionalmente el artesano coloca la arcilla sobre una rueda, donde la humedece para modelarla con la destreza de sus manos. Una vez lograda la forma deseada, la pieza se deja secar al sol para que pierda su plasticidad y se convierta en un objeto sólido. Sin embargo, si el proceso termina ahí, el recipiente continúa siendo muy desmenuzable y volvería a convertirse en barro al ser puesto en contacto con el agua.

Para obtener un objeto duradero y capaz de contener líquidos, debe introducirse en un horno alfarero, donde las altas temperaturas hacen que los minerales de arcilla pierdan

La plasticidad de los materiales con los que trabaja el alfarero contrasta con la fragilidad de los objetos que fabrica. La variación en la humedad contenida en la arcilla es el cambio más evidente, pero otras transformaciones se ocultan en el horno donde se cuecen las piezas.

sustancias volátiles como el agua contenida en su estructura cristalina y se amalgamen unos con otros. Al terminar el proceso, las modificaciones sufridas son irreversibles, presenta una tonalidad diferente y se convierte en un objeto verdaderamente útil y resistente al paso de los siglos.

Esta técnica, conocida como bizcochado, tiene su equivalente en la naturaleza cuando un suelo es sepultado por una ardiente colada de lava. Como consecuencia, la arcilla abundante en los suelos se recristaliza en detrimento de la porosidad y da lugar a una capa impermeable y de intensa coloración rojiza que en muchos lugares recibe el nombre de almagre.

Este proceso natural de transformación de las rocas se conoce como metamorfismo térmico, y el volumen de rocas que se ven afectadas se denomina aureola de contacto. Sin embargo, se trata de un caso muy particular, ya que los fenómenos similares de conducción térmica que afectan a mayores volúmenes de rocas se producen lejos de la superficie terrestre. Por lo general se deben al calor de grandes cantidades de magma que ascienden dentro de la corteza terrestre hasta acumularse en determinados lugares en forma de grandes embolsamientos, lo que provoca que las rocas encajantes de esta intrusión se vean afectadas por el incremento de la temperatura.

El tamaño e intensidad de la aureola resultante dependerá de varios factores. Por un lado, ha de ser lo suficientemente grande como para elevar la temperatura de su entorno y mantenerla así durante varios millones de años. Además, solo se producirá metamorfismo cuando haya una variación en las condiciones, por lo que en zonas más profundas, donde la temperatura de la roca encajante ya es alta de por sí, la aureola de contacto será menor que en condiciones más someras.

Lógicamente, otro factor determinante del tipo de roca metamórfica que resultará de este proceso es la naturaleza inicial de la roca, denominada protolito. Por ejemplo, si la intrusión se produce en una formación de arenisca rica en cuarzo se formará una cuarcita, mientras que si tiene lugar en rocas calizas, dará lugar a mármol. La roca que más frecuentemente se produce por este tipo de metamorfismo de contacto es la corneana, que se forma a partir de diversas rocas sedimentarias.

El metamorfismo de contacto puede venir acompañado de una circulación de soluciones acuosas desde la fuente de calor. En este caso no podemos hablar de metamorfismo en sentido estricto, ya que se produce un aporte de nuevos componentes químicos al protolito, por lo que recibe el nombre de metasomatismo.

El agua implicada puede ser de origen magmático, pero en muchas ocasiones es el agua infiltrada desde la superficie que se pone en circulación por el calor de la intrusión, fenómeno muy frecuente en el magmatismo de los fondos marinos. Múltiples mineralizaciones de importancia económica están asociadas a estos procesos hidrotermales. También, algunas de sus manifestaciones externas como los géiseres, fumarolas y fuentes termales pueden ser de interés medicinal y turístico.

Teniendo en cuenta la relativamente reducida extensión a la que afecta el metamorfismo de contacto, se considera como un tipo de metamorfismo a escala local. Otro tipo importante de metamorfismo a este nivel es el metamorfismo dinámico que tiene lugar en los planos de falla.

Aunque en las zonas poco profundas, de comportamiento frágil, las rocas tienden a fracturarse y crear brechas de falla o cataclasitas (del griego *kataklásis*, 'acción de romper completamente', como cataclismo), en las zonas profundas los minerales suelen recristalizar en formas alargadas, debido a la deformación y el calor producido por el rozamiento en el entorno del plano de falla. Las rocas formadas de esta forma reciben el nombre de milonitas (del griego *mylos*, 'molino').

42

¿Cómo cambian las rocas enterradas?

Todos hemos podido experimentar una sensación curiosa, a veces molesta, en nuestra vida cotidiana: los oídos que se taponan. Existen diversas razones para que esto se produzca, pero aquí vamos a referirnos al taponamiento que sufrimos durante al aterrizaje de un avión o cuando descendemos un gran relieve en coche.

Ambos ejemplos tienen algo en común: nos sumergen dentro de un fluido que nos rodea, la atmósfera. A mayor profundidad, mayor es la cantidad de aire que reposa sobre nosotros y, por tanto, mayor la presión que ejerce. El interior de nuestros oídos tarda un poco más en adaptarse a las nuevas condiciones y durante ese tiempo el tímpano permanece abombado, situación que nosotros percibimos como oídos taponados.

Este tipo de presión percibida por el hecho de estar confinados en el interior de un fluido es similar a la que reciben las rocas que se encuentran bajo una montaña o en el interior de la corteza terrestre. Esta última se conoce como presión litostática (P) y, obviamente, su valor también aumenta con la profundidad. Mientras mayor sea la presión de confinamiento los espacios entre los granos minerales estarán más cerrados y formarán rocas más compactas y densas.

El ejemplo más evidente del aumento gradual de la intensidad metamórfica es el aumento general del tamaño del grano de las rocas y una reorientación de los minerales planos y alargados, que forman capas en una estructura conocida como foliación (distinta a la exfoliación mineral, ver capítulo 2). Esta característica, tan propia de las rocas metamórficas, es fácilmente apreciable en las pizarras (donde las micas se han orientado en superficies paralelas), los esquistos (donde se intercalan cristales aplastados de cuarzo y feldespato) y los gneises (en los que se observa un bandeado composicional generado por la segregación de minerales oscuros y claros).

Sin embargo, los cambios producidos por el metamorfismo no se limitan a la textura y reordenación de los minerales, sino que muchos de ellos se ven sometidos a cambios en la estructura cristalina, lo que lleva a la transformación de unos minerales en otros. Estos procesos de recristalización en estado sólido se ven favorecidos por el aumento de la temperatura (T) con la profundidad, lo que implica una mayor movilidad de las partículas dentro de las estructuras cristalinas que favorecen el desarrollo de estas reacciones metamórficas.

Un buen ejemplo puede verse en los aluminosilicatos, un grupo de minerales con idéntica composición química (Al_2SiO_5) pero que difieren unos de otros por su estructura cristalina. Los estudios de laboratorio han permitido relacionar cada uno de estos polimorfos con las condiciones a las que son estables cada uno de ellos. De esta manera, se ha podido determinar que la andalucita solo es estable en valores bajos de presión, mientras la distena se forma únicamente a grandes profundidades. Un tercer polimorfo de este grupo es la sillimanita, y su presencia en una roca es indicador de unas condiciones intermedias.

Este tipo de minerales, que permiten establecer una correlación con determinadas condiciones de presión o temperatura, se conocen como minerales índice y pueden utilizarse para distinguir zonas con distinto grado de metamorfismo en una sucesión metamórfica de enterramiento. Así, podemos distinguir la zona de la clorita, la zona de la biotita, la zona de la estaurolita, etc.

Sin embargo, un mayor conocimiento de los factores del metamorfismo ha revelado que esta correlación entre P y T no siempre se cumple, y que los caracterizadores más importantes no son los minerales individuales, sino sus paragénesis, es decir, un conjunto de minerales que coexisten en unas determinadas condiciones del metamorfismo conocidas como facies metamórficas.

Conforme van aumentando las condiciones P-T de una determinada roca, se van atravesando diversas facies metamórficas hasta alcanzar unas condiciones de clímax metamórfico. La paragénesis obtenida permanece en la roca incluso cuando esta es exhumada por la erosión y se pone a nuestro alcance para ser estudiada.

La reconstrucción de diversas series de rocas metamórficas con diversas paragénesis nos revela los procesos metamórficos a los que ha estado sometida una determinada región de la corteza, la manera en que la presión y la temperatura han actuado y, a partir de esto, podemos reconstruir el contexto geológico de la región en el pasado.

43

¿EL PETRÓLEO FUNDE LAS ROCAS?

La película estadounidense *Volcano*, una de tantas muestras del género de catástrofe de los años noventa, centra su argumento en un inminente peligro que amenaza a la ciudad de Los Ángeles. Un terremoto y el intenso calor que emana del subsuelo anuncian una supuesta erupción volcánica en el centro de la ciudad, mientras la voz en *off* indica que la causa está en los abundantes yacimientos de hidrocarburos que, verdaderamente, existen en ese territorio.

Esta idea de relacionar las erupciones volcánicas con la presencia de combustibles fósiles como el petróleo o el carbón está mucho más extendida de lo que pudiera parecer, hasta el punto de que fue uno de los principales argumentos de algunos naturalistas del pasado para explicar los fenómenos magmáticos.

Recordemos que la materia puede encontrarse en diversos estados, y el paso de uno a otro se produce como consecuencia de una variación en las condiciones a las que está sometida. En estado sólido los átomos de los minerales están menos agitados y suelen encontrarse entrelazados formando estructuras definidas, lo que les confiere una forma determinada. Si estos enlaces se rompen se produce la fusión, y

Parece inevitable que la intuición humana nos lleve repetidamente a relacionar el vulcanismo con la existencia de materiales inflamables en el subsuelo. Pero la verdad desvelada por la ciencia es otra: es el enorme calor interno de la Tierra el responsable de la abundante presencia de magmatismo en nuestro planeta.

si las partículas son capaces de escapar de la masa líquida, se produce la evaporación.

Una forma común en la que observamos estos cambios de estado es mediante la variación de la temperatura. Esta variable es proporcional al grado de agitación de las partículas, de manera que a mayor temperatura mayor movimiento de las mismas y menor cohesión de los enlaces. Esto es lo que le ocurre, por ejemplo, a un trozo de hielo que se derrite al ser calentado en un caldero y luego se evapora.

Si aumenta la temperatura disminuye la cohesión hasta que desaparece la estructura cristalina y se alcanza el estado líquido, en el que el material tiene la capacidad de fluir y adaptarse a la forma del recipiente que lo contiene. Si continuamos proporcionando calor las partículas se separarán y expandirán aún más, hasta pasar al estado gaseoso. Esto hace que los gases no tengan volumen ni forma definida y se dispersen libremente por el espacio.

Algo similar sucede en el interior de la Tierra, donde la temperatura aumenta con la profundidad y las rocas que se desplazan hacia el interior pueden fundir gradualmente y dar lugar al magma.

Pero la ciencia nos ha enseñado que existen diversos mecanismos para provocar un cambio de estado. Un ejemplo lo tenemos muy cerca, en nuestras propias casas. El butano que usamos para cocinar o para calentar el agua de la ducha se encuentra en estado líquido, confinado a presión dentro de las bombonas. Sin embargo, al ser liberado en los fogones o los calentadores se vuelve gaseoso, de manera que podemos percibir su olor característico. La razón de este cambio de estado, de líquido a gas, ha sido una variación en las condiciones diferente al aumento de la temperatura; en este caso, la pérdida de presión.

De forma análoga puede ocurrir con los materiales sólidos de la corteza terrestre, que pueden fundirse a medida que la presión disminuye, ya que las partículas encuentran una menor resistencia para abandonar sus estructuras y transformarse en líquidos.

Otra circunstancia que provoca la fusión de un sólido se produce al variar la composición química. Así podemos observarlo en las carreteras durante un frío invierno, cuando se esparce sal sobre la nieve para lograr la fusión del hielo a temperaturas inferiores a 0 °C. A mayor concentración de sal en el agua, más bajo es su punto de fusión, y de igual forma sucede con las rocas en profundidad. Un aumento en la concentración de moléculas de agua (H_2O) puede desencadenar la fusión de la roca, del mismo modo que lo hace un aumento de la temperatura o una disminución de la presión. Recordemos que el principal componente de las rocas y de los magmas son los tetraedros de sílice ($SiO_4^=$), que se unen para formar grandes estructuras que pueden ser destruidas por la intercalación de moléculas de agua.

No obstante, debemos tener en cuenta que el origen de un magma no es tan sencillo como los ejemplos citados hasta ahora. Las rocas están formadas por agregados de minerales con características propias, y cada tipo de mineral tiene un punto de fusión determinado, de manera que mientras unos minerales alcanzan la fusión, otros permanecen en estado sólido. Esta coexistencia de magma y una fracción remanente de rocas sólidas se conoce como fusión parcial, y existen lugares en la superficie terrestre que evidencian este proceso. Se trata de afloramientos de migmatitas, una roca a caballo entre el metamorfismo y el magmatismo, que se caracteriza por un grosero bandeado de tonalidades oscuras y claras. Los minerales claros (leucocráticos) poseen un menor punto de fusión, y representan la parte fundida de la roca que comenzaba a segregarse del conjunto.

Las condiciones a las que aparece la primera gota de magma suponen las condiciones más extremas de los procesos metamórficos, y precisamente el límite inferior del metamorfismo viene marcado por las condiciones a las que los hidrocarburos desaparecen de las rocas sedimentarias. El intervalo de temperaturas que separa ambos procesos es de casi 1000 °C, y es la evidencia de que la energía liberada en la combustión de los mismos es incapaz de generar la más mínima cantidad de magma.

Precisamente Los Ángeles, debido a su peligrosidad sísmica (que en este caso sí es real debido a la cercana falla de San Andrés), ha sido objeto de numerosos estudios geológicos y geofísicos. Ninguno de ellos ha puesto de manifiesto la existencia de cámaras magmáticas cercanas a la superficie. Aunque esta importante ciudad debe preocuparse por otros riesgos geológicos, al menos podemos estar seguros de que el paseo de la fama de Hollywood no quedará sepultado por la lava.

44

PALOMITAS Y ROCAS, ¿QUÉ NOS DESVELA EL MAÍZ?

Todas las rocas aportan información sobre los procesos que han acontecido en un determinado lugar. Pero existen algunas especialmente curiosas.

«Encontramos fragmentos de rocas llenos de burbujas, con densidades muy bajas, muy parecidos a palomitas de maíz, entre las rocas emitidas en erupciones volcánicas», explica Steffi Burchardt, investigadora sueca que ha dedicado parte de su trabajo al estudio de estas peculiares rocas de aspecto espumoso.

La mayor parte de lo que conocemos sobre el magmatismo ha sido descubierto a partir de las diferentes rocas relacionadas con estos procesos de origen interno. Las migmatitas en las que se origina el magma, las rocas volcánicas que se forman por la cristalización de este en superficie, las plutónicas que han solidificado en el interior..., todas ellas nos hablan sobre diferentes fases de la evolución de un magma.

El proceso inicia cuando la fusión aumenta y alcanza valores cercanos al 7 %, el magma generado forma una red interconectada y se separa de la fracción sólida debido a su menor densidad. Esta fracción de roca fundida continuará drenando a través de los intersticios mientras sea más ligera que la roca sólida, a una velocidad del orden de un metro por año, que variará en función de algunos factores.

Por un lado la viscosidad del magma (concepto diferente al de densidad), es decir, su mayor o menor dificultad para fluir. Esta característica a su vez depende de algunas variables como la concentración en sílice; un componente químico mayoritario en los magmas, que suele polimerizarse en estructuras de gran rozamiento, por lo que los magmas con mayores concentraciones poseen menor capacidad de ascenso. Esta fricción interna también está fuertemente condicionada por la temperatura (todos hemos podido comprobar como la mantequilla caliente se unta mejor sobre un pan), a mayor temperatura, menos viscosidad.

De igual forma, desempeña un papel importante la presión ejercida por los componentes volátiles disueltos en el magma. Cuando esta es mayor que la presión litostática, el magma es capaz de apartar a las rocas encajantes y puede ascender. Llegará un momento, sin embargo, en que el magma alcance cotas superiores, donde la roca encajante es menos densa y la temperatura más baja, por lo que el flujo detiene su avance y se acumula en lo que se conoce como cámara magmática.

En su recorrido hacia la superficie, este magma primario va ocupando cámaras cada vez más someras, donde puede experimentar una serie de procesos que modifican su composición original. Uno de ellos es la diferenciación que se

Al ser calentados los granos de maíz, el agua contenida en su interior se convierte en vapor, lo que hace que la presión aumente hasta explotar. Algunos no revientan debido a la ausencia de agua en su interior o a la presencia de fisuras en la corteza.

produce cuando el magma empieza a enfriarse y se inicia en él un proceso de cristalización fraccionada (inverso al de la fusión parcial), en el que los minerales con mayor punto de fusión comienzan a formarse.

Esta fracción sólida puede, inicialmente, distribuirse de forma homogénea dentro de la cámara magmática, pero existen diversos procesos por los que pueden separarse del magma residual. Por lo general los cristales de mayor densidad caen al fondo de la cámara magmática por diferenciación gravitatoria, proceso que puede combinarse con otros como el filtrado a presión que retiene los cristales en las fracturas por las que el magma escapa al verse sometidos a esfuerzos compresivos.

El magma resultante de esta segregación se conoce como magma secundario y se caracteriza por tener una composición química diferente a la del magma primario. Los primeros minerales formados son de composición ferromagnesiana, de manera que sustraen selectivamente estas sustancias químicas del magma. Como resultado, obtenemos un magma secundario empobrecido en hierro (Fe) y magnesio (Mg) y enriquecido en sílice (SiO_2).

Estos procesos de diferenciación magmática producen una diversidad composicional dentro de una misma región magmática, en la que varias cámaras pueden ponerse en contacto y dar lugar a procesos de mezcla. Aunque dos magmas sin ninguna relación genética pueden mezclarse, la situación más frecuente se da cuando a una cámara con un magma diferenciado llegan, desde la misma fuente, nuevos aportes de su correspondiente magma primario.

El origen y funcionamiento del magmatismo ha sido objeto de investigación desde el siglo XVIII. Sin embargo, la explicación de cómo las grandes cámaras magmáticas llegaron a residir en el interior de otras rocas sin apenas deformarlas ha sido uno de los grandes misterios pendientes de resolver. ¿Qué les sucedió a las rocas circundantes durante el ascenso del magma?

Durante un tiempo se pensó que los techos y las paredes de la cámara se fundían y eran asimilados por el magma, o bien que se hundían hasta el fondo del reservorio. Sin embargo, no se contaba con suficientes evidencias que respaldaran dichas hipótesis. Las actuales investigaciones indican que la respuesta había que buscarla en aquellas espumosas rocas volcánicas.

«Vimos que los fragmentos de roca del techo de la cámara de magma fueron arrojados como si fuesen palomitas de maíz lanzadas en una sartén…». Es el símil utilizado por Steffi para describir lo que ocurre cuando los fragmentos de roca caen en la cámara magmática, todos sus componentes volátiles son liberados y se forman burbujas. Como consecuencia, se elevan encima de la cámara en vez de hundirse en ella, de manera que son fácilmente expulsadas durante la erupción.

Tal y como afirma esta joven geóloga: «A veces se puede encontrar la solución a antiguos rompecabezas enfocándolos desde un nuevo ángulo, las cámaras magmáticas cristalizadas no eran el lugar adecuado donde buscar».

VICENTE DEL ROSARIO Y RAQUEL ROSSIS

45

MAGMA ÁCIDO Y LAVA BÁSICA, ¿EN QUÉ SE DIFERENCIAN?

Los primeros análisis petrológicos realizados en el siglo XIX dieron cuenta de la importancia del óxido de silicio (SiO_2) en la composición química de las rocas magmáticas. En un principio se pensó que este compuesto presente en los minerales tendría su origen en otra sustancia química diferente que se descomponía durante la cristalización magmática. Aquellos científicos imaginaron que los magmas presentaban cantidades variables de ácido ortosilícico (H_4SiO_4) que se descomponía en sílice y agua durante la cristalización, siguiendo la siguiente reacción:

$$H_4SiO_4 \rightarrow H_2O + SiO_2$$

El agua escaparía a la atmósfera como tantos otros compuestos volátiles presentes en los magmas, mientras la sílice quedaría como parte fundamental de los cristales formados. Las rocas con una alta concentración de sílice debían proceder de magmas con altas concentraciones de aquel ácido y viceversa.

Hoy en día se conoce que la sílice de las rocas también se presenta como tal en el magma, y que el ácido ortosilícico no está presente en ningún momento del proceso magmático. A pesar de ello se ha mantenido esta división en ácidos y básicos en función de la concentración de SiO_2, debido a la gran importancia de este compuesto en las características del magma y las rocas resultantes de su cristalización.

Una de las características más interesantes de esta clasificación es la abundancia relativa de cada uno de ellos en los diferentes procesos magmáticos. Mientras que los magmas básicos tienen una mayor capacidad de alcanzar la superficie del planeta, los ácidos son los que mayoritariamente cristalizan en el interior de la corteza terrestre. Aunque existen otras razones que contribuyen a este reparto desigual de los magmas en función de su composición, un factor fundamental es

Los magmas graníticos suelen quedar atrapados durante su ascenso a través de la corteza. Sin embargo, esto no les impide fracturar las rocas con las que entra en contacto y generar intrusiones de muy diversos tamaños.

la menor viscosidad de los magmas básicos, que les permite alcanzar la superficie con mayor facilidad.

El proceso por el que las masas de roca fundida escapan del interior de la corteza se conoce como erupción volcánica. El magma generalmente completa su último tramo a través de un conducto llamado chimenea y sale a la superficie a través de una depresión conocida como cráter. Es entonces cuando el magma deja de estar sometido a las presiones del subsuelo, libera los compuestos volátiles y disminuye rápidamente su temperatura para pasar a recibir el nombre de lava.

El discurrir de las corrientes de lava a favor de las pendientes da lugar a coladas que pueden recorrer largas distancias antes de solidificar completamente. En el transcurso de este proceso se desarrollan diversas estructuras de espectacular belleza. Tal es el caso de los tubos volcánicos, formados por el vaciado del interior de las coladas, y de diversas superficies caracterizadas por su distinto grado de rugosidad. Estas últimas se denominan con nombres locales como aa o malpaís (para las superficies más angulosas) y pahoehoe o cordadas (para las más suaves).

Cabe destacar que la mayor parte de las erupciones tiene lugar en ambientes submarinos, donde las coladas avanzan de forma muy particular mediante la sucesión de borbotones denominados lavas almohadilladas.

Cuando pasa el tiempo y la erosión nos muestra el interior de las coladas, podemos observar una característica muy propia de estos materiales. Como consecuencia del proceso de enfriamiento, la roca continúa disminuyendo su temperatura en los momentos posteriores a la solidificación de la lava, lo que, como en todos los sólidos, conlleva a una disminución del volumen. La acomodación de la colada a esta nueva situación implica una contracción, que da lugar a un agrietamiento muy característico en forma de prismas verticales, denominado disyunción columnar.

Otra característica importante relacionada con este proceso de solidificación se puede observar en la textura de muchas rocas volcánicas. El rápido enfriamiento que da origen a estas rocas impide que todas las partículas se organicen en estructuras cristalinas, lo que da lugar a una matriz vítrea que embebe a cristales mayores formados previamente.

Sin embargo, las erupciones no expulsan exclusivamente materiales en estado líquido. Existen diferentes tipos de erupciones volcánicas, y se diferencian fundamentalmente por el tipo de materiales emitidos. En muchas ocasiones las coladas vienen acompañadas de partículas sólidas proyectadas hacia el aire, que reciben el nombre de piroclastos, y volúmenes variables de gases que determinan la explosividad de la erupción.

La combinación de todas estas variables da lugar a una gran diversidad de erupciones, que dejan como evidencia una amplia variedad de edificios volcánicos propios de cada una de ellas. Desde conos cinder, formados exclusivamente por la acumulación de piroclastos, hasta grandes calderas generadas por la destrucción de los relieves previos a la erupción. Sin olvidar los majestuosos estratovolcanes, con el característico perfil dibujado por los niños de todo el planeta.

46

¿Cómo distinguir una colada de un magma atascado?

Las coladas, igual que los estratos sedimentarios, se apilan unas sobre otras. En ocasiones, entre los estratos sedimentarios del fondo de una cuenca puede intercalarse un estrato de basalto, y sobre este continuar el depósito de rocas sedimentarias. Como resultado obtendremos una sucesión de rocas sedimentarias en las que se intercala una capa de rocas magmáticas. Pero al observar un afloramiento de este tipo, ¿podemos asegurar que no se trata de una porción del magma que ocupó ese lugar cuando los sedimentos ya se habían depositado?

Estas formaciones geológicas en las que el magma ha cristalizado bajo la superficie terrestre se conocen como intrusiones y pueden presentar morfologías diversas. Existen ejemplos muy cercanos a la superficie, por ejemplo los pitones volcánicos, resultado de la solidificación del magma que queda en la chimenea tras una erupción volcánica. También los domos volcánicos intrusivos, formados por magma que ha estado cerca de alcanzar la superficie pero, debido a su gran viscosidad, ha quedado a escasos metros y ha provocado un fuerte abombamiento del terreno.

Pero existen otras intrusiones que presentan una geometría tabular. Es el caso de los diques, extensas fracturas del terreno que fueron abiertas y rellenadas por el magma en su ascenso y que suelen presentarse en grupos formando una red de intrusiones paralelas. A pesar de su aspecto, similar al de un estrato sedimentario, los diques son fáciles de distinguir, debido a que su orientación es independiente de las estructuras que cruzan. Aparecen generalmente en posición vertical, atravesando las múltiples capas del terreno.

Un caso mucho más complicado se presenta cuando se trata de un *sill*. Estas intrusiones son similares a los diques, pero aprovechan la debilidad de las superficies de estratificación para abrirse camino y solidifican entre los estratos adoptando un aspecto concordante con la secuencia estratigráfica.

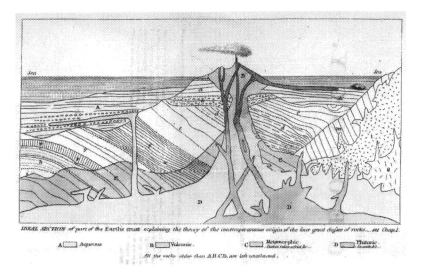

Principles of Geology, Charles Lyell. Los magmas que se forman en el interior del planeta se desplazan hacia la superficie. Pero la mayor parte jamás la alcanza, lo que da lugar a intrusiones de muy diversa morfología.

Para que se forme un *sill*, el magma debe ser capaz de levantar los estratos suprayacentes, motivo por el que solo se originan en ambientes próximos a la superficie, donde el peso apilado es menor. A tan poca profundidad, desarrolla características muy similares a las coladas, como la disyunción columnar y la textura volcánica, pero ¿es posible diferenciar ambas estructuras?

La respuesta es sí. Recordemos que, durante su enfriamiento, la superficie superior de una colada no está en contacto con rocas, de manera que solo el estrato inferior se verá afectado por el calor de la lava. Por el contrario, un *sill* genera una aureola de contacto en ambas partes, lo que causa metamorfismo de contacto también en el estrato superior. Es frecuente que el magma que fluye por un *sill* se acumule en algunos lugares y cree un abombamiento de los estratos superiores. Este tipo de intrusiones de forma lenticular se conoce como lacolito.

Con todo, existe un tipo de intrusión que destaca entre las demás por su tamaño. Son aquellas que se forman por la cristalización de una cámara magmática. Estos cuerpos pueden extenderse por cientos de kilómetros y tener un grosor de decenas de kilómetros hacia el interior de la corteza. Reciben el nombre de batolitos (de griego *bathos*, 'profundidad') y, aunque pueden estar constituidos por diversas litologías, la mayoría están formados por granitos o rocas similares (granitoides).

A diferencia de los magmas que alcanzan la superficie o los que quedan cerca de ella, los batolitos han cristalizado a bastante profundidad, donde la temperatura desciende muy lentamente, lo que permite el crecimiento de todos los núcleos cristalinos. Este tipo de textura en que los cristales han crecido lo suficiente como para distinguirse a simple vista es un rasgo determinante de las rocas plutónicas.

VII

RIESGOS Y RECURSOS GEOLÓGICOS

47

¿CUÁNTO DAÑO ME PUEDE HACER LA TIERRA?

Probablemente el mejor apelativo que podría ponérsele a la Tierra es el de planeta vivo. Y no solo por la presencia de vida, sino también por la dinámica geológica que exhibe. Una parte de esta es consecuencia de la existencia de una atmósfera y una hidrosfera que son calentadas por la radiación solar. De esta forma se ponen en marcha los procesos externos como los vientos, la formación de nubes y el movimiento de las masas oceánicas. Mientras tanto, los procesos internos como los terremotos, los volcanes y la elevación de las cordilleras son el resultado de la energía aportada por el interior del planeta.

Estas dos fuentes de calor —el Sol y el interior terrestre—, con la colaboración de la gravedad, son la causa última de toda la actividad geológica de nuestro planeta. Cuando nuestras vidas se cruzan con algunos de estos procesos en la superficie terrestre, nuestra salud y nuestros bienes serán susceptibles de verse perjudicados.

El concepto científico que tiene como objetivo valorar y predecir estos daños es el riesgo. El origen etimológico de esta palabra está probablemente relacionado con los riscos, esos peñascos escarpados que suponen un peligro para los que los transitan.

Aunque en el lenguaje cotidiano podemos utilizar peligro como sinónimo de riesgo, en el lenguaje técnico no debe confundirse este último con la peligrosidad, la cual se reserva para referirse a la probabilidad de que un evento natural adverso ocurra en un lugar específico en un tiempo dado. Por ejemplo, en las dorsales oceánicas son muy frecuentes las erupciones volcánicas, pero ningún humano se ve afectado por estas. En este caso existe una enorme peligrosidad pero un riesgo nulo.

El concepto de riesgo implica la presencia de personas o bienes materiales en el área afectada. El número de habitantes y el valor económico de las riquezas presentes en la zona de estudio se denomina exposición y será tanto mayor cuanto más extensa sea la superficie que puede abarcar el fenómeno. Asimismo, la cantidad de vidas expuestas dependerá de la densidad demográfica, mientras que la exposición material estará relacionada con el nivel de actividad económica de la región.

Aunque es evidente que a mayor riqueza, mayor es la cantidad de cosas expuestas, lo cierto es que continuamente vemos en las noticias cómo las peores tragedias se producen en los países pobres. Podríamos llegar a pensar que en las regiones menos desarrolladas la naturaleza es más violenta, pero esa no es la realidad.

El principal factor que determina estas diferencias se conoce como vulnerabilidad, y se define como la proporción de daños esperados ante la ocurrencia del fenómeno en estudio. Un ejemplo evidente podemos verlo al comparar el número de muertes y daños provocados por un gran terremoto en regiones como Haití y Japón. Mientras que el país más pobre de América tiene una enorme vulnerabilidad y sus víctimas se pueden contar por millares, la población del rico país nipón está muy protegida frente a estos eventos y las edificaciones soportan relativamente bien los embates de la naturaleza.

El análisis de la peligrosidad, la exposición y la vulnerabilidad, nos permite dar una respuesta a la pregunta que se ha planteado aquí. La cuantificación de estas tres variables para un determinado fenómeno hace posible estimar los daños humanos y materiales que sufriremos durante un intervalo de tiempo como consecuencia de cada uno de los procesos

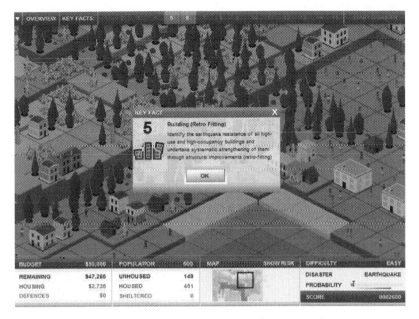

Para lograr una reducción de los desastres es fundamental concienciar y educar a la población. Un buen ejemplo es juego *online* de la Estrategia Internacional para la Reducción de los Desastres (ISDR) de las Naciones Unidas.

geológicos que se desarrollen en un determinado lugar. Y esa estimación se conoce como riesgo.

Sin embargo, los valores que nos ofrecen estos indicadores tienen significado desde el punto de vista estadístico, por lo que tratar de cuantificarlos a título individual puede llevarnos a resultados poco lógicos. Para facilitar la comprensión de cómo se calcula el riesgo, imaginemos el siguiente caso. Supongamos que los estudios geológicos realizados en una pequeña y remota isla volcánica indican que allí ocurre una erupción violenta cada mil años que afecta a toda la isla. Esto equivale a una peligrosidad (P) de 1 para mil años, 0,1 para un siglo, etcétera.

Imaginemos que en la isla viven exactamente cien personas, y que todos sus bienes materiales (coches, casas, huertas, colegios, carreteras, puerto, etc.) están valorados en doscientos lingotes de oro. Estos datos representan la exposición (E).

Sigamos imaginando y consideremos que la ocurrencia de esa erupción causa la muerte del 10 % de la población y la destrucción del 25 % de los bienes materiales. En ese caso, la vulnerabilidad (V) equivale a 0,1 para las vidas y 0,25 para los bienes.

La estimación del riesgo (R) se obtiene mediante la siguiente fórmula:

Riesgo = Peligrosidad × Exposición × Vulnerabilidad

El riesgo de vidas humanas para un siglo sería:

$$R_{vidas\ en\ 1\ siglo} = 0,1 \times 100\ vidas \times 0,1$$
$$R_{vidas\ en\ 1\ siglo} = 1\ vida$$

El riesgo de bienes materiales para el mismo período de tiempo, sería:

$$R_{bienes\ en\ 1\ siglo} = 0,1 \times 200\ lingotes \times 0,25$$
$$R_{bienes\ en\ 1\ siglo} = 5\ lingotes$$

A partir de estos cálculos, podemos estimar que en esa isla morirá una persona y habrá pérdidas materiales valoradas en cinco lingotes de oro cada siglo como consecuencia de la actividad volcánica.

Los riesgos naturales como inundaciones, terremotos o desprendimientos son elementos con los que debemos convivir. Todos los habitantes del planeta estamos, en mayor o menor medida, afectados por estos procesos que en ocasiones derivan en sucesos dramáticos. Por este motivo, una de las aplicaciones más útiles de la geología es la que se dedica al estudio de los riesgos geológicos, ya que permite centrar los esfuerzos económicos y sociales en aquellas circunstancias cuyo riesgo queda por encima del umbral de aceptación.

Para la reducción del riesgo resulta indispensable actuar en las tres variables que hemos visto anteriormente. De un lado, investigar aquellos fenómenos que representan una amenaza, para determinar la peligrosidad real de los mismos. Por otro, incidir en la exposición mediante estudios de ordenación del territorio, que planifican la actividad socioeconómica en función de las características naturales de la zona a la vez que se intenta reducir la vulnerabilidad, a través de la aplicación de soluciones tecnológicas así como la educación de la población para aumentar su preparación en relación con estos eventos.

48

¿POR QUÉ ARDIÓ SAN FRANCISCO EN 1906?

Bombardeo en Siria, terremoto en Haití, tsunami en Indonesia… Desgraciadamente hoy estamos habituados a ver impactantes imágenes de ciudades destrozadas por la catástrofe. Las cámaras captan la tragedia desde todos los ángulos, desde el vuelo de los drones hasta la intimidad de los teléfonos móviles.

Pero, por supuesto, esto no siempre ha sido así. Hasta hace unos siglos las imágenes sobre desastres, para quienes no los hubieran padecido en primera persona, estaban limitadas a algunos cuadros como los de El Bosco o a unos pocos grabados y fotografías en blanco y negro. En este sentido, un evento que causó un tremendo impacto en el imaginario colectivo fue el gran fuego que asoló durante cuatro días la ciudad de San Francisco hace más de cien años, ya que pudo ser filmado por las modestas cámaras de la época.

«San Francisco está comenzando a levantarse de sus cenizas nuevamente», afirmaría un profesor unos días más tarde del siniestro. Todo había comenzado la madrugada del 18 de abril de 1906, cuando un fuerte temblor despertaba a la población y destruía el tendido eléctrico y las instalaciones de gas. Cuando el fuego se inició, quedó rápidamente descontrolado, y los bomberos poco pudieron hacer con una red hidráulica que también había quedado inutilizada por la sacudida.

Para explicar las causas de este seísmo el geofísico estadounidense H. F. Reid elaboró un modelo coherente con el desplazamiento que observó en la falla de San Andrés. Para Reid, aquella deformación no era una consecuencia más del terremoto, sino al contrario, una causa del mismo. Explicó cómo el empuje constante en el entorno de la falla habría producido una acumulación de deformación elástica hasta superar la resistencia del material y producir la rotura del terreno.

El mayor uso de la madera como material de construcción hizo que varias ciudades ardieran en el pasado. Este incendio de San Francisco causó un gran impacto en su época y aún hoy es recordado como una de las mayores catástrofes del siglo XX.

Esta acomodación súbita de la deformación acumulada produjo el brusco desplazamiento en el plano de falla que liberó de forma repentina la energía acumulada durante largos períodos de tiempo.

Ese mecanismo se denomina rebote elástico, y podemos experimentarlo cuando rompemos un palo con las manos. Inicialmente el palo se dobla, pero cuando alcanza su límite de deformación elástica, se fractura de forma repentina, y la energía que hemos aplicado con nuestros brazos se libera bruscamente. En este caso, la energía se propaga en forma de ondas sonoras través del aire, de forma similar a como se propagan las ondas sísmicas a través del terreno. El lugar donde se produce la ruptura constituye el foco a partir del cual nacen las ondas. En el caso de los terremotos, este foco suele encontrarse a cierta profundidad y recibe el nombre de hipocentro.

Las ondas sísmicas se propagan en las tres dimensiones, como un globo que se infla, a través del interior terrestre. El primer punto de la superficie terrestre que estas alcanzan es, lógicamente, el que se encuentra en la vertical del foco, y recibe el nombre de epicentro. El resto de la región recibirá de forma sucesiva la llegada de las ondas sísmicas. Generalmente, al alejarnos del epicentro estas llegarán con menor energía, de manera que sus efectos y el grado de percepción de la población variará en función del lugar geográfico que ocupen. Un mismo terremoto, por ejemplo, puede derrumbar edificios en una ciudad mientras que en otra apenas es percibido por algunas personas.

Los sismólogos recogen la información de este tipo de apreciaciones para realizar una valoración de la intensidad sísmica, cuyo valor se establece a partir de la denominada escala de Mercalli en función de la percepción humana y las consecuencias observadas. Un mismo terremoto, por tanto, tendrá diversos valores de intensidad, que podrán ser representados en un mapa y un único valor de intensidad máxima alcanzada, que dará idea del tamaño de la sacudida y permitirá compararlo con otros seísmos.

Esta medida, sin embargo, presenta un cierto componente subjetivo, y no es estrictamente correlacionable con la cantidad de energía liberada en el hipocentro. Diversos factores como la litología del subsuelo, el tipo de relieve o la preparación de los edificios influyen en el valor de esta variable.

Para cuantificar de forma objetiva la energía liberada por un seísmo, los geofísicos recurren al estudio de los registros realizados por los sismógrafos. Este tipo de gráficas formadas por una línea quebrada, que refleja el vaivén producido por el paso de las ondas sísmicas, permite calcular, previa determinación de la distancia a la que se encuentra el foco, la magnitud sísmica del terremoto, cuyo valor solo depende de la energía liberada y, por tanto, no varía de un lugar a otro y puede ser estimado para zonas despobladas como los desiertos o las cuencas oceánicas.

La escala de magnitud más popular es la que ideó Charles Ritcher en 1935. Esta escala se caracteriza por ser logarítmica, es decir, un terremoto de magnitud 5 produce una cantidad de vibración diez veces mayor que uno de magnitud 4 y, atendiendo a la energía liberada, equivale a mil de magnitud 3, o a un millón de magnitud 1. Estas escalas no tienen límite superior pero hasta hoy ningún seísmo ha superado los 9,6 grados del terremoto de Valdivia (Chile) en 1960.

Aunque puede haber pequeños terremotos en cualquier lugar de la superficie terrestre, lo cierto es que la mayor parte de la actividad sísmica se concentra en determinadas franjas del planeta. Precisamente Valdivia y San Francisco se encuentran en una de ellas, denominada el cinturón circumpacífico, que junto a otras como el cinturón alpino-himalayo representan los lugares donde existen mayores esfuerzos y fricciones de la corteza terrestre.

Esta distribución natural de la sismicidad permite predecir dónde existe mayor peligro ante este tipo de eventos; ahora la pregunta clave sería: ¿es posible saber cuándo va a ocurrir un terremoto?

Aunque los científicos se han afanado por dar una respuesta afirmativa a esta pregunta, lo cierto es que aún no somos capaces de determinar el momento en que se producirá el gran temblor que se espera en muchas ciudades. No obstante, el terremoto de Japón de 2011 (recordado por el accidente nuclear de Fukushima) sirvió para comprobar un novedoso Sistema de Alerta Sísmica Temprana, que permite adelantarse unos segundos o minutos al advenimiento del desastre.

Para ello aprovecha el intervalo de tiempo que existe entre la primera detección de ondas sísmicas por una estación cercana al foco y la llegada de las ondas más destructoras a emplazamientos más alejados. Este lapso de tiempo puede parecer insignificante, pero es suficiente para tomar ciertas decisiones que aminoren los daños. La alerta temprana permite que la población adopte posiciones seguras dentro de colegios, hospitales y otros edificios, así como la desconexión de sistemas eléctricos que puedan dar lugar a posteriores incendios.

Estas novedosas herramientas, que han incrementado el interés y la expectación mundial, vienen a sumarse a toda una serie de medidas de prevención sísmica, encaminadas a disminuir la vulnerabilidad de las sociedades expuestas a este fenómeno geológico. Mientras la humanidad no ceja en el empeño de desarrollar herramientas que la asistan ante las violentas sacudidas de la Tierra, estos eventos súbitos continúan siendo las catástrofes naturales que mayores daños han causado a lo largo de la historia.

Actualmente los más vulnerables son los países pobres, donde los temblores continúan siendo casi tan impredecibles y destructores como aquel que desoló a San Francisco a principios del siglo xx. Aquel terremoto no ha sido ni el de mayor magnitud ni el de mayor intensidad ni el más destructivo. Pero fue el punto de partida para el nacimiento de la sismología y la reducción del riesgo sísmico en aquella ciudad americana. Confiemos en que la capacidad innovadora del ser humano y el desarrollo de los pueblos puedan lograr un futuro más seguro para todos los habitantes del planeta.

49

¿CÓMO MURIÓ PLINIO?

A principios del siglo xviii, un afortunado campesino de la región italiana de Nápoles parecía haber descubierto un tesoro en su jardín. Había cavado un pozo para abastecerse de agua, pero lo que encontró bajo tierra iba a cambiar drásticamente su forma de ganarse la vida. Muros, columnas y suelos de mármol que desenterraba a varios metros de profundidad y que antaño servirían para embellecer los palacetes de sus nobles vecinos.

Aquel saqueo atraería a otros buscatesoros y se prolongaría durante más de un siglo. Sería entonces cuando las primeras excavaciones científicas tratarían de ordenar y estudiar la historia y la vida de aquellas misteriosas casas. Platos, herramientas, joyas…, los arqueólogos descubrieron todo tipo de pertenencias que evidenciaban que aquella ciudad había quedado abandonada de una forma repentina.

Pero lo más sorprendente no era lo que habían encontrado, sino lo que ya no estaba allí. Con frecuencia observaron multitud de huecos con una forma peculiar entre los materiales que debían retirar para alcanzar las ruinas.

Decidieron entonces aplicar una técnica propia de los escultores para descubrir y conservar el aspecto de aquellos espacios vacíos. Cada vez que daban con uno de ellos, practicaban unos pequeños agujeros en la parte superior, sin llegar a destruir el resto de la forma, e inyectaban escayola líquido en su seno. Tras el fraguado, continuaban destruyendo el material que había servido de molde, y la inquietante figura quedaba al descubierto.

A lo largo de la historia muchas ciudades han quedado abandonadas dejando tras de sí grandes misterios. Pompeya no iba a ser menos, pero su final fue tan drástico que los últimos instantes que vivieron sus habitantes han quedado inmortalizados con una precisión inusitada.

Se trataba de personas, y a veces animales, que habían quedado sepultadas en vida y reflejaban con exhaustividad la agonía de aquella muerte imprevista. Todo había sucedido siglos atrás, cuando el vecino volcán Vesubio entró en erupción. Actualmente los investigadores han podido reconstruir con bastante exactitud aquel proceso eruptivo que destruyó una de las ciudades más bellas del Imperio romano: Pompeya.

Aquel verano del año 79 d. C. era completamente normal. Los ricos veraneantes disfrutaban como era habitual. Pero la mañana del 24 de agosto la tranquilidad de los pompeyanos iba a verse interrumpida. Acompañada por algunos seísmos, una inmensa nube eruptiva comenzó a formarse sobre el cráter.

A las pocas horas, algunos fragmentos empujados por el viento comenzaron a caer sobre las casas. Mientras el caos se apoderaba de las calles y algunos intentaban huir, las cenizas continuaron cayendo. La mañana siguiente el espesor acumulado en las calles y tejados era tal que muchas casas se habían derrumbado por el peso.

Pese a todo, muchas personas seguían vivas en la ciudad en el momento que sucedió lo peor. Cuando mermó el impulso de la erupción sobre la enorme columna eruptiva, esta colapsó y se vino abajo. Una oleada de cenizas, rocas y gas caliente descendió rápidamente por las laderas y recorrió velozmente los nueve kilómetros que la separaban de la ciudad.

Gran parte de lo que sabemos sobre cómo ocurrió aquella erupción se lo debemos a los escritos de los grandes sabios de aquella época. Plinio el Joven se encontraba en las cercanías de Pompeya, desde donde fue testigo de la erupción. Su tío, Plinio el Viejo, se acercó en un navío para observarla de cerca y ayudar a algunos amigos que habían huido hacia la costa. La bravura del mar les dificultó embarcar nuevamente, de manera que muchos se vieron obligados a pasar la noche en la playa. Plinio el Viejo aconsejó protegerse con almohadas de los fragmentos que caían (piroclastos) mientras continuaba anotando sus observaciones.

Durante la noche, los gases volcánicos envenenaron el aire, y todos huyeron despavoridos. Plinio trató de levantarse, pero las dificultades respiratorias que padecía le impidieron abandonar aquel intoxicado lugar. Su sobrino registró con exactitud los acontecimientos de aquellos días, y la descripción fue tan minuciosa que actualmente los vulcanólogos llaman plinianas a todas las erupciones que tienen características similares.

Y es que no todas las erupciones son iguales. Una de las principales diferencias radica en el tipo de materiales expulsados. Así, tenemos erupciones como las denominadas estrombolianas, que expulsan principalmente piroclastos. Otras, en cambio, de tipo hawaiano, emiten grandes cantidades de lava. La explosividad de una erupción viene determinada por la viscosidad del magma implicado. Los magmas básicos (muy fluidos) producen erupciones tranquilas como las hawaianas, mientras que los ácidos (muy viscosos) dan lugar a erupciones muy violentas como las ultraplinianas.

Para estudiar de forma objetiva la magnitud de una erupción, los vulcanólogos analizan variables como el volumen de productos expulsados, la altura de la columna eruptiva, la duración de la erupción…, con lo que obtienen un valor denominado Índice de Explosividad Volcánica, que va de 0 a 8.

Al igual que sucede con los terremotos, la actividad volcánica suele estar concentrada en determinadas zonas del planeta, por lo que las áreas con riesgo volcánico pueden definirse previamente de forma bastante acertada. Además, a diferencia de los seísmos, las erupciones volcánicas son predecibles en la actualidad. El lento ascenso del magma produce temblores, cuya intensidad y frecuencia aumenta progresivamente. Este proceso puede comenzar meses antes de la erupción y ser detectado con tiempo por los sismógrafos. Es posible también que aparezcan fumarolas, y si estas ya existían, podrían intensificarse.

Otro síntoma medible son las deformaciones que suelen aparecer con antelación en el edificio volcánico. Y cuando la erupción es inminente, se producen pequeñas explosiones y emisiones de ceniza, cuya intensidad y frecuencia van aumentando a medida que se acerca el momento en que finalmente el volcán entra en erupción.

La historia está llena de catástrofes provocadas por volcanes. Estas han causado miles de muertos y arrasado con pueblos, ciudades y hasta civilizaciones enteras. Antes de aquella erupción, el Vesubio había estado dormido durante siglos y sus laderas estaban llenas de vida. Después ha vuelto a entrar en erupción muchas veces y en la actualidad es considerado como uno de los volcanes más peligrosos del mundo.

El interior de los volcanes habla su propio lenguaje y actualmente los sistemas de vigilancia son capaces de entenderlos. Esta es la forma en la que la Tierra se expresa y debemos estar muy atentos. Escuchar las señales que nos envía el planeta resulta indispensable para la seguridad de quienes viven en zonas volcánicas.

50

¿Por qué el río Turia no pasa por Valencia?

Durante los años sesenta todas las cartas y paquetes postales que se remitían desde Valencia tenían que llevar un sello adicional de correos por valor de veinticinco céntimos de peseta. Con este dinero los ciudadanos ayudarían a pagar una obra colosal.

La última gran riada del Turia en 1957 había provocado un gran número de muertes y cuantiosas pérdidas materiales. Esto hizo que se plantearan varias posibilidades para proteger a la ciudad. Finalmente se recurrió a la ingeniería hidráulica para hacer frente a las frecuentes inundaciones que tantos daños producían. Se decidió excavar un nuevo trazado fluvial, que desviaría su cauce fuera de la urbe. Las obras terminaron quince años después y Valencia, que siempre ha enarbolado con orgullo su condición de la perla del Turia, se quedó sin río.

Este tipo de inundaciones se producen cuando el caudal del río supera la capacidad de canalización habitual del cauce y provoca un desbordamiento que cubre terrenos habitualmente secos. Por lo general las avenidas o riadas más catastróficas se producen por precipitaciones excepcionalmente intensas; como aquellas de Valencia en 1957, cuando cayeron $210 \, \text{l/m}^2$ en solo una hora y media. Lo que implica que un cubo de fregar que estuviera a la intemperie se habría desbordado con el agua caída directamente sobre él.

Estas grandes cantidades de agua aportadas por lluvias torrenciales, repentinas y muy abundantes en áreas localizadas y períodos de tiempo muy cortos, producen lo que se conoce como inundaciones relámpago. Estos eventos tienen una duración muy corta, pero sus efectos pueden ser devastadores.

Por lo general, en los países más desarrollados los actuales sistemas de vigilancia y las buenas comunicaciones permiten avisar con rapidez a los ciudadanos, mientras que los adecuados sistemas de transporte posibilitan la rápida evacuación con el fin de prevenir la pérdida masiva de vidas. Sin embargo, en otras partes del mundo con escasos recursos, todavía representan un importante problema que con cierta frecuencia ocasiona grandes pérdidas y la muerte de muchas personas, sobre todo en regiones densamente pobladas.

La capacidad del agua para el transporte de sustancias tóxicas desencadena otros efectos derivados de la inundación, que actúan en las horas siguientes pero que prevalecen durante largos períodos de tiempo. El desbordamiento y la escorrentía ponen en contacto alcantarillado, vertederos, granjas o industrias con los pozos y depósitos de abastecimiento, lo que provoca la contaminación de las aguas potables. A la incidencia masiva de enfermedades pueden sumarse otros daños

En las últimas décadas el antiguo cauce del Turia ha sido invadido por jardines, espacios deportivos, museos… Son ocho kilómetros para el goce de todos los ciudadanos que han contribuido a hacer de Valencia una de las ciudades más bellas del Mediterráneo.

colaterales como la muerte masiva de peces, la falta de alimentos o la pérdida de empleos y hogares.

Tradicionalmente el hombre ha desarrollado una serie de estructuras diseñadas para el control de las inundaciones, tales como embalses, diques o el desvío de cauces que hemos comentado. Sin embargo, muchas de las medidas más efectivas consisten en evitar nuestra intervención en el ciclo natural del agua. En este sentido, actividades como el sobrepastoreo y la deforestación influyen de manera nefasta en la capacidad de los suelos para absorber el exceso de escorrentía superficial, una infiltración que se ve prácticamente anulada en las ciudades por el exceso de pavimento.

Para la prevención tanto de inundaciones fluviales como de otro tipo (derivadas del deshielo o costeras producidas por temporales), resulta imprescindible conocer los eventos acaecidos en el pasado de la región. Los mapas de peligrosidad permiten realizar una correcta ordenación del territorio ubicando, por ejemplo, colegios y hospitales en cotas más altas y destinando mucha superficie de las zonas inundables a parques y jardines.

No debemos olvidar que, de forma natural, estos fenómenos se repiten con cierta frecuencia en todos los ríos del planeta. Hasta tal punto que los hidrogeólogos consideran esos terrenos adyacentes como parte del río y los denominan llanuras de inundación. No obstante, los márgenes fluviales han sido los lugares más propicios para el asentamiento de grandes poblaciones a lo largo de la historia. Y no solo por las ventajas de estar cerca de un cauce con aguas permanentes, sino también por estos eventos cíclicos que renuevan con su fango la fertilidad de los suelos agrícolas.

En la actualidad los ríos están recuperando el verdadero valor ambiental y social que tienen. Las ciudades se esfuerzan por revalorizar y recuperar sus cauces para evitar suprimirlos o expulsarlos. Si el debate sobre la mejor solución para evitar nuevas riadas catastróficas en Valencia se hubiera dado hoy en día, probablemente se habrían encontrado otras alternativas eficaces y se habría desarrollado un conjunto de medidas en diversos ámbitos.

Aunque las nuevas generaciones de valencianos han crecido sin él, todavía algunos no se resignan a su pérdida y abogan por su retorno. Los partidarios del regreso piensan que los años en los que la ciudad del Turia fue privada de su río deberían ser solo un paréntesis en la larga historia de esta ciudad.

51

¿QUÉ SIGNIFICA 津波?

La influencia de las artes niponas en las occidentales, o en otras palabras, la fascinación por lo japonés, es cada vez más popular en nuestra sociedad. Podemos apreciar este japonismo (como se le llama formalmente) en multitud de situaciones cotidianas; desde las impresionantes películas de anime hasta en los complicados sudokus, sin olvidarnos del riquísimo *sushi*.

Sin darnos cuenta nuestro día a día se ha enriquecido con infinidad de estos símbolos que aparecen hasta en WhatsApp. Uno de ellos, que consiste en una enorme ola rompiendo, es una adaptación de la considerada por muchos como la pintura más emblemática del arte japonés de todos los tiempos: *La gran ola de Kanagawa*.

Esta obra casi bicentenaria fue pintada por Katsushika Hokusai y representa una ola monstruosa o fantasmagórica, como un esqueleto blanco que amenaza a los pescadores con sus garras de espuma. Muchos expertos consideran que se trata de un tsunami, una de las pocas palabras japonesas que se usa con frecuencia en otros idiomas. *Tsunami* está formado por 津 (*tsu*, 'puerto' o 'bahía') y 波 (*nami*, 'ola'), es decir, 'ola de puerto', debido a que tienen tanta energía que son las únicas capaces de franquear las defensas portuarias y poner en jaque a todas las embarcaciones que allí se protegen de los temporales.

Estas enormes olas remueven una cantidad de agua muy superior a las olas convencionales. Son capaces de alcanzar velocidades cercanas a los mil kilómetros por hora, más de diez veces superiores a las de las olas normales. En alta mar, sin embargo, son prácticamente imperceptibles y es mientras se aproximan a la tierra cuando comienzan a crecer en altura y capacidad destructora, lo que causa enormes daños en las zonas costeras.

A la destrucción de barcos, puertos, viviendas, carreteras y todo tipo de infraestructuras que se encuentre a su paso se suma la mayor de las pérdidas: las cuantiosas vidas humanas. Miles de personas mueren cada año como consecuencia de su impacto en las costas, y en algunos tsunamis excepcionales como el de Indonesia en 2004, las muertes se cuentan en cientos de miles y los desplazados en millones.

La actividad comercial, el turismo y el transporte marítimo, que suelen ser tan importantes en estas regiones costeras, se ven muy afectados y las consecuencias sobre el medioambiente pueden llegar a ser catastróficos. Un ejemplo podemos encontrarlo en el tsunami que en 2011 impactó contra las costas japonesas y generó una serie de desperfectos en la central nuclear de Fukushima que llegó a liberar radiación a su entorno.

Afortunadamente, el origen de los tsunamis se encuentra en fenómenos más inusuales que el viento que da lugar al oleaje convencional. A lo largo de la historia de la Tierra, se han formado tsunamis por fenómenos extraordinarios como el

La gran ola de Kanagawa, Katsushika Hokusai. El japonismo ha despertado un gran interés en la sociedad occidental desde hace siglos. Hoy en día la silueta del monte Fuji nos resulta casi cotidiana y *La gran ola* se ha convertido en un icono de nuestra cultura globalizada.

impacto de grandes meteoritos, pero lo más frecuente es que sean generados por terremotos de gran magnitud que sacuden los fondos marinos.

Es por esto por lo que con frecuencia también se les ha llamado maremotos; sin embargo, es muy importante tener en cuenta que solo algunos de estos terremotos submarinos son capaces de desencadenar un tsunami, ya que no consisten en una transformación de ondas sísmicas en olas. Para que se produzcan es necesario que el seísmo dé lugar a un desplazamiento importante del fondo marino, ya sea a través de un gran movimiento en una falla o por desencadenar un importante deslizamiento submarino. Será este movimiento abrupto del fondo marino el que impulse al agua oceánica fuera de su equilibrio normal y genere estas grandes olas.

Esta es la razón por la que en ocasiones se da la alerta de tsunami tras un fuerte terremoto sentido por los sismógrafos. Las ondas sísmicas pueden llegar con horas de antelación respecto al tsunami, pero si no se dan las situaciones descritas anteriormente, se tratará de una falsa alarma enormemente dañina frente a la prevención de este riesgo. Para evitar este tipo de situaciones que generan desconfianza en la población, los oceanógrafos trabajan cartografiando detalladamente los fondos marinos, a fin de conocer el verdadero peligro de cada región.

Actualmente también se están instalando sensores marinos que puedan detectar el tsunami, y se divulgan las normas de prevención básicas entre la población y los turistas. Una de las más conocidas consiste en alejarse de la costa cuando se observe una retirada brusca de las aguas en la línea de costa, algo que precede a la llegada de algunos tsunamis.

La gran cantidad de tsunamis que se ha producido en Japón a lo largo de su historia (más de uno cada siete años) ha hecho que el uso de esta palabra se haya difundido a todas las lenguas. La pintura de Hokusai podría estar inspirada en el recuerdo de alguno de ellos. El océano Pacífico es el más activo en este tipo de fenómenos, pero el registro histórico y geológico demuestra que todo el litoral del planeta es susceptible de verse afectado por alguna de estas catástrofes.

52

¿Cuál es el temor en el litoral atlántico?

A principios de este siglo, uno de los grandes novelistas ingleses sobre temática naval publicó *Scimitar SL-2*, cuyo título hace referencia al submarino militar que ocupa un papel central en el libro. Esta obra de ficción cuenta como el navío, cargado con los más potentes misiles nucleares, es secuestrado en plena efervescencia del terrorismo yihadista por un grupo que proyecta atentar contra los Estado Unidos.

El método elegido podría definirse como peculiar. Los asesinos no pretenden matar directamente con las bombas, sino torpedear las laderas submarinas de una isla atlántica para causar un desmoronamiento de dimensiones apocalípticas.

Estos fenómenos, denominados movimientos de ladera, son objeto de estudio de la geología y se producen, a menor escala, en los relieves de todas las regiones del planeta. Aunque por lo general no tengan tanta repercusión mediática como las erupciones o los terremotos, constituyen uno de los riesgos naturales que más daños ocasionan.

Dado que estos procesos están controlados por la gravedad, para que se produzcan resulta indispensable la existencia de pendientes en el terreno. Existen diversas circunstancias por las que una pendiente puede verse modificada, desde el socavamiento producido por un río o por las olas en la base de un relieve hasta las excavaciones humanas que acompañan al trazado de muchas carreteras. Durante este período la ladera se aproxima de forma progresiva a la inestabilidad, que se ve acelerada por el gradual debilitamiento de los materiales generado por la meteorización.

No obstante, este incremento en la pendiente y la degradación suele terminar cuando un factor desencadenante hace que se cruce el umbral de estabilidad. Algunas actividades humanas, como las explosiones o las excavaciones, producen vibraciones capaces de iniciar estos procesos, de forma similar a como lo hacen los terremotos. Sin embargo, frente a estos espectaculares fenómenos, la mayoría de deslizamientos se producen por un agente mucho más cotidiano: el agua. Cuando las fuertes lluvias o la fusión de la nieve empapan las laderas y ocupan los poros y las fracturas del subsuelo, se multiplican las probabilidades de su ocurrencia.

Por un lado el agua añade considerable peso a la masa de material, lo que puede ser suficiente para que este se deslice o fluya pendiente abajo. Por otro, actúa como lubricante: reduce la cohesión entre las partículas y permite que se deslicen unas sobre otras con mayor facilidad.

Precisamente la proporción de agua en la masa desplazada condiciona la forma en que esta se mueve, y constituye el principal criterio que rige la clasificación de estos fenómenos. Así, se considera como desprendimiento al movimiento que implica caída libre de fragmentos sueltos, donde hay una escasa o nula proporción de agua. En la situación diametralmente opuesta encontramos los flujos, en los que el material se desplaza pendiente abajo en forma de un fluido viscoso. La mayoría están saturados de agua y se mueven normalmente siguiendo una forma de lengua o lóbulo.

No obstante, la mayoría de procesos gravitacionales se describen como deslizamientos, que presentan un comportamiento sólido con una presencia determinante de agua. Los materiales movilizados pueden permanecer coherentes durante el desplazamiento, y se caracterizan por moverse sobre una superficie de ruptura bien definida y con diferentes grados de concavidad.

La identificación de estos y otros rasgos geomorfológicos en el paisaje van a permitir la predicción y mitigación de los efectos de los deslizamientos. A partir de una cartografía detallada de las zonas con mayor peligrosidad, es posible la aplicación de medidas ingenieriles como la corrección de taludes o la instalación de drenajes, y en muchísimos casos, la corrección de factores adversos generados por la acción humana como la deforestación. En este sentido, los suelos donde se ha eliminado la cobertera vegetal por incendios o las talas abusivas son mucho más susceptibles de verse afectados, dado que se ven desprovistos del anclaje y la protección concedida por las raíces y el follaje.

Desde hace miles de años, en los orígenes de la revolución agrícola, los humanos hemos tenido un interés, más o menos legítimo, por colonizar nuevos territorios a costa de la vegetación. Pero solo un desequilibrado podría alegrarse por la ejecución de un bombardeo como el de la novela que hemos comentado al inicio.

Lo más sorprendente de aquel argumento es que el deslizamiento no iba producirse en suelo americano, sino en la isla canaria de La Palma, situada a miles de kilómetros frente a las costas africanas. El objetivo: generar un tsunami devastador que alcanzaría el este de los Estados Unidos.

Podríamos sentirnos aterrados al saber que estos grandes eventos catastróficos ocurren varias veces de forma natural en casi todas las islas volcánicas del planeta. Estas islas existen como consecuencia de la acumulación de materiales eruptivos en los fondos oceánicos durante millones de años. Su construcción da lugar a laderas inestables, que se ven afectadas por enormes derrumbamientos hacia los fondos marinos, conocidos como megadeslizamientos, una parte natural de este proceso de edificación insular.

Hoy se aprecian las huellas de estos extraordinarios sucesos en forma de gigantescas depresiones del relieve, así como depósitos sedimentarios de tsunamis en las islas vecinas. Sin embargo, estos deslizamientos de magnitud descomunal tienen un larguísimo período de recurrencia y la fuerza de los tsunamis generados disminuye enormemente con la distancia.

A pesar de que muchas aseguradoras norteamericanas puedan estar interesadas en la difusión de un temor frente a estos procesos, lo cierto es que existe una gran diferencia entre los arcos temporales que manejamos en nuestra civilización y los de estos eventos geológicos extraordinarios.

Sin duda debemos interesarnos por aprender sobre estos fascinantes fenómenos que ocurren en el planeta que habitamos, pero sabiendo que la probabilidad de que la humanidad sufra uno de ellos en los próximos siglos es similar a la de encontrarnos en la calle un billete de cien euros en los próximos minutos.

53

¿Cuánto planeta necesito?

Aquella mañana Coralia amaneció cansada. Había pasado la noche prácticamente sin pegar ojo pues había tocado apagón en su vecindario. Sin el giro del ventilador que apuntaba hacia su cama, el sofocante calor y los mosquitos habían recorrido su cuerpo a sus anchas.

Aunque ese día no era lectivo en su universidad, tuvo que salir muy temprano para conseguir un poco de arroz y comprar la prensa. Necesitaba varios ejemplares de aquel periódico escuálido, de apenas ocho páginas, y que nunca contaba nada nuevo. Las noticias no le interesaban, pero la escasez y el precio del papel higiénico obligaban a buscar otras fuentes de celulosa para el baño.

Al cabo de un rato, y con los objetivos cumplidos, volvió a sentir un intenso dolor en las manos. Su antigua lavadora soviética llevaba varios años sin arreglo, y aquel jabón casero para lavar a mano estaba muy lejos de ser etiquetado como «recomendado por la Asociación Nacional de Dermatología».

Sin embargo, Coralia estaba muy contenta. Faltaban pocas horas para celebrar el cumpleaños de su hija y ya disponía de un pedazo de carne que la vecina le regaló. El difunto cerdo había sido criado durante meses en la bañera de la casa de al lado y no fue fácil soportar los olores que llegaban por la ventana. Finalmente, el sacrificio tuvo su recompensa.

Ya lo tenía casi todo para la fiesta. La música y la alegría estaban garantizadas. Solo faltaba que llegaran los niños del colegio y esperar a Roberto, su marido. «Ojalá que no termine muy tarde de operar en el hospital», pensaba mientras terminaba de adornar las paredes del salón. Por suerte, los preservativos eran un producto que se encontraba fácilmente en las farmacias y servían para sustituir a los coloridos globos que llevaban años desaparecidos. ¡A los niños les iba a encantar!

Si tras leer este relato intentáramos evaluar el nivel de vida de nuestra amiga Coralia, es posible que nos vinieran a la mente ideas contradictorias. El análisis del bienestar social puede representar todo un reto, puesto que constituye una variable muy compleja, afectada por múltiples y diversos factores. Con este objetivo la Organización de las Naciones Unidas ha elaborado el Índice de Desarrollo Humano (IDH), que además del Producto Interno Bruto (PIB), referente a aspectos puramente económicos, tiene en cuenta otros factores como la esperanza de vida y la tasa de alfabetización. Estos coeficientes se expresan en valores que van desde el 0 (desarrollo nulo) hasta el 1 (desarrollo máximo), y se ha establecido el 0,8 como el mínimo para considerar que existe un desarrollo adecuado.

Como podemos ver, la historia de Coralia no es el fragmento de una novela posapocalíptica, sino un pequeño relato sobre el día a día de cualquier cubano en los inicios de la década de los noventa. Las carencias producidas por la caída del campo socialista europeo dieron lugar a una profunda crisis en el país caribeño.

El principal desencadenante de esta crisis, conocida como período especial, fueron las severas restricciones en el suministro de combustible que hasta aquel momento Cuba obtenía de sus relaciones económicas con la URSS. La importación de petróleo se redujo súbitamente a la décima parte, lo que conllevó

Es posible que los avances tecnológicos nos permitan satisfacer una mayor demanda de bienes. Pero si no fuera así, ¿estaríamos dispuestos a cambiar nuestros supermercados por tiendas más modestas o debemos dejar que la naturaleza nos imponga sus limitaciones?

una paralización casi total de las ya deterioradas fábricas, centrales eléctricas y vehículos de motor.

El petróleo es uno de los recursos naturales que junto a otros como el agua, la madera o los cultivos consumimos diariamente en nuestra actividad cotidiana. Actualmente nuestro sistema de desarrollo descansa en el uso de este líquido viscoso que, a diferencia de los recursos anteriormente nombrados, se regenera tan lentamente que es un claro ejemplo de recurso no renovable.

Nuestro actual ritmo de consumo es tan elevado que muchos expertos calculan que las últimas reservas del denominado oro negro se agotarán en las próximas décadas. Se prevé que los últimos barriles de crudo que se extraigan alcanzarán un precio elevadísimo, lo cual dará lugar a una situación alarmante que ya ha sido denominada *peak oil*.

En contraposición a estos recursos finitos del planeta, tenemos otros cuya cantidad no se ve afectada por el uso que nosotros hagamos de ellos. Estos recursos, como la energía solar o eólica, se denominan renovables. Sin embargo, algunos de estos recursos renovables pueden dejar de serlo si se utilizan a mayor ritmo del que se regeneran. Ejemplos de estos recursos potencialmente renovables son el agua potable, el papel, los cultivos o los peces.

El rápido crecimiento de la población mundial y las aspiraciones de todos los humanos a mejorar su nivel de vida implican un incremento cada vez mayor en la demanda de recursos. Para medir nuestro impacto sobre el medioambiente se utiliza la huella ecológica, que se expresa formalmente como la superficie necesaria para producir los recursos consumidos por un ciudadano medio de una determinada comunidad humana, así como la necesaria para absorber los residuos que genera, independientemente de la localización de estas áreas. Para poder comprenderlo mejor, podríamos imaginar que los recursos se encontraran de forma homogénea por todo el planeta; por ejemplo, que todo el petróleo o toda el agua potable estuvieran distribuidos de manera uniforme en el subsuelo de todo el globo.

Este indicador permite hacer comparaciones entre diferentes estilos de vida; por ejemplo, la huella ecológica de un estadounidense medio es similar a la superficie de unos diez campos de fútbol; la de un español, la mitad; mientras que la de un haitiano es de medio campo aproximadamente.

Pero, sobre todo, sus valores nos indican si el modelo socioeconómico es sostenible en el tiempo desde el punto de vista ecológico o si, por el contrario, se están consumiendo los recursos de las futuras generaciones y tarde o temprano acabará colapsando. El resultado mundial es perturbador; se ha calculado que el consumo global actual es de 1,8 planetas, y parece evidente que, por el momento, un consumo sostenible no puede sobrepasar la cantidad de un planeta, el único que tenemos.

Frente a estos datos, muchos líderes y expertos del mundo abogan por un modelo de desarrollo que permita satisfacer las necesidades de la población actual sin comprometer la capacidad de las generaciones futuras. Este modelo, conocido como desarrollo sostenible, puede analizarse desde el punto de vista cuantitativo al enfrentar los datos de IDH y de la huella ecológica de una determinada sociedad.

Al analizar ambos indicadores combinados encontramos resultados no menos desastrosos. Los países desarrollados (con IDH $\geq 0,8$) tienen una huella ecológica insostenible para este planeta y, visto de otra manera, los países cuyo nivel de consumo respeta las capacidades del planeta (huella ecológica extrapolada a toda la humanidad ≤ 1 planeta) exhiben bajos niveles de desarrollo social, lo cual deja ver un panorama en el que es imposible lograr un mínimo bienestar social sin comprometer el futuro del planeta.

Aunque el cálculo de estos parámetros es complejo y tiene fuertes detractores, resulta curioso que el único país que, aunque sea de forma ajustada, ha podido mostrar estadísticas de un desarrollo social aceptable sin excesos en el consumo de recursos es aquella sociedad en la que vivía nuestra protagonista Coralia.

La máxima reducción del consumo fue la respuesta inmediata ante la repentina crisis energética de los noventa en Cuba, a la vez que se mantuvieron a flote los principales indicadores sociales. Aunque las dificultades en aquel momento fueron realmente extremas y motivaron la migración de muchos cubanos, los patrones internacionales de nutrición, salud y nivel educativo de la isla se mantuvieron por encima de los observados en el tercer mundo.

A pesar de la peculiar situación política de aquella sociedad y de que en los momentos actuales sus niveles de consumo comienzan a salirse de los estrechos márgenes de la sostenibilidad, aquella situación frente al particular *peak oil* cubano puede servir como antecedente para lo que se avecina en todo el mundo con el agotamiento del petróleo.

A pesar de que a nivel global habrá mucho más tiempo, dinero y tecnología para afrontar una transición energética más ordenada y paulatina, los riesgos de una fuerte crisis socioeconómica no deben menospreciarse. Probablemente no sea necesario ponerse pesimistas pero... ¿seremos capaces de mantener un nivel de desarrollo humano aceptable para la mayoría bajo esas circunstancias?

54

¿En qué consistía el *ruina montium*?

Un paraje de tierras rojizas, de formas accidentadas y laberínticas, rico en bosques de robles y castaños. Así podríamos describir la maravillosa escena que nos ofrece la zona de Las Médulas, en la provincia española de León. Un paisaje que ha evolucionado a lo largo de la historia humana.

Desde épocas remotas prácticamente todos los productos manufacturados contienen materiales derivados de los minerales. La corteza de la Tierra contiene una amplia variedad de sustancias que son esenciales para las civilizaciones. A ese conjunto de materiales geológicos que resultan útiles para el hombre se le denomina recursos minerales, y precisamente Las Médulas son los restos de una importante extracción de oro (*aurum*, Au) que estuvo activa en tiempos del Imperio romano.

Si tenemos en cuenta que más del 98 % de la corteza terrestre está constituida solamente por ocho elementos químicos, podemos imaginar lo extraordinariamente pequeñas que resultan las concentraciones medias del resto de elementos en la naturaleza. Sin embargo, excepcionalmente en el interior de la Tierra aparecen concentraciones locales de estos elementos menos abundantes que forman yacimientos minerales de interés económico.

El papel que desempeñaron estos yacimientos en suelo hispano durante la dominación romana fue de vital importancia para la economía del Imperio. Los romanos obtuvieron codiciados metales, como el mercurio (Hg, que ellos llamaron *hidragirus*), que debía ser extraído del mineral cinabrio (HgS). Este tipo de minerales que contienen elementos metálicos en su estructura se conocen como menas, pero muchos otros metales podían obtenerlos directamente de la excavación; tal es el caso de los que denominaron *argentum* (Ag, 'plata'), *cuprum* (Cu, 'cobre'), *ferrum* (Fe, 'hierro'), *stannum* (Sn, 'estaño') o *plumbum* (Pb, 'plomo'). El oro encontrado en Las Médulas es otro caso de este tipo de minerales llamados elementos nativos, y se encuentra allí en forma de pepitas intercaladas en grandes depósitos de conglomerados y arenas débilmente compactadas.

La actividad minera suele estar asociada a un impacto negativo sobre el paisaje, pero en el caso de esta montaña destrozada por el Imperio romano hace ya algunos siglos, ha sido declarado monumento natural, Patrimonio de la Humanidad y es considerado como uno de los rincones naturales más impresionantes de España.

El propio Plinio el Viejo visitó personalmente las minas y dejó constancia del proceso utilizado para remover las enormes cantidades de tierra, el *ruina montium*. Este sabio de la antigua Roma narró cómo para extraer el preciado metal se construía una red de canales subterráneos en los que se inyectaba agua para derrumbar la montaña y que la hacían caer en las proximidades de un lago adyacente donde era lavada. Este impresionante sistema hidráulico, que permitía obtener dos gramos de oro por cada tonelada de montaña, tuvo como resultado el espectacular paisaje, plagado de peculiares formas, que podemos contemplar hoy.

Sin embargo, llegó un momento en que la explotación de aquel yacimiento dejó de ser rentable; el coste de extraer aquel oro era mayor que el valor del metal obtenido. No están claras las razones económicas por las que se superó este índice denominado ley de corte, pero pudo deberse al encarecimiento de la mano de obra o al agotamiento de las capas más ricas en oro. La actividad minera en Las Médulas fue abandonada y la extracción de oro se desplazó hacia otras zonas.

Lógicamente, también puede darse la situación contraria, es decir, un recurso disponible en un determinado lugar que previamente no resultaba lucrativo puede cambiar, lo que motiva su explotación. El desarrollo de avances tecnológicos para la extracción o la identificación fehaciente de la cantidad presente pueden llevar a que ese lugar sea calificado como reserva mineral.

Aunque parece bastante poco probable que en los próximos siglos el valor del oro aún presente en Las Médulas supere el actual interés ambiental, histórico y turístico de este entorno natural, no podemos descartar que algún día volvamos los humanos a modificar con un moderno *ruina montium* aquel paraje leonés.

55

¿La Revolución Industrial comenzó en una selva?

En la segunda mitad del siglo XVIII comenzó a cambiar el mundo de forma vertiginosa. Nació en el Reino Unido la Revolución Industrial, el mayor proceso de transformación económica, social y tecnológica de la historia de la humanidad desde el Neolítico. Se pasó de una economía basada en la agricultura y el comercio a otra industrializada y mecanizada de carácter urbano.

En pocas décadas este fenómeno se extendió a gran parte de Europa occidental y Norteamérica e influenció todos los aspectos de la vida cotidiana de sus habitantes. Las riquezas se multiplicaron como nunca antes y el nivel de vida de la gente común experimentó un crecimiento sostenido.

El aumento espectacular de la capacidad de producción, que fue definitivo en el éxito de este proceso de transición, se debió fundamentalmente a la introducción de un gran invento: la máquina de vapor. Este artilugio acabaría con siglos de mano de obra manual y uso de la tracción animal, que fueron sustituidas por maquinarias para la fabricación industrial y el transporte de mercancías y pasajeros. El combustible barato y abundante que impulsó estos profundos cambios fue el carbón.

Al observar con una lupa un fragmento de carbón es posible encontrar estructuras vegetales como hojas, cortezas y madera. Estos fósiles, aún reconocibles, ponen en evidencia que esta roca se originó por la acumulación de restos vegetales durante millones de años.

El proceso de formación comienza con el enterramiento de grandes cantidades de biomasa bajo ciertas condiciones especiales. Las plantas muertas suelen descomponerse fácilmente al quedar expuestas en un ambiente rico en oxígeno, como el suelo de un bosque o las aguas de un río. Sin embargo, en ambientes anóxicos como muchos pantanos, no es posible la descomposición completa por oxidación de los restos.

En estos ambientes actúan otro tipo de organismos descomponedores, las bacterias denominadas anaerobias, que liberan parte de los elementos que acompañan al carbono en las moléculas orgánicas. Este aumento gradual en la concentración de carbono se combina con otros procesos de litificación para dar lugar a las diferentes clases de carbón.

La descomposición inicial forma un carbón de coloración marrón y tacto blando denominado turba, que con los primeros aportes que se superponen y lo comprimen se transforma en lignito. En las cuencas donde tiene lugar una subsidencia continuada de gran envergadura se produce un depósito creciente de sedimentos que llevan al carbón hacia zonas profundas, con un incremento considerable de la temperatura. Esto propicia un conjunto de reacciones que aumentan la concentración de carbono, lo que origina a una roca negra y compacta denominada hulla, que posee un mayor poder calorífico.

Los carbones citados pertenecen al grupo de las rocas sedimentarias debido a la naturaleza de los procesos de su formación. Sin embargo, cuando estos son sometidos a plegamientos y deformaciones asociadas con la formación de

Grabado de Joseph Meyer. La vegetación del carbonífero ha sido la más exuberante que ha existido en el planeta. La cantidad de oxígeno debió de ser tan grande en la atmósfera que los incendios se producían con enorme facilidad. Los ejemplares mayores que aparecen en este grabado de 1890 son de la especie *Lepidodendron*.

montañas, el calor y la presión inducen una pérdida casi total de volátiles y agua que incrementa aún más la concentración de carbono. Son estos procesos metamórficos los que convierten a la hulla en antracita, una roca muy dura con un brillo característico. Aunque este tipo de carbón es el que más energía puede liberar y el que menos contamina, su uso ha sido menor que el de la hulla, que es más abundante y está presente en capas relativamente planas de más fácil extracción.

El carbón es por tanto un material fosilizado y, cada vez que lo quemamos, realmente estamos utilizando la energía solar que fue almacenada por seres vivos hace muchos millones de años, razón por la que se le considera un combustible fósil.

Hasta mediados del siglo XX el carbón desempeñó un papel muy importante en la industria, los transportes y los usos urbanos, momento en que comenzó a sustituirse por otro combustible fósil que podía ser distribuido con mayor facilidad y con un modo de empleo más limpio como es el petróleo.

Aunque ambos recursos comparten un origen biológico, no provienen de los mismos organismos. Mientras que el carbón se formó a partir de vegetales muertos, el petróleo lo hizo a partir de restos de plancton marino principalmente. Además, el petróleo, a diferencia del carbón que es sólido, se compone de un conjunto de numerosas sustancias líquidas distintas, los hidrocarburos, que al ser menos densos que el agua, tienden a flotar en ella. Esto produce el empuje del petróleo hacia la superficie, que migra a través de los poros de rocas permeables.

Este ascenso puede llegar a alcanzar la superficie y formar lagos de brea, pero los yacimientos que perduran actualmente son aquellos que han quedado atrapados en el subsuelo bajo estructuras geológicas impermeables denominadas trampas petrolíferas. Es por esta razón por lo que su explotación se realiza mediante pozos que perforan hasta la roca almacén que lo contiene.

A pesar del impacto sobre la atmósfera generado por el uso del petróleo, este se ha convertido en el principal recurso energético mundial por las enormes ventajas industriales y económicas que representa. Su hermano energético, el carbón, ha quedado relegado a un segundo plano, aunque es probable que el progresivo agotamiento del petróleo vuelva a darle un papel más relevante en las centrales térmicas productoras de electricidad.

La energía que dio impulso a la Revolución Industrial aún se encuentra disponible en forma de enormes reservas, la mayoría de las cuales se formaron en un período concreto del pasado geológico denominado carbonífero. Durante esos treinta millones de años, se dieron unas condiciones extremadamente favorables para la formación de estos depósitos en gran parte de Europa y Norteamérica.

La geografía de aquel entonces era muy diferente a la actual y estas regiones se encontraban próximas al ecuador y presentaban enormes extensiones de tierra bajas cubiertas por aguas pantanosas. Recientemente la evolución había permitido a las plantas colonizar la tierra firme, gracias al uso masivo de una sustancia en sus troncos: la lignina, una fibra que los organismos descomponedores tardarían millones de años en ser capaces de degradar, hasta que su aparición contribuyó de forma decisiva a dar fin al período carbonífero.

56

Un zahorí en busca de agua, ¿cómo la consigue?

El agua es indispensable para la vida, y un motor para el desarrollo de la humanidad. Desde los inicios de la civilización ha constituido un recurso determinante de nuestro progreso. Aunque hemos tendido a utilizar aquella que nos queda más a mano como la de ríos, lagos y embalses superficiales, desde tiempos ancestrales hemos valorado de forma especial el agua que emanaba de las montañas. Esta costumbre se ha sustentado en muchísimas ocasiones en razones de peso, ya que con frecuencia las aguas superficiales han sido el lugar natural de acumulación de desechos, hasta llegar incluso a perder la salubridad requerida para el abastecimiento humano.

Además de servir para dar solución a algunos de estos problemas de contaminación, el uso de las aguas subterráneas también se ha vuelto indispensable para el suministro de regiones con escasez de agua o con una alta densidad de población. Hoy en día, las aguas subterráneas abastecen por lo menos al 50 % de la población mundial y dan sustento a buena parte de la actividad económica como la agricultura, la ganadería y la industria.

No es difícil imaginar el gran valor que se le ha dado a lo largo de la historia a la búsqueda de estas aguas. Incluso grandes ingenieros de la antigüedad, como el romano Vitrubio, han detallado diferentes técnicas desarrolladas con este objetivo. En uno de sus libros explica algunos de los procedimientos para identificar el punto más conveniente para construir un pozo, como la detección de vapores que supuestamente emanaban del suelo en el lugar correcto.

Estos intentos fallidos por diseñar sistemas de localización del preciado recurso han derivado en prácticas engañosas realizadas por personas que afirman poseer ese don. Se trata de los denominados zahoríes, quienes pertrechados con un péndulo o unas varillas en sus manos, afirman ser capaces de percibir una radiación del terreno, que supuestamente es liberada por el flujo del agua subterránea bajos sus pies.

Sin embargo, nuestras percepciones con respecto al ambiente subsuperficial pueden ser a menudo poco claras e incorrectas y suele pensarse que las aguas subterráneas fluyen de manera similar a las superficiales, en forma de canalizaciones con límites bien definidos. Esta idea puede verse reforzada cuando nos adentramos en una mina o una cueva y vemos el agua brotando por determinados puntos o formando sorprendentes lagunas. Otras veces no resulta necesario penetrar en este mundo escondido para imaginar ríos fluyendo bajo nuestros pies, puede bastar con acercarse a un bonito manantial para confirmar estas erróneas ideas.

La hidrogeología nos ha permitido conocer la estructura y funcionamiento de este tipo de emanaciones, que no son más que la intersección de la superficie que pisamos con una formación geológica denominada acuífero. Y decimos formación geológica porque un acuífero está formado principalmente por rocas y sedimentos que, como la mayoría, están plagados de innumerables poros entre los granos o estrechas fracturas. El requisito para que estos materiales subterráneos sean considerados como acuífero es que toda esa porosidad esté rellena con agua capaz de fluir entre los diminutos espacios.

Dado que el agua que se infiltra tiende a desplazarse hacia mayores profundidades, su flujo solo se detendrá cuando alcance un nivel impermeable, sobre el cual se almacenará ese enorme volumen de agua intersticial. Al límite superior de esta zona de saturación se le conoce como nivel freático, que define una superficie con profundidades variables bajo el relieve. En los lugares en que esta coincide con la superficie topográfica, el agua fluye hacia el exterior en forma de manantial, pero generalmente es necesaria la construcción de un pozo para poder extraerla. Estos agujeros perforados en el acuífero funcionan como pequeños depósitos a los que migra el agua subterránea y desde los cuales se bombea a la superficie.

Las enormes ventajas de este tipo de extracciones, que permiten obtener agua barata y sin necesidad de grandes obras hidráulicas, han dado lugar a una lógica proliferación de pozos, cuyos caudales de extracción deben ser controlados para evitar la sobreexplotación de los acuíferos.

Por otro lado, y aunque resulta importantísimo valorar el conocimiento del terreno y la naturaleza que poseen muchas personas observadoras y expertas en los medios rurales, no podemos ignorar los peligros que conllevan para nuestra sociedad la pervivencia y expansión de gran cantidad de timadores como los zahoríes, tarotistas y videntes. Todos comparten la habilidad de satisfacer a sus ilusos clientes mediante actuaciones cargadas de pseudociencia y misticismo, pero ponen de manifiesto la nefasta cultura científica de nuestras modernas sociedades.

VIII

ESTRUCTURA DE LA TIERRA

57

¿ES POSIBLE VIAJAR AL CENTRO DE LA TIERRA?

En los siglos XVIII y XIX, algunos escritores europeos imaginaron un planeta perforado por enormes cavernas que podían estar rellenas de múltiples sustancias como lava, agua o aire. En torno a esta idea surge el argumento de la famosa novela *Viaje al centro de la Tierra*, publicada en 1864, en la que sus protagonistas recorren diversas oquedades pobladas por seres increíbles, animales extintos y hombres gigantes; un mundo maravilloso al que pueden acceder a través de un volcán islandés.

Sin embargo, la idea de un inframundo habitado es casi tan antigua como la humanidad. Además del reino tenebroso del Hades descrito por los griegos, otras mitologías como la china imaginaron un interior repleto de enormes laberintos.

En tiempos más recientes, no solo ha servido de inspiración para la exitosa novela del francés Julio Verne, sino para muchas otras obras artísticas: desde el infierno subterráneo de la *Divina Comedia* de Dante hasta la última versión cinematográfica de *King Kong*, en la que el gigantesco monstruo escapa del interior terrestre a través de uno de los puntos de acceso a la superficie.

Aunque estas representaciones de una Tierra hueca puedan resultar a todas luces descabelladas para las personas con un mínimo de cultura científica, es sorprendente que grandes científicos como Edmund Halley llegaran a apoyarlas y que algunos exploradores del siglo XIX intentaran buscar la supuesta entrada a las profundidades a través de las regiones polares.

Y es que, a pesar de que el interior de la Tierra está justo debajo de nosotros, el acceso directo a él continúa siendo muy limitado. Las mayores perforaciones actuales en la corteza en busca de petróleo y otros recursos naturales apenas alcanzan los 7 kilómetros de profundidad, una pequeñísima fracción del radio del planeta (6370 kilómetros). Incluso los pozos destinados a la investigación no han podido penetrar más de los 12,3 kilómetros conseguidos en el sondeo de Kola, en Rusia, que es el más profundo hasta el momento.

Una manera bastante efectiva de alcanzar materiales más profundos es la actividad volcánica, una especie de ventana que permite asomarnos al interior terrestre. Así, en la superficie son comunes los grandes flujos de magma basálticos, cuya formación se ha comprobado experimentalmente que procede del ascenso de magmas primarios, originados por la fusión parcial de rocas tremendamente escasas en la superficie, las peridotitas. Este tipo de magmas son también los portadores de diamantes hacia las chimeneas volcánicas, los que solo pueden formarse en condiciones de altísimas presiones, muy por debajo de la corteza terrestre a unos 200 kilómetros de profundidad.

A pesar de eso, curiosamente, el mejor acceso a los componentes del interior de la Tierra lo tenemos en los materiales que nos llegan desde el espacio. La mayor parte de los meteoritos, que tienen un origen común con el resto de nuestro sistema solar y por tanto con nuestro planeta, poseen una composición similar a las peridotitas, lo que pone de manifiesto que este es el material mayoritario de la Tierra. Sin embargo, con cierta frecuencia caen otros meteoritos de aspecto metálico compuestos fundamentalmente por hierro y níquel, que proporcionan una pista fundamental para conocer la constitución de las zonas más profundas y aisladas de la actividad volcánica.

Aunque estos métodos permiten un contacto directo con los materiales, lo cierto es que los mayores conocimientos sobre la estructura y composición del planeta los hemos logrado mediante el estudio de las ondas que se producen en él y lo atraviesan. Es como si dijéramos que una pulga sobre la piel de un perro pudiera conocer toda la anatomía interior del mamífero a través de los ruidos producidos por su estómago.

Este método, denominado sismología, se basa en el estudio de las ondas registradas por los sismógrafos tras un terremoto. Aunque los humanos y nuestras edificaciones sufrimos estas sacudidas mediante un tipo de ondas denominadas superficiales, estos aparatos son capaces de percibir otras, algo más sutiles, que recorren el interior del planeta desde el hipocentro del seísmo. Estas ondas que viajan en las tres dimensiones se denominan internas.

Existen dos tipos de ondas internas, que se propagan de diferentes maneras a través de los materiales. Para comprender sus diferencias podemos realizar dos experimentos sencillos. Por un lado imaginemos una cuerda amarrada a la pared por un extremo con cierta tensión. Sujetemos el extremo libre con una mano y démosle una fuerte sacudida, como quien arrea a un caballo. Seguramente todos lo hemos experimentado alguna vez; la cuerda se deforma y adopta una forma sinuosa como consecuencia del sucesivo desplazamiento transversal de cada tramo de la cuerda.

Visualicemos ahora un muelle, ni muy pequeño ni muy duro, como esos juguetes plásticos de vivos colores. Hagamos lo mismo que con la cuerda, sujetemos un extremo a la pared mientras el otro lo agarramos con nuestra mano y lo estiramos un poco. Seguidamente daremos un pequeño impulso con la mano y podremos observar cómo la parte más cercana a nosotros sufrirá un acortamiento breve y volverá a su situación inicial, y este cambio se irá propagando a lo largo de toda la longitud del muelle.

Las analogías anteriores nos permiten comprender el funcionamiento de estos dos tipos de ondas. Las primeras, denominadas S (del inglés *shake*), se producen como consecuencia de una sacudida; mientras que las segundas, denominadas P (de *push*), se generaron por el empuje de nuestra mano. El azar ha querido que en nuestro idioma estos nombres nos sirvan como sencilla regla mnemotécnica, ya que ambas tienen diferentes velocidades de propagación; son más rápidas las ondas P (primeras en llegar) que las ondas S (segundas en ser registradas).

A diferencia de las ondas P, que cambian transitoriamente el volumen del material por el que viajan comprimiéndolo y expandiéndolo alternativamente, las ondas S cambian transitoriamente su forma. Dado que los fluidos (gases y líquidos) no responden elásticamente a cambios de forma, estos materiales no transmitirán las ondas S.

Precisamente, identificar dónde se produjo un determinado seísmo es la primera observación que aporta información relevante sobre el interior de la Tierra. Del mismo modo que el tiempo transcurrido desde que vemos un rayo hasta que escuchamos el trueno nos permite conocer la distancia a la que se encuentra una tormenta, la diferencia entre el tiempo de llegada de la primera onda P y la primera onda S nos indica la distancia a la que estas se han generado. Por lo que conociendo las distancias respecto a varios sismógrafos (mínimo tres estaciones de medida) podemos localizar el punto en que el planeta ha crujido.

Cuando dichas ondas atraviesan la Tierra, llevan información a la superficie sobre los materiales que han traspasado, por lo que su estudio permite conocer las condiciones físicas reinantes en el interior. De esta manera, al analizar con detenimiento las ondas producidas por terremotos o explosiones, los registros sísmicos obtenidos nos proporcionan una imagen, similar a las de rayos X, de las entrañas terrestres.

Hoy en día las herramientas desarrolladas brindan la evidencia científica definitiva que echa por tierra cualquier suposición de un planeta hueco y habitable en sus profundidades. Y aunque jamás seremos capaces de perforar los miles de kilómetros que nos separan de su centro, el estudio de las trayectorias trazadas por las ondas sísmicas permite acercarnos, desde el conocimiento, a cualquier punto del inhóspito interior de la Tierra.

58

¿CÓMO SE AUSCULTA AL PLANETA?

Transcurre la tarde del 8 de octubre de 1909 en el Instituto Geofísico de Zagreb y Andrija observa los sismogramas de las ochenta y nueve estaciones distribuidas por todo el país. «No puede ser... ¡de nuevo ondas P!», piensa mientras verifica que sus aparatos funcionan y están perfectamente regulados.

Como tantas otras veces había hecho, pudo localizar el seísmo y afirmar que había ocurrido bajo la pequeña villa de Pokupsko. Los sismógrafos cercanos evidenciaban que solo había tenido lugar un terremoto, pero entonces... ¿por qué? ¿Por qué existía esa anomalía en las estaciones más alejadas?

Andrija encontró una única llegada de ondas P ($P_{directa}$) en las distancias cercanas al epicentro. Pero más allá de unos doscientos kilómetros, estas llegaban en dos tandas ($P_{directa}$ y P_{eco}). Lo que estaba observando era algo parecido al eco que percibimos cuando las ondas sonoras rebotan contra un acantilado y llegan a nosotros un tiempo después del sonido que viaja directamente a nuestros oídos. Pero en este caso (y esto es lo que resultaba aún más desconcertante), ¡el eco llegaba antes que el sonido directo!

Algo era evidente: aquellas ondas habían sido adelantadas por su eco, y esto solo sería posible si las P_{eco} hubieran viajado a mayor velocidad que las $P_{directa}$.

Él sabía, como todos los sismólogos de su tiempo, que a mayores presiones, la velocidad de las ondas sísmicas era mayor, pero este hecho no permitía explicar una diferencia tan marcada con las ondas que viajan a mayores profundidades. Mediante unos cálculos básicos de sismología, estudió la velocidad de propagación de ambas tandas de ondas. Las que habían llegado de forma directa ($P_{directa}$) habían viajado con la rapidez que ya otras veces se había calculado (5,6 km/s), pero las ondas P_{eco} lo habían hecho a una velocidad media jamás observada anteriormente: 7,9 km/s.

Dado que ambas tandas de ondas habían salido a la vez desde el mismo hipocentro, esos datos solo podían llevarle a una conclusión: como en el caso del eco de un sonido,

Cuando una sandía se nos muestra cortada en rodajas es muy fácil saber si ya está lista para comer. Pero ¿cómo podemos hacernos una idea de su estado de madurez antes de cortarla? Los más sabios del mercado le dan unos golpecitos con la mano para no equivocarse en su elección. Cada impacto equivale a un terremoto; nuestro tacto y nuestro oído, a los sismógrafos.

los trenes de ondas $P_{directa}$ y P_{eco} habían recorrido caminos diferentes. Debían de haber traspasado distintos materiales, lo que determinaría sus desiguales velocidades de propagación.

El mecanismo tuvo que ser análogo al de tomar una autopista para desplazarnos de un pueblo a otro. Si las poblaciones están muy cerca, es posible que lleguemos antes por una carretera convencional. Pero para recorridos largos está claro que por la autopista regional viajaremos a mayor velocidad y llegaremos antes, a pesar de que perdamos algo de tiempo en tomar y abandonar la vía más rápida. En las estaciones cercanas que observaba Andrija, ambas tandas de ondas se solapaban, pero en las más distantes, las P_{eco} habían tenido suficiente margen como para distanciarse de las $P_{directa}$.

Andrija, de apellido Mohorovičić, pudo también calcular el lugar en el que se encontraban esos materiales que permitían tales velocidades, lo que representó una auténtica revolución en el estudio del interior de la Tierra. Aquel cambio tan brusco de velocidad de propagación de las ondas internas, o discontinuidad sísmica, lo registró a cincuenta y cuatro kilómetros de profundidad.

En los años siguientes, geofísicos de todo el mundo analizaron los datos sismológicos de otras regiones del planeta y zanjaron una cuestión muy debatida hasta entonces: el interior de la Tierra no era homogéneo, sino que estaba estructurado en capas con diferentes tipos de rocas.

Hoy sabemos que aquel cambio de velocidades está causado por la presencia de rocas ultramáficas, ricas en olivino y piroxeno: las peridotitas. Esta discontinuidad marca el inicio de la mayor capa que forma el interior del planeta, el manto, y recibe el nombre de su principal descubridor, la discontinuidad de Mohorovičić o, cariñosamente, la moho.

El manto representa aproximadamente el 82 % del volumen terrestre. Su composición se conoce a partir de datos experimentales y del análisis de los materiales traídos a la superficie por la actividad volcánica. Además, por la forma en la que propaga las ondas sabemos que se comporta como un sólido elástico.

Posteriormente se ha encontrado también un incremento abrupto en la velocidad sísmica a cierta profundidad dentro del propio manto. Mediante estudios de laboratorio se ha podido determinar que esta variación no se debe a un cambio composicional, como es el caso de límite corteza-manto, sino a un cambio de fase. Es decir, una modificación de la estructura cristalina de los minerales producida por el aumento de la presión y la temperatura. Los experimentos realizados muestran que el abundante olivino se transforma en un mineral polimorfo más compacto y denso, llamado espinela, bajo las condiciones reinantes a dicha profundidad.

Los estudios sismológicos, que continuaron avanzando durante las décadas siguientes, recibirían un impulso extraordinario en los primeros años de la Guerra Fría por el interés de las potencias enfrentadas en los ensayos nucleares. Los datos aportados por los sismogramas de dichas explosiones revelaron información muy precisa, ya que para su análisis se conocía la localización y el momento exacto de la detonación.

Al igual que los médicos diagnostican el estado de nuestros pulmones por los sonidos percibidos mediante sus estetoscopios, la geología ha desvelado, mediante ingeniosos razonamientos, un mayor entendimiento de lo que se esconde bajo nuestros pies. A partir de toda la información reunida y con la ayuda de potentes ordenadores, actualmente se ha podido desarrollar una imagen bastante detallada de las profundidades de la Tierra, modelo que está siendo ajustado continuamente a medida que se dispone de más datos y se desarrollan nuevas tecnologías.

59

¿De qué está hecho el interior de la Tierra?

En 1914 un nuevo fenómeno va a traer de cabeza a los geofísicos de todo el planeta. Muchos de los sismógrafos repartidos por la superficie terrestre no registran las vibraciones provocadas tras un terremoto. ¡Las ondas internas han desaparecido!

Para intentar comprender este misterio, imaginemos que tiembla la tierra justo en el polo sur. No nos alarmemos, no hay relación con la rotación del planeta (a la geosfera le importa bastante poco que por ahí pase el imaginario eje de rotación). El nuestro será un terremoto normal, igual que los que ocurren en cualquier otro punto de la Tierra. Sin embargo, localizarlo precisamente allí nos servirá para visualizarlo mejor en nuestro planisferio mental.

Por su lejanía, resulta comprensible que este temblor no sea percibido por los habitantes de Estados Unidos, México y el Caribe. Pero que tampoco se registre en esa región la llegada de ningún tipo de onda interna sí que resulta curioso. Parece como si algo se interpusiera, de manera similar a como se interpone un objeto opaco al avance de la luz. En este caso, la sombra sísmica debía estar generada por una esfera enorme en el interior de la Tierra.

Los trabajos sobre esa enigmática observación estaban encabezados por el sismólogo alemán Beno Gutenberg y sus nuevos hallazgos iban a permitir desempolvar algunas publicaciones anteriores. Unos pocos años antes, mediante la todavía incipiente red de sismógrafos, se había descubierto que a mayores distancias del epicentro, en las antípodas de un

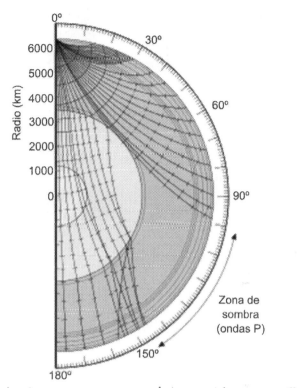

Interpretar los sismogramas no es un trabajo especialmente sencillo. Los avances en geofísica, la mejora de la instrumentación y la ampliación de la red sísmica internacional han permitido descifrar las trayectorias y velocidades que llevan las ondas en su viaje por el interior terrestre.

seísmo, las ondas P emitidas llegaban con un mayor retraso respecto al tiempo esperado. La conclusión era clara: aquella gran esfera central del planeta provocaba una enorme ralentización en la velocidad de propagación de estas ondas.

Retomando nuestro ejemplo del terremoto en el polo sur, esto significa que, en zonas aún más alejadas del epicentro como Canadá o Alaska, las ondas P sí van a ser registradas, aunque lleguen mucho tiempo después de lo esperado. Y, aunque hasta ahora solo hemos hablado del registro sísmico en el alargado continente americano, al extender el análisis al conjunto del globo terrestre, observamos una inmensa zona de sombra anular en la superficie terrestre que se extiende sobre otras regiones como el Sáhara, los países mediterráneos, Arabia, India o China.

Con el paso del tiempo y el desarrollo de instrumentos más sensibles, se confirmaron los datos y se obtuvo una imagen más clara de lo que estaba sucediendo al encontrar ondas P en el interior de aquel anillo. El comportamiento de la esfera interna frente al paso de las ondas sísmicas era más parecido al de una lente que al de un cuerpo opaco. Y es que, al igual que sucede con los rayos de luz que traspasan una lupa, las ondas sísmicas que atraviesan esta esfera sufren una importante desviación.

Cuando utilizamos una lupa para iniciar un fuego, encontramos un anillo de sombra alrededor de la intensa luz, a pesar de que la lupa no es opaca. En este caso, los rayos de luz que debían atravesar el margen de la lente están siendo concentrados en ese círculo central de menor tamaño. Del mismo modo, la esfera interior del planeta actúa desviando las ondas P y concentrándolas en el lado opuesto del mundo.

Sin embargo, una vez comprobado que aquel objeto estaba formado por materiales con baja velocidad de propagación para las ondas sísmicas, surgió un nuevo dato al que dar respuesta. Mientras que esas regiones más alejadas del terremoto de nuestro ejemplo como Groenlandia, Inglaterra, Escandinavia, Rusia, Alaska o Canadá reciben ondas P, resulta imposible encontrar en ellas registros de las ondas S, a pesar de la elevada precisión de las mediciones realizadas.

En este caso la esfera del interior terrestre sí que se comporta de forma completamente opaca e impide el paso de este tipo de ondas, es decir, con una velocidad de propagación nula. Este comportamiento, aparentemente anómalo, encuentra respuesta en la ecuación que determina la velocidad de propagación de las ondas S (V_s):

$$V_s = \sqrt{(\mu / d)}$$

Su valor será cero cuando el módulo de rigidez (μ) sea igual a cero, de lo que se deduce que los materiales que forman esa esfera interna son fluidos, algo muy coherente también con la ralentización observada de las ondas P al pasar por esa región.

De esta manera quedaba en evidencia la existencia de una capa líquida, o parcialmente líquida, por debajo del manto rocoso. Gutenberg calculó el tamaño de esa esfera, que sería algo más grande que el planeta Marte, y esta discontinuidad, situada a dos mil novecientos kilómetros de profundidad, tomaría el nombre del eminente geofísico.

A esta esfera central, caracterizada por una densidad mucho mayor que el resto del planeta e imposible de alcanzar por los silicatos, se la llamó núcleo. En coherencia con los datos geofísicos y el estudio de la composición del sistema solar a través de los meteoritos, hoy sabemos que está formado por una aleación de hierro con cantidades menores de níquel, por lo que aunque solo representa un sexto del volumen de la geosfera, comprende en cambio un tercio de la masa de la misma; y tal y como corresponde a las sustancias más densas, ocupa las zonas más profundas del planeta.

Sobre él, y limitado por la discontinuidad de Gutenberg, se sitúa el manto, una enorme esfera de rocas silicatadas de composición ultrabásica que conforman, casi, el volumen restante de la esfera terrestre. Solo una finísima corteza muy heterogénea y formada principalmente por los silicatos menos densos lo separa de la hidrosfera y la atmósfera en la que se desarrolla la vida.

60

¿CHIRRIABA EL CIELO DE LA ANTIGUA GRECIA?

Sumidos bajo la fascinación y belleza del cosmos, diversos sabios de la antigüedad clásica argumentaron sobre la estructura y el movimiento de los astros. Imaginaron que el universo estaría formado por nueve esferas concéntricas, y que el globo terráqueo sería el centro común de las mismas.

Las esferas, hechas de una materia transparente y diferente a la encontrada en la Tierra, contendrían los objetos luminosos que surcaban lentamente la bóveda celeste, como la Luna y los planetas conocidos en aquel entonces. El desplazamiento de dichas esferas podía ser intuido por el movimiento de

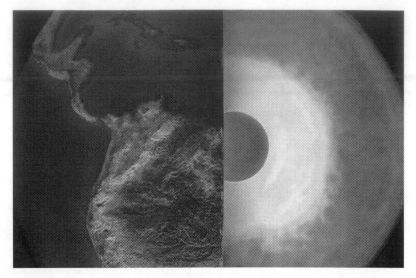

El planeta está formado por esferas concéntricas capaces de desplazarse una respecto a otra. El núcleo interno gira con libertad rodeado de una gran masa fluida. La litosfera también lo hace, aunque cada placa va por su lado, respecto al manto sobre el que se asienta.

los astros atrapados en ellas. Esta perfecta armonía tendría un efecto perceptible en el silencio de la noche para los oídos más agudos, que podrían escuchar el chirrido de las esferas al desplazarse unas sobre otras.

Varios milenios después, en los años treinta del siglo XX, una mente especialmente atenta observó algo que hasta entonces había pasado desapercibido. La señal no procedía del cielo, sino de las mayores profundidades de la Tierra. Un escrutinio riguroso del registro sísmico llevado a cabo por Inge Lehmann le iba a permitir detectar una especie de brillo en el centro de aquella sombra sísmica generada por el núcleo, que hemos explicado en la pregunta anterior. Pudo determinar la llegada de ondas P muy débiles, a las que denominó ondas P', que debían de haber sido desviadas de forma inesperada por otra esfera, ubicada en el interior del núcleo.

Lehmann había encontrado un límite que dividía al núcleo terrestre en una parte interna y otra externa; pero la complejidad que entrañaba el estudio de esta zona tan profunda del planeta era tal que pasarían treinta años hasta que se conociera con precisión su tamaño. Nuevamente el análisis preciso de las explosiones nucleares subterráneas llevadas a cabo en Norteamérica permitieron conocer las dimensiones exactas del núcleo interno, que resultó ser una esfera con un tamaño similar al de nuestra Luna.

La reciente esfera descubierta tenía además otra característica asombrosa. Aquellas ondas P' sufrían una leve aceleración al atravesarla, lo que solo podía ser atribuible a un aumento de la elasticidad de los materiales o, dicho en otras palabras, a su estado sólido.

Esta situación, en la que tenemos un núcleo externo líquido y un núcleo interno sólido, debió de resultar inverosímil para muchos, ya que a mayores profundidades las temperaturas se incrementan y favorecen los procesos de fusión. Sin embargo, todo cobra sentido cuando comprendemos que este calentamiento se ve contrarrestado por las enormes presiones soportadas en ese ambiente, que mantienen a los átomos unidos en estado sólido.

Se había descubierto un núcleo dentro del núcleo y a la luz de estos nuevos aportes podía completarse el esquema geodinámico del interior terrestre. Actualmente sabemos que el núcleo interno sólido y aislado por el externo líquido rota dentro de nuestro planeta hacia el este a una velocidad mayor respecto a la rotación que observamos en la superficie terrestre, lo que se denomina superrotación.

Por su parte, el núcleo externo líquido fluye de forma continua a una velocidad promedio de un milímetro por segundo. Su dinámica está condicionada por la convección térmica y la rotación del planeta. Este desplazamiento continuo de átomos de hierro es el responsable de que las brújulas funcionen en nuestro planeta, ya que generan su característico campo magnético.

Sobre esta denominada endosfera (núcleo interno y externo), encontramos la mesosfera que, aunque se comporta como un sólido frente a esfuerzos intensos como el paso de una onda sísmica, es capaz de fluir ante fuerzas lentas y prolongadas como las corrientes de convección. Esta capacidad de fluir es la que pone en movimiento la más externa de las esferas rocosas del planeta, la litosfera, con una temperatura tan baja que se comporta de manera muy particular. Es una capa rígida que está fragmentada en una serie de placas tectónicas o litosféricas, en cuyos bordes se concentran los fenómenos geológicos como el magmatismo y la sismicidad.

Aunque aquel bello modelo propuesto en la antigüedad para explicar el cosmos no soportó el examen de la ciencia, no deja de resultar curioso su paralelismo con la dinámica descubierta para el interior de nuestro planeta, pues hoy sabemos que la Tierra está formada por esferas concéntricas diferentes que pueden moverse, de las cuales la más profunda e inalcanzable está delimitada por la denominada discontinuidad de Lehmann.

Además de este reconocimiento, la extraordinaria sismóloga danesa recibió muchos otros honores por sus aportaciones a la ciencia. Es y será recordada como una científica pionera, cuyos trabajos destacaron en un campo que permanecía reservado para los hombres en aquella época.

61

¿CÓMO ES LA «PIEL» DEL PLANETA?

En el año 1753 los topógrafos franceses, enfrascados en un debate internacional sobre la forma de la Tierra, organizaron una expedición que los llevó hasta Ecuador. Su objetivo era determinar si el planeta era achatado por los polos o por el ecuador. Para estos trabajos se usó la plomada, un instrumento científico formado por un peso que cuelga libremente apuntando hacia el centro de la Tierra y, tomando como referencia la posición de las estrellas, permite conocer la curvatura del planeta en ese punto.

Los científicos sabían que la cercanía de la enorme cordillera de Los Andes debía de producir una pequeñísima desviación de la plomada hacia la masa de las montañas, lo que tendría que tenerse en cuenta para no introducir errores en las mediciones. Aun así, la inclinación generada por las montañas fue tan insignificante que pudieron obviarla y no aplicar las correcciones oportunas a las mediciones. La ausencia de esta desviación intrigó enormemente a los miembros de la expedición. Parecía, después de todo, como si se pudiese ignorar el efecto de las montañas.

El mismo problema fue registrado un siglo después por los topógrafos británicos en el Himalaya. Una incongruencia tan sorprendente que se llegó a pensar que las montañas no tenían masa en su interior. ¿¡Cómo podían las montañas estar huecas!?

Unos años después, el inglés John Pratt propuso una solución al problema. En su opinión el material de la corteza no era uniforme, sino que debía de tener un comportamiento similar al de la masa de pan. Mientras que las zonas deprimidas estarían formadas por una materia densa como la masa de harina que acaba de ser amasada, las zonas altas estarían formadas por la misma masa pero que, de forma análoga al efecto de la levadura, habría sido inflada en el proceso de elevación. Su modelo concebía las montañas como materiales menos densos que las rocas de las tierras bajas, de manera que las variaciones de la topografía estaban asociadas a cambios laterales en la densidad de la corteza.

Al mismo tiempo, otro inglés, *sir* Georges Airy, proponía otro modelo completamente diferente. A su parecer, la carencia observada en la atracción gravitatoria que teóricamente debían generar las montañas no se debía a un déficit de masa en las mismas, sino bajo ellas.

En aquella época ya se conocía que la corteza terrestre era menos densa que el manto subyacente, por lo que propuso la idea de que la corteza debía de ser más gruesa por debajo de las montañas y ese grosor adicional al que denominó raíz sería la causa que estaba neutralizando la atracción que las montañas, realmente, sí generaban.

Dicho esquema, según el cual el límite inferior de la corteza debía de ser un grosero reflejo de la superficie topográfica, permitía comprender que estas raíces desalojaban manto de mayor densidad en las zonas de montaña, lo que generaba un déficit de masa que explicaba los valores de atracción detectados con la plomada.

Este modelo, en el que la corteza se comporta como icebergs flotantes, sería finalmente el aceptado por la comunidad científica y pondría fin al debate que protagonizaron Pratt y Airy durante el siglo XIX, lo que daría pie al desarrollo de un nuevo concepto: la isostasia, que podremos comprender siguiendo con esta analogía. Si observamos lo que ocurre cuando un fragmento del hielo emergido se desprende, encontraremos que el iceberg ascenderá al tener menos masa, y quedará también disminuida su raíz. Por el contrario, si se acumula más hielo, la masa del iceberg aumenta y este se hundirá más en el mar y, por tanto, la parte sumergida también crecerá.

Este proceso de ajuste isostático tiene lugar también en la corteza terrestre. Por ejemplo, la acumulación de sedimentos da lugar a que sus raíces profundicen en el manto, mientras que el desmantelamiento de una montaña por la erosión disminuye la masa en esa zona y, por tanto, su raíz se retraerá progresivamente.

Hoy en día los geofísicos han validado con multitud de datos este modelo de la corteza. Sabemos que las masas continentales tienen un espesor medio de treinta y cinco kilómetros, que se incrementa notablemente por debajo de grandes formaciones montañosas y puede llegar a doblar este valor.

Los continentes y sus plataformas tienen una composición química global similar a la del granito, y de manera muy general, podemos decir que hacia la parte más superficial predominan los sedimentos y rocas sedimentarias, mientras que el resto está formado fundamentalmente por rocas metamórficas e ígneas. La heterogeneidad de la corteza continental también se ve reflejada en las edades de las rocas que la forman, que llegan a alcanzar los miles de millones de años.

Los resultados de estas expediciones topográficas a las grandes cordilleras del planeta motivaron la curiosidad y el debate científico, que desembocaron en un mayor conocimiento de la corteza continental sobre la que se desarrolla nuestra actividad cotidiana. Sin embargo, bajo los océanos quedaban enormes fragmentos de piel oceánica (ver siguiente pregunta) que aún permanecerían ocultos al conocimiento de la humanidad durante varias décadas.

62

¿Qué fue de la astenosfera?

En 1993, el National Research Council, la máxima institución científica norteamericana, publicó un compendio sobre ciencias de la Tierra en el que se incluía la siguiente definición de astenosfera: «Una región de unos cuantos cientos de kilómetros en el manto superior caracterizada por la baja velocidad de las ondas S, donde los materiales se acercan a su punto de fusión y donde puede estar concentrado el flujo del manto». Paradójicamente, en el mismo artículo se ilustra una sección de la Tierra en la que no aparece ni por asomo la astenosfera.

La idea de un nivel profundo que pudiera deformarse plásticamente se remonta a principios del siglo xx de la mano de la isostasia, cuando la sismología aún estaba en pañales. El geólogo norteamericano Joseph Barrell definió dos zonas hipotéticas en el interior del planeta: una rígida a la que llamó litosfera (esfera de roca), sobre otra plástica y de profundidad indefinida a la que le dio el nombre de astenosfera (esfera débil).

Diversos sismólogos aportaron nuevos datos acerca de esta posible distribución. Sus mediciones indicaban que la velocidad de las ondas sísmicas decrecía ligeramente entre los cien y doscientos kilómetros de profundidad. Ese canal de baja velocidad fue asociado a una disminución en la rigidez del material, debida a la fusión de algunos minerales bajo esas condiciones.

A pesar de las pruebas sismológicas aportadas, la mayoría de los especialistas las consideraron insuficientes como para atribuirle a la astenosfera un carácter global, por lo que llegó a ser olvidada durante algunos años. Sin embargo, en la década de los sesenta se retomó la idea, puesto que en aquel entonces ya no solo era necesaria para justificar los movimientos verticales de la litosfera, consecuencia del ajuste isostático, sino, aún más importante, se requería para explicar sus recientemente descubiertos movimientos en la horizontal.

La litosfera, con un grosor medio de cien kilómetros de profundidad, abarca la corteza y parte del manto superior pero, a pesar de esta composición tan heterogénea, se comporta como un único caparazón relativamente frío y rígido.

El paradigma movilista, asociado a la recientemente descubierta tectónica de placas, que irrumpía con fuerza en las ciencias de la Tierra por aquellos años, aparentemente dependía de la existencia de esta capa parcialmente fundida, que había sido identificada como el necesario nivel de despegue de la litosfera respecto al resto del manto.

La vieja astenosfera de Barrell y el nuevo nivel de baja velocidad sísmica surgieron como dos ideas bien diferenciadas, que se fundieron en una sola al calor de aquella revolución científica. Uno de los padres del nuevo paradigma, el canadiense Tuzo Wilson, asoció ambos conceptos, lo que dio origen a la confusión; en su intento por establecer los límites de la astenosfera trató de combinar dos conjuntos de datos distintos: las velocidades sísmicas registradas y la desaparición de hipocentros a partir de seiscientos setenta kilómetros de profundidad.

Influenciados por la necesidad de que existiera este nivel bajo toda la litosfera, muchos especialistas continuaron centrando sus esfuerzos en encontrarlo. Pero, a pesar de todo, la astenosfera, tal y como pretendía el movilismo, no fue encontrada.

Al igual que en otros casos, los avances en la instrumentación geofísica aportarían luz a esta cuestión. Durante la década de los noventa se desarrolló la tomografía axial por ordenador que permitió radiografiar el interior de la Tierra. Se descubrió que aquel nivel de baja velocidad encontrado bajo la litosfera en realidad eran muchos, aunque todos ellos de limitada extensión y pequeño grosor. Esta técnica reveló además que el manto sublitosférico en su totalidad, hasta su límite con el núcleo, es capaz de fluir, y la astenosfera podía comenzar a ser descartada, tanto por innecesaria como por inexistente.

Aunque en la actualidad ninguno de los modelos se ajusta a todos los datos disponibles, se conoce que las velocidades de la litosfera pueden ser justificadas con un manto de viscosidad uniforme. El esfuerzo requerido para que la litosfera se desplace no precisa de un nivel de baja viscosidad bajo ella.

Los continentes se comportan como un tronco flotando sobre el agua.
El fluido sobre el que flota la litosfera se encuentra en unas condiciones
muy particulares de presión y temperatura, y sus límites han sido objeto
de largas discusiones.

A pesar de la resistencia del manto sublitosférico, este está formado por rocas que todavía están muy calientes y pueden fluir de una manera muy gradual ante esfuerzos prolongados.

Aunque aún no se conoce la naturaleza precisa de dichas corrientes, estos movimientos lentos son el mecanismo que transmite el calor desde el núcleo hacia la superficie terrestre.

La dinámica de la propia litosfera oceánica parece desempeñar un papel fundamental en esta convección, hasta el punto de que probablemente forme parte de la misma. Y es que, incluso los kilómetros más superficiales de esta litosfera, denominados corteza oceánica, se originan como resultado de procesos de enfriamiento y ascenso de los materiales del manto, y el proceso de reciclaje al que se ven sometidos impide que alcancen los doscientos millones de años en la superficie.

La litosfera oceánica, que desciende a través del manto como una alfombra que se arruga, es la responsable de los terremotos a grandes profundidades, pero el motivo de los mismos es muy diferente al de los terremotos convencionales asociados a fallas. Estos se producen por la transformación de enormes cantidades del mineral olivino en un polimorfo más denso, lo que da lugar a cambios de volumen a gran escala. Pero a seiscientos setenta kilómetros de profundidad se alcanzan presiones a las que todo el olivino ya se ha transformado, por lo que a partir de este punto no existe ningún mecanismo que pueda causar seísmos.

Tal como ha expresado el profesor Francisco Anguita en su artículo *Adiós astenosfera, adiós*, de quien hemos tomado muchas de las ideas plasmadas en esta pregunta: «Ya no hay menciones a la astenosfera, sino radiografías del manto en las que aparecen superplumas y superzonas de subducción». Y este genial divulgador de la geología añade: «La esfera débil seguirá persistiendo unas décadas, por inercia, hasta su total desaparición, como un perfecto ejemplo histórico de las prisas que nunca deberían llevar los científicos, ni siquiera durante las revoluciones».

63

La manzana de Newton,
¿cae igual en todos lados?

En los albores de las ciencias naturales, el filósofo griego Aristóteles planteaba que el movimiento de caída era propio de todos los objetos pesados y que mientras mayor fuera su peso más rápida sería la caída.

Siglos más tarde, Galileo Galilei se cuestionó dicha afirmación y realizó algunas mediciones con el objetivo de investigarla. Para poder realizar sus estudios con los peculiares cronómetros de la época, debía ralentizar el proceso de caída, y para ello utilizó un tablero de madera inclinado con un surco, por el que echó a rodar en línea recta bolas de diferentes pesos.

De esa forma comprobó que, exceptuando objetos muy ligeros que eran intensamente frenados por el aire, el peso no influía para nada: todas las bolas cubrían la longitud del surco en el mismo tiempo.

Otra importante aportación de Galileo en este campo fue el principio de oscilación del péndulo que, a fin de cuentas, permite también observar la caída de un cuerpo, cuyo particular movimiento está condicionado por la cuerda que lo sujeta. Cuando la masa se deja caer, comienza a oscilar de un lado a otro y Galileo descubrió que el tiempo transcurrido en cada una de estas oscilaciones en el vacío solo depende de la longitud del péndulo y de la aceleración de la gravedad.

El método clásico para medir la gravedad se basa en este principio y en honor al célebre científico se denominó gal a la unidad de medida de dicha aceleración. Un gal equivale a 0,01 m/s^2, de manera que el conocido valor de 9,8 m/s^2 de la gravedad terrestre serían 980 gal.

No obstante, este es un valor promedio, pues los objetos no son atraídos de igual forma en toda la superficie de la Tierra; dicho de otra manera, la manzana de Newton no cae con la misma aceleración en todos los lugares. Estas diferencias, sin embargo, son tan ligeras que los instrumentos diseñados para detectarlas deben ser capaces de tomar medidas con una enorme precisión.

Los gravímetros más modernos han dejado atrás el principio del péndulo y se basan en la observación de cuerpos en caída libre, cuyos tiempos de caída se calculan mediante avanzadas tecnologías basadas en el uso del láser y los relojes atómicos.

Usualmente, lo que se realiza en las campañas de gravimetría son mediciones relativas, que registran las diferencias de la atracción gravitatoria en puntos de una misma región.

Los geofísicos deben tener en cuenta diversas distorsiones que afectan a las mediciones. Por ejemplo, la rotación y el achatamiento de la Tierra producen un incremento en la gravedad de alrededor del 0,5 %. También son importantes los efectos de la atracción de la Luna y el Sol y, como hemos visto en este capítulo, la masa de los relieves cercanos y la distancia del punto de medida respecto al centro de la Tierra.

Para sustraer estos efectos de los resultados se emplean, respectivamente, una serie de correcciones: latitudinales, mareales, topográficas, de elevación, etc.

Una vez aplicados estos ajustes, se obtienen ligeras diferencias entre los valores medidos y los pronosticados por los modelos a las que se las denomina anomalías gravimétricas,

Como consecuencia de las rivalidades entre naciones, los franceses crearon la imagen de un Newton descubriendo la gravedad mientras observaba la caída de una manzana. Esa misma manzana caería muy lentamente en la Luna, como consecuencia de su escasa gravedad, y lo haría a toda velocidad en las cercanías de un planeta gigante. Pero aquí, en la Tierra, ¿la aceleración es idéntica en todos los puntos?

lo que podría indicarnos, en última instancia, las variaciones laterales en la densidad del material cercano a la estación de observación.

La detección de estas variaciones es el objetivo principal de las prospecciones gravimétricas, que constituyen una importante fuente de información sobre la naturaleza de los materiales presentes en el subsuelo. Estas anomalías de 0,01 miligales están dadas por cambios en la densidad de los materiales, y un estudio adecuado de las mismas permite conocer la morfología de dichos cuerpos.

De esta manera las anomalías positivas, correspondientes a un exceso relativo de masa, pueden deberse a diversas estructuras como intrusiones ígneas o yacimientos metálicos. Mientras que las negativas, que indican un defecto relativo de masa, pueden atribuirse a sedimentos poco consolidados, diapiros salinos o la presencia de cuevas. Estos trabajos, complementados con otros estudios de la geología de la región, aportan importantes datos de mucha aplicación, como por ejemplo el tamaño y la forma de un determinado yacimiento.

IX

Tectónica de placas

64

¿En qué se parece la Tierra a una manzana?

> Señores, seamos serios. La realidad es muy sencilla [...]. No hay necesidad alguna de teorías confusas para comprender la geografía de la Tierra. Todos sabemos que nuestro planeta se enfría lentamente desde hace millones de años. A causa de este enfriamiento la Tierra se encoge, se contrae y se arruga como una manzana vieja. Ese es el origen de nuestros continentes, de nuestros océanos y de nuestras montañas. La Tierra se ha achicado lentamente al perder su calor. Esa es la única verdad científica... ¡Todo lo demás no son más que pamplinas!

Con este original discurso, el divulgador francés Didier Guille nos traslada al momento más álgido de una de las grandes controversias científicas de principios del siglo XX: el fijismo frente al movilismo.

Una vez superado el debate sobre la edad de la Tierra, la polémica se centró en otra de las grandes inquietudes de la geología: el origen de las grandes irregularidades topográficas del planeta, a saber, las depresiones oceánicas, las elevaciones continentales y sus cordilleras. Un concepto que se engloba bajo el término procedente del griego orogénesis, 'el origen de las montañas'.

Uno de esos modelos integradores era el contraccionismo, que se argumentaba en torno a la pérdida continua del calor residual que la Tierra había experimentado desde sus orígenes. El motor inicial de la orogénesis sería una supuesta contracción del interior del planeta debida al continuo enfriamiento, que hacía que la capa externa sólida se deformara. De esta forma podía compararse a la Tierra con una manzana vieja, que se arruga al cabo de unos días en el frutero cuando su interior pierde volumen por deshidratación.

Bajo la influencia de este paradigma se desarrolló un nuevo concepto, el de cuenca geosinclinal, depresiones donde se depositarían grandes espesores de sedimentos que serían intensamente comprimidos y elevados, que formarían las grandes cadenas montañosas.

Los geosinclinales debían desarrollarse en las regiones adyacentes a los continentes, donde el aporte de sedimento es cuantioso y variado, tal y como reflejan las cadenas montañosas a las que darían lugar. De manera que, aunque este concepto tenía complicaciones para explicar orógenos intercontinentales como los Alpes o el Himalaya, brindaba solución a una amplia gama de fenómenos geológicos en América, donde se encuentran cordilleras cercanas a los océanos como los Apalaches, las Rocosas y los Andes.

Los seguidores de esta teoría también encontraron en América una respuesta firme para un gran problema paleontológico: la presencia de restos fósiles de organismos idénticos en continentes separados por enormes océanos. La existencia del estrecho istmo centroamericano y el rosario de islas Aleutianas entre Asia y Norteamérica, así como la evidencia de mayores extensiones de los casquetes polares en el pasado, permitían imaginar otros puentes intercontinentales que también hubieran servido, hace millones de años, para el paso de las especies terrestres fosilizadas.

Estas concepciones, que posteriormente se denominarían fijistas, suponían que dichas zonas emergidas habrían sufrido procesos de hundimiento y habrían desaparecido de forma similar a como lo debió hacer la Atlántida.

A pesar de las dificultades que presentaba esta hipótesis, la misma se mantuvo consolidada dentro del cuerpo doctrinal de la geología por largo tiempo. Aunque la concepción contraccionista fue dejada de lado y nadie pudo encontrar otra causa creíble para explicar estos levantamientos, la teoría del geosinclinal prevaleció hasta la década de 1970.

Efectivamente existe cierta similitud entre la piel de una manzana envejecida y la superficie de la Tierra, ambas poseen irregularidades. Sin embargo, las causas de ambos relieves son muy diferentes. Las arrugas del planeta son consecuencias de mecanismos complejos que no habían podido ser explicados. Todavía faltaría un largo camino por transitar antes de que los modelos fijistas fueran desalojados de su posición predominante en las ciencias de la Tierra para dejar paso a nuevas ideas.

65

¿LA GEOGRAFÍA CAMBIA?

Al observar un mapamundi hay algo que salta a la vista: la íntima correspondencia entre los contornos de África y Sudamérica a ambos lados del Atlántico. Estas formas del perímetro continental, que encajan como si de piezas de un puzle se trataran, llamaron la atención de algunas personas cultas desde que surgieron las primeras cartas náuticas fidedignas.

En el siglo XVII, un moralista francés interpretó esta relación como prueba del diluvio universal, al considerar que ambos continentes habrían quedado separados como consecuencia del mismo. En el siglo XIX otro francés, Snider-Pellegrini, confeccionó un mapa en el que representó a América pegada a África y Europa, y argumentaba que la similitud entre los fósiles vegetales encontrados en carbones del viejo y el nuevo mundo era la evidencia que avalaba su reconstrucción. Como mecanismo de separación propuso que habían ocurrido catastróficas y súbitas fracturas, y sus ideas fueron por ello completamente ignoradas.

El avance de los estudios estratigráficos permitió conocer la paleoclimatología de múltiples regiones del planeta hasta llegar a la conclusión de que la distribución climática había sido diferente a la actual. Además de encontrar enormes acumulaciones de selva ecuatorial en los yacimientos de carbón de las actuales zonas templadas, se hallaron huellas de glaciares de la misma época en regiones cálidas del presente, así como otras evidencias de un desfase entre el bandeado climático actual y el del pasado. Para explicar estas observaciones, varios geólogos alemanes propusieron un desplazamiento de la corteza en su conjunto, como una esfera móvil, pero sin desplazamientos diferenciales entre los continentes.

A principios del siglo XX dos estadounidenses, Frank B. Taylor y Howard B. Baker, publicaron artículos con pruebas a favor de importantes movimientos horizontales de los continentes. En un estudio sobre las cordilleras alpinas que se extienden desde el Mediterráneo hasta el este de Asia (cordilleras béticas, Pirineos, Alpes, Cárpatos, Himalaya, etc.), Taylor propuso un poderoso desplazamiento horizontal del continente euroasiático hacia el sur hasta que fue frenado por la India, para explicar los grandes pliegues y cabalgamientos de esta región.

En años posteriores sugirió que una muy intensa acción de atracción gravitatoria de la Luna, en el momento en el que supuestamente esta había sido capturada por la Tierra en su actual órbita, sería la causa del desplazamiento de las masas continentales. Desgraciadamente no respaldó sus interesantísimas ideas con pruebas suficientes y su mecanismo, que implicaba la captura de la Luna, debió de parecer una fantasía a los geólogos de su época.

Mientras tanto, al otro lado del Atlántico, el berlinés Alfred Wegener, doctor en astronomía, profesor de meteorología y explorador, llegaba de forma independiente a razonamientos parecidos que defendería de manera entusiasta. Estas ideas fueron publicadas en 1915 en su libro *El origen de los continentes y océanos*.

Según él, hacía unos doscientos millones de años todos los continentes habían estado unidos en uno solo, al que denominó Pangea (del griego *pan*, 'todo/a' y *gea*, 'tierra'). Este supercontinente se habría comenzado a fracturar y los trozos que lo componían se habrían ido desplazando hasta dar lugar a los continentes actuales, los que aún continúan moviéndose. Debido a esto su hipótesis es conocida como deriva continental (una rápida traducción del alemán *Kontinentalverschiebung*, 'desplazamiento continental').

Su hipótesis no hablaba exclusivamente de la separación de continentes, sino también de la unión de alguno de ellos. Es el caso de la India, que en su colisión con Asia habría amontonado una enorme cantidad de sedimentos marinos en lo que hoy conocemos como Himalaya.

Pese a lo descabellado de sus radicales ideas, el meteorólogo alemán fue invitado a una importante reunión de la Asociación Americana de Geólogos del Petróleo. Las grandes campañas de prospección petrolífera en ese continente estaban llegando a su fin, y los especialistas comenzaban a barajar la idea de buscar el preciado recurso en los fondos marinos. Si Wegener estaba en lo cierto, los fondos oceánicos estarían fuertemente afectados, y las campañas previstas deberían planificarse de manera muy diferente.

A pesar de los sólidos argumentos con los que defendió sus ideas, estas fueron ridiculizadas y tachadas de completo disparate por la comunidad geológica. Las críticas fueron especialmente duras por parte de los científicos norteamericanos, entre los que incluso Taylor dijo que iba demasiado lejos con sus especulaciones.

Wegener, que también recurrió a la atracción gravitatoria de la Luna para explicar estos gigantescos desplazamientos, no fue capaz de convencer a nadie dentro de la élite geológica de la época. Y su idea de los enormes continentes desplazándose lentamente sobre los fondos marinos quedaría marginada... por el momento.

66

¿QUÉ VERDAD ESCONDÍAN LOS OCÉANOS?

Los océanos cubren la mayor parte de la superficie terrestre. Aún hoy, sus profundos fondos permanecen bastante ajenos a nuestros ojos, pero la mayoría de nosotros somos capaces de acercarnos a ellos mediante las imágenes de documentales o las muestras tomadas por dragas en algún punto concreto de su inmensidad.

Lejos de lo que a veces podamos llegar a pensar, los avances científicos no se han logrado a base de afortunados golpes de intuición que iluminan bombillas al grito de «¡eureka!». Aun así, el esfuerzo de los científicos ha dado lugar a bellísimos episodios como el que protagonizó Marie Tharp.

Sin embargo, hasta hace unas décadas nadie conocía nada del fondo marino, ni los científicos podían sospechar que allí se encontraría solución a algunos de los grandes enigmas de la geología.

Ante estas carencias, los geólogos extrapolaron lo aprendido en los continentes, e imaginaron que la corteza terrestre que se escondía bajo las aguas oceánicas debía de ser similar en estructura y naturaleza a la corteza continental. Sin embargo, empujados por los acontecimientos políticos del siglo XX, esta exploración cobraría un extraordinario impulso.

Las principales razones del creciente interés eran estrictamente militares. A la lucha contra submarinos enemigos y la necesidad de conocer la batimetría de las costas para desembarcar durante la Segunda Guerra Mundial, se añadió la exigencia posterior de patrullar todos los océanos con submarinos nucleares durante la Guerra Fría. Con el fin de conocer las profundidades para evitar accidentes, la marina de los Estados Unidos encargó a los científicos que trazaran un mapa muy detallado del fondo de los océanos. Este atropellado nacimiento de la oceanografía iba a deparar sorpresas fascinantes a la humanidad.

Durante largo tiempo, muchos geólogos pensaron que los fondos marinos, como los continentes, podrían sufrir grandes movimientos verticales debidos al ajuste isostático o al levantamiento y hundimiento de geosinclinales. Otros creían que los fondos habían sido estáticos desde el origen del planeta, de manera que esperaban encontrarlos completamente cubiertos por una enorme capa de sedimentos de varios kilómetros. Pero las primeras medidas fueron reveladoras. Los mayores espesores sedimentarios eran de solo unos cientos de metros, y estos disminuían progresivamente hasta encontrar zonas prácticamente desprovistas de los mismos.

El instrumento científico que permitió realizar la cartografía del fondo tenía un mecanismo de funcionamiento similar al sonar de los murciélagos y los delfines, que permitía identificar las irregularidades de la superficie terrestre bajo los océanos.

Una de las grandes protagonistas de los acontecimientos que se vivieron en aquella década de los cincuenta fue Marie Tharp, quien lo narraba de la siguiente manera para un documental de la BBC:

> Este perfil de un lado al otro del océano Atlántico es el resultado de nuestra sonda acústica. Lo más sorprendente [...] fue este valle en la cumbre de la cordillera de mitad del océano [...]. Le mostré esto a mi jefe Bruce Heezen. [...] Gruñó una y otra vez y dijo: «¡Esto no puede ser, parece la deriva continental!» Podía observar [...] un valle bastante grande dentro de una enorme cordillera. [...] Esto podía significar que los continentes se estaban separando.

En los años siguientes a la elaboración de aquel mapa del Atlántico, Tharp y su equipo descubrieron que esa hendidura se extendía por el fondo de todos los océanos. Los científicos desvelarían pronto que esa estructura está construida por rocas de composición basáltica y una nueva visión del fondo marino comenzaría a tomar forma.

Sus diferencias con la corteza conocida en los continentes eran tan grandes que fue bautizada con el nombre de corteza oceánica. Las rocas basálticas formadas en los volcanes de esta dorsal oceánica son cubiertas de manera progresiva por la sedimentación, de manera que, mientras las lavas más jóvenes aún no han sido enterradas, es sobre las más antiguas donde se encuentra un mayor espesor de sedimentos.

En aquellos años, los oceanógrafos descubrieron un fondo marino que jamás nadie había imaginado. La formación de corteza oceánica, a diferencia de la continental, era un proceso continuo que aún hoy tenía lugar en estas enormes cadenas de volcanes submarinos. Parecía que la nueva corteza que allí se formaba se alejaba posteriormente de la dorsal y sufría un proceso de reciclaje que le impedía envejecer en la superficie.

La deriva continental, que había permanecido ignorada durante varias décadas, iba a ser rescatada por una amiga inesperada: la oceanografía. Algunos de los protagonistas de este hito científico lo han comparado con una famosa frase de Isaac Newton: «No sé lo que puedo parecer al mundo; pero yo me veo solo como un niño jugando en la playa y divirtiéndome al hallar un guijarro o una concha más hermosa que de costumbre, mientras que el gran océano de la verdad permanece sin descubrir ante mí».

Hasta este momento, la geología había tratado de conocer la dinámica del planeta a través del estudio de las tierras emergidas, mientras las claves para encontrar la respuesta habían permanecido ocultas bajo la enorme mancha azul de la Tierra.

67

Y SIN EMBARGO... ¿SE MUEVEN?

Se acerca el invierno de 1930 y un grupo de exploradores parten de una base científica en Groenlandia hacia el aislado campamento de Eismitta, situado en medio de los interminables hielos. Con el impulso de sus esquís y la ayuda de los trineos tirados por perros, deben recorrer los cuatrocientos kilómetros que los separan de su objetivo. Allí, una pareja de científicos encargada de registrar datos meteorológicos esperan que les traigan suficientes suministros para resistir el duro invierno polar.

Tras un mes y medio de travesía alcanzan la base el 30 de octubre. A pesar del agotamiento, ese es un día para celebrar, y la alegría del grupo por la buena marcha de la misión se entrelaza con las felicitaciones al líder de la misma, Alfred Lothar Wegener, por su quincuagésimo cumpleaños.

Habían transcurrido ya quince años de la publicación de sus polémicas ideas sobre la deriva de los continentes, pero el recuerdo del amargo rechazo recibido por los científicos no le había llevado a abandonar sus investigaciones.

Poco tiempo después de aquella hazaña en Groenlandia, sus ideas sobre la deriva continental comenzarían a recibir los primeros apoyos relevantes. Diversos autores iban a corregir algunos de sus errores y a aportar nuevos argumentos. Estos avances permitirían que la comunidad científica confirmara la semejanza y continuidad de algunas cordilleras y otras estructuras geológicas a ambos lados del Atlántico. Se aceptaría la idea de que América por un lado, y Europa y África por el otro, eran como los fragmentos de una página rasgada, cuyos dibujos y párrafos podían ser reconstruidos al unirlos por la línea quebrada de rotura.

Esta similitud entre ambos márgenes continentales, que ya había sido descrita por Wegener y otros, iba a ser demostrada décadas más tarde con el avance de la informática, que revelaría un encaje casi perfecto. Sin embargo, el gran impulso para la deriva continental llegaría en los años sesenta de la mano de Harry Hess, un norteamericano que recopilaría

Galileo fue obligado a retractarse por afirmar que la Tierra se movía.
Unos siglos más tarde Wegener sufrió el castigo de la comunidad
científica que no estaba preparada para asumir sus revolucionarias ideas.
Ambos sabían que todo era cuestión de tiempo. Ambos tenían razón.

todos los datos disponibles, especialmente aquellos aportados por las campañas oceanográficas.

Tras los primeros estudios batimétricos del fondo marino y el descubrimiento de las dorsales, los mapas reflejaron la existencia de enormes y profundas fosas, que suelen aparecer separadas de las anteriores por enormes llanuras abisales.

Las dataciones realizadas en las rocas volcánicas de estas llanuras submarinas reflejan una variación continua, y muy reveladora, en las edades de formación de las mismas. Mientras que las rocas más próximas a la dorsal son muy jóvenes, con apenas un millón de años, conforme nos alejamos de estas las edades aumentan de forma progresiva, hasta llegar a alcanzar los ciento ochenta millones de años, una edad, sin embargo, que apenas alcanza la décima parte de antigüedad de algunas de las rocas encontradas en los continentes.

En coherencia con estas edades del sustrato rocoso, el espesor de sedimentos también aumenta progresivamente con la distancia a la dorsal, donde las rocas volcánicas aún permanecen desnudas.

Los hechos que se vislumbran dejan poco lugar para las dudas. Mientras que las dorsales son la expresión topográfica de los procesos de generación de corteza oceánica, las fosas oceánicas son la evidencia de su reciclaje, donde los procesos de subducción no permiten que esta permanezca más tiempo formando parte de los fondos marinos.

El modelo de Hess toma el nombre de expansión del fondo oceánico, y recurre a las corrientes de convección sublitosféricas como mecanismo coherente para explicar el origen de esta dinámica. La claridad y fortaleza de esta teoría iba a verse reforzada por un bellísimo argumento: el bandeado magnético del fondo marino.

La polaridad del campo magnético de nuestro planeta ha cambiado con cierta frecuencia a lo largo de su historia. Es decir, si pudiéramos viajar a diversos puntos del pasado con una brújula, descubriríamos que en algunos períodos esta señala al norte geográfico (como ahora) y en otros momentos, al sur.

Afortunadamente para la ciencia, algunos de los minerales presentes en las rocas volcánicas tienen la capacidad de registrar la polaridad magnética existente al ocurrir la erupción, de manera que las lavas que han solidificado en el período magnético actual (PM_1), que abarca los últimos setecientos treinta mil años, han registrado una polaridad que denominamos normal (N_1). Sin embargo, las lavas solidificadas en el período magnético anterior (PM_2) han registrado una polaridad inversa (I_2) y así sucesivamente. Esta alternancia de períodos magnéticos (de más reciente a más antiguo: PM_1, PM_2, PM_3, PM_4,...) queda reflejada en la corteza oceánica, que forma un bandeado simétrico a ambos lados de la dorsal y se desarrolla de la siguiente manera:

$$PM_4 \qquad\qquad\qquad I_4 \text{ (Dorsal) } I_4$$
$$PM_3 \qquad\qquad\quad I_4 - N_3 \text{ (Dorsal) } N_3 - I_4$$
$$PM_2 \qquad\qquad I_4 - N_3 - I_2 \text{ (Dorsal) } I_2 - N_3 - I_4$$
$$PM_1 \qquad I_4 - N_3 - I_2 - N_1 \text{ (Dorsal) } N_1 - I_2 - N_3 - I_4$$

La estructura resultante evidencia de forma clara que cada nueva banda se forma en torno a la dorsal y aleja a la anterior de la misma.

En los años que siguieron a la publicación de Hess, la pasión de los científicos por las recientes evidencias fue tal que las nuevas ideas bullían en forma de multitud de artículos científicos. La teoría de la expansión del fondo oceánico había resucitado a la denostada deriva continental, y juntas iban a proporcionar una visión tan global y unificadora de la litosfera que Alfred Wegener se convertiría en un icono de la ciencia moderna y ocuparía el papel protagonista de la última revolución geológica hasta la fecha.

Pero Wegener no era un científico al uso y buena prueba de ello fue aquella expedición, su tercera a Groenlandia. Al día siguiente de alcanzar el campamento de Eismitta, retomaron el camino de vuelta. Habían pasado cuatro años desde el enfrentamiento en solitario contra la élite geológica del momento en Nueva York. Pero ante la dureza extrema de aquel viaje de regreso no podía permitirse el recuerdo de esas agrias experiencias.

Las inclemencias del tiempo y la fatiga física iban a impedir que la expedición se mantuviera unida. Los cuerpos de sus compañeros jamás aparecieron. El suyo fue encontrado cinco meses más tarde junto a unos esquís clavados en la nieve. Aunque su muerte prematura le impidió a Wegener conocer el éxito de sus audaces ideas, estas han trascendido y su nombre hoy ocupa un importante lugar dentro de la cultura científica.

68

¿También la litosfera tiene un ciclo?

Durante mucho tiempo los geólogos imaginaron una Tierra que se contraía para explicar el origen de las cordilleras. Llegaron a esta idea equivocada a partir de las observaciones realizadas en la superficie de los viejos continentes. Las enormes arrugas de todo el planeta mostraban pruebas de una fuerte contracción.

El posterior desarrollo de la oceanografía permitió descubrir que el fondo marino era joven y su continuo proceso de formación estaba aún en funcionamiento. Tras muchas e intensas polémicas suscitadas por las revolucionarias ideas de Wegener, los científicos finalmente se habían puesto de acuerdo en algo: la creación de los fondos marinos estaba relacionada con la ruptura de Pangea y con la posterior deriva continental.

Pero estas teorías llevaron a algunos geólogos a pensar que era la Tierra al completo la que estaba en expansión, de manera similar al crecimiento de un globo que se infla. Podemos reproducir dicho modelo de forma sencilla. Tomamos un globo, lo inflamos levemente y pegamos trozos de papel cubriendo toda la superficie. Esa sería la situación inicial; los papeles representan la corteza continental que estaría formando un único supercontinente. Luego seguimos inflando; el papel no podrá aumentar de tamaño, de manera que los fragmentos se separarán progresivamente, de forma parecida a como el globo asoma entre los papeles pegados, la litosfera oceánica lo haría entre los continentes.

Se trataba entonces de buscar explicación al origen de la evidente expansión de los fondos oceánicos. Contra ese modelo de una Tierra que se dilata, el canadiense J. Tuzo Wilson publicó en 1965 el paso definitivo hacia la nueva tectónica global, teoría que al poco tiempo triunfaría y sería rebautizada como tectónica de placas.

La tectónica, una rama de la geología que tradicionalmente se había encargado de los procesos de deformación de las rocas, iba a convertirse en protagonista de una de las mayores revoluciones científicas de la historia. Sus postulados, herederos de la deriva continental, eran fruto de la síntesis de varias teorías importantes de la época, como las corrientes de convección de Holmes y la expansión del fondo oceánico de Hess.

Una de las conclusiones más apasionantes de los trabajos de Wilson fue su nueva visión sobre la ciclicidad de los procesos que dan lugar a la construcción y destrucción continua de sucesivos continentes. Y, lo que quizás sea aún más interesante, es que hoy podemos observar las diferentes etapas de ese ciclo supercontinental en varias regiones de nuestro planeta.

Para comprenderlo hagamos un gran viaje alrededor del mundo. Podríamos comenzar por muchos lugares, pero nos parece oportuno empezar en el continente africano, en su parte oriental, donde se encuentra con orientación norte-sur el valle del Rift. Un enorme valle cuyo origen, curiosamente, no está relacionado con la acción erosiva de ríos o glaciares. Se trata de una depresión de origen tectónico, delimitada por fallas, que se ha formado como consecuencia del incipiente estiramiento continental al que se ve sometida la litosfera en esa región. Este proceso parece estar ayudado por el impetuoso ascenso del manto caliente y produce un adelgazamiento cortical que culmina con la ruptura de la litosfera.

Se genera de esta manera un nuevo límite de placa y para seguir su evolución nos desplazaremos unos kilómetros hacia el norte, al mar Rojo, donde podemos observar el nacimiento de una nueva cuenca oceánica. Allí el progresivo adelgazamiento y divergencia del continente ha dado pie a la formación de nuevos fondos oceánicos y a la inundación del valle por parte de las aguas marinas.

La expansión del nuevo fondo oceánico a ambos lados de una larga dorsal volcánica durante amplios intervalos de tiempo conduce al distanciamiento de los fragmentos de litosfera continental y al crecimiento del océano que separa sus costas. Podremos ver un ejemplo de este proceso si nos trasladamos hacia el oeste y navegamos durante días sobre el enorme océano Atlántico.

Continuando con ese rumbo y atravesando el continente sudamericano hasta la costa del Pacífico alcanzaremos nuestro siguiente objetivo. En él podremos apreciar lo que depara el futuro a las costas atlánticas que acabamos de abandonar.

Los fondos marinos más alejados de la dorsal, y, por tanto, más antiguos, terminan por romperse y hundirse hacia el manto. Se inicia así un proceso conocido como subducción, cuyos complejos fenómenos se expresan en la superficie en forma de profundas fosas oceánicas y enormes cordilleras como los Andes.

Del mismo modo que una cinta trasportadora desplaza los objetos hacia adelante, la litosfera oceánica que subduce es capaz de arrastrar los enormes continentes. Lógicamente, ese mecanismo genera una desaparición progresiva del océano y los fragmentos continentales que fueron separados al inicio vuelven a juntarse.

La poca densidad de los continentes impide que estos se hundan hacia el manto, lo cual pone fin al proceso de subducción. Esta nueva etapa, que conlleva el apilamiento de materiales empujados por el choque, se conoce como colisión continental. Podremos ver un magnífico ejemplo si continuamos nuestro recorrido hasta alcanzar la gigantesca cordillera del Himalaya.

El proceso de soldadura entre los fragmentos de litosfera continental genera un enorme engrosamiento de esta capa y propicia el desarrollo de una profunda raíz que favorece el levantamiento isostático del relieve. Sin embargo, dicha elevación de la topografía tiende a ser compensada por un incremento de la acción erosiva.

Para observar este regreso a la situación inicial del ciclo, podremos hacer la última parada en una vieja cordillera que atraviesa Eurasia: los montes Urales. Con una altura que no alcanza los dos mil metros sobre el nivel del mar, es una zona poco activa desde el punto de vista geológico que está siendo progresivamente desmantelada por la erosión. Una región de litosfera continental en la que, como en cualquier otra, podrían darse las condiciones para la formación de un nuevo *rift*, similar al del inicio de nuestra vuelta al mundo.

Cada uno de estos ciclos permite que la litosfera continental aumente su tamaño a través de las nuevas suturas generadas por los orógenos. Sin embargo, la evolución de la litosfera oceánica es mucho más rápida, y a lo largo de cada ciclo los fragmentos nacen, crecen y vuelven a menguar hasta desaparecer.

Cada uno de esos trozos en los que se divide la litosfera se conoce como placa tectónica, y en función del tipo de corteza que la forme, esta puede ser continental, oceánica o mixta. Por su parte, los límites entre las placas se clasifican en diferentes tipos según los procesos que les dan origen. Los límites convergentes surgen durante la ruptura de litosfera oceánica para dar comienzo a la subducción, mientras que los divergentes aparecen durante la fracturación y luego permanecen en la etapa de expansión oceánica.

El acomodo geométrico de dicha expansión a la esfericidad del planeta se realiza mediante abundantes fallas, denominadas transformantes. Estas atraviesan perpendicularmente a la dorsal y la desplazan lateralmente, lo que hace posible el movimiento relativo entre ambas placas.

Como todos los ciclos naturales, este es una idealización y puede verse interrumpido o tomar una variante. En cualquier caso, se trata de un modelo que, al igual que el ciclo del agua o el de las rocas, resulta tremendamente útil para comprender de forma íntegra la dinámica litosférica de nuestro planeta. En la actualidad se conoce como ciclo de Wilson, y es valorado como uno de los principales avances del nuevo paradigma que hizo justicia, de manera definitiva, a la integradora visión de Wegener.

69

¿CÓMO NOS HIZO HOMBRES LA TECTÓNICA DE PLACAS?

Uno de los yacimientos fósiles más famosos e importantes de nuestro planeta es el de Laetoli, en Tanzania. A pesar de no contener restos de organismos, resulta muy interesante por la enorme cantidad de huellas que quedaron registradas en una extensa capa de cenizas volcánicas. Huellas de gotas de lluvia, de fragmentos de granizo, de gacelas, liebres, aves… y de personas.

La coincidencia de todas ellas no tiene mucho de particular; lo verdaderamente sorprendente es la edad de la erupción que generó las cenizas, tan antigua (o tan moderna) como los seres humanos. Los antropólogos coinciden en que el importante paso del mono al hombre se debió en gran parte a la adquisición de la capacidad de andar erguido, lo que se conoce como bipedismo, y aquellas huellas dejadas por los pies de tres humanos al caminar son las más antiguas descubiertas hasta ahora. Estas evidencias han dado lugar a que dichos parajes de África Oriental sean conocidos como la cuna de la humanidad.

Esta región forma parte una enorme depresión alargada que corta al continente africano desde el mar Rojo hasta Mozambique y es conocida como el *rift* africano. Curiosamente este ancho valle, que alberga los mayores lagos de África como el Victoria y el Tanganica, no ha sido excavado por el agua. En él encontramos también las montañas más altas del continente

Situar la cabeza sobre nuestros pies implica enormes dificultades en el diseño de la columna de los primates. Pero la evolución no está planificada y los inesperados cambios tectónicos terminaron por favorecer a aquellos individuos que podían pasar más tiempo en posición erguida.

como el Kilimanjaro y el monte Kenia, todas ellas de naturaleza volcánica.

Aunque este es el ejemplo más paradigmático del planeta, ese tipo de estructuras puede encontrarse en otras regiones del mundo. De hecho, a las fosas tectónicas flanqueadas por sistemas de fallas paralelas que hacen descender la parte central se las conoce también como graben, que en alemán significa 'zanja', debido a que la cuenca del Rhin, que atraviesa gran parte de Europa, tiene una geometría y origen similares.

La formación de un graben y la existencia de volcanes en las zonas de *rift* ponen de manifiesto su desarrollo en un contexto de distensión litosférica que facilita la apertura de fracturas y permite la llegada del magma a la superficie. No obstante, este es un proceso que se retroalimenta, ya que del mismo modo que la distensión propicia los fenómenos volcánicos, también es esta actividad magmática uno de los principales responsables del nacimiento de un *rift*.

Los fragmentos de litosfera continental extensos pueden actuar como mantas térmicas que acumulan el calor en el manto infrayacente. El manto sobrecalentado tiene mayor capacidad de ascenso, lo que da lugar a la formación masiva de magma que socava la base de la litosfera y genera un empuje divergente capaz de estirarla.

A medida que estos procesos se prolongan en el tiempo, las fallas crecen, el terreno se hunde de forma progresiva y culmina con la fracturación o *rifting* del continente, que quedará separado mediante un nuevo límite de placas.

Aunque algunas de esas fosas tectónicas pueden desarrollarse de diferente manera y no culminar con su proceso de fracturación, como es el caso del Rhin, todas tienen una etapa inicial común. Antes de que comience el hundimiento del valle, el adelgazamiento litosférico tiene como consecuencia un aumento del empuje isostático que da lugar a un abombamiento del continente durante millones de años.

En el caso del *rift* africano, el domo topográfico originado en la superficie debió de producir un cambio paulatino en el clima de la región. El nuevo relieve impidió el ingreso de aire húmedo proveniente del océano Índico y causó una fuerte disminución en las precipitaciones y las temperaturas al oeste del *rift*, lo que afectó directamente a la vegetación.

Estos cambios ambientales son considerados por algunos especialistas como los desencadenantes del proceso de hominización. Los frondosos bosques tropicales donde vivían los antiguos primates desaparecieron y fueron reemplazados por la sabana. El nuevo entorno favorecía a quienes tuvieran mayor posibilidad de desplazamiento, una mejor visión por encima de las abundantes hierbas y una menor exposición a la insolación.

Los individuos cuya estructura corporal les permitía permanecer más tiempo erguidos sobre las extremidades posteriores poseían esa ventaja adaptativa. Y la mano, que dejaba de tener una función trepadora, quedaba libre para el uso de herramientas más elaboradas y creativas.

Aunque las teorías sobre el origen de nuestra especie históricamente han sido fuente de mucha controversia y todavía es un campo en el que nos falta mucho por conocer, sin duda resulta muy interesante esta posible relación entre los colosales procesos tectónicos del planeta y el transcurso de la evolución humana, un ejemplo claro de las complejas interrelaciones del mundo natural.

70

MOISÉS Y EL ÉXODO, ¿HUBO OTRA APERTURA DEL MAR ROJO?

> Extendió Moisés su mano sobre el mar; y el Señor, por medio de un fuerte viento solano que sopló toda la noche, hizo que el mar retrocediera; y cambió el mar en tierra seca, y fueron divididas las aguas.
>
> Éxodo 14:21

Este momento cumbre, narrado en el libro Éxodo de la Biblia, describe la huida del pueblo hebreo de la dominación egipcia. En el texto, Moisés dirige a una multitud esclavizada hacia la tierra prometida a través de un paso atribuido a un acto milagroso.

Según la creencia, ese camino que permitió el paso hacia la otra orilla de las aguas se habría formado por la apertura del mar Rojo, lugar que continúa arraigado en el conocimiento popular como el escenario de aquella epopeya. Este delgado y alargado mar es la frontera natural entre África y la península arábiga y, entre muchas otras riquezas, sus aguas poco profundas están llenas de vida en los exuberantes arrecifes coralinos.

Esta cuenca, parcialmente aislada del océano Indico, ha sido tomada en los modelos del ciclo del Wilson como ejemplo de la fase juvenil denominada etapa de océano estrecho, en la que la separación progresiva de los bordes continentales tras la etapa de *rifting* va acompañada de un hundimiento de los mismos y la consiguiente entrada de las aguas marinas.

La persistencia de los procesos de divergencia abre un espacio en la litosfera que será simultáneamente ocupado por materiales magmáticos procedentes del manto. Por esta razón, a ese tipo de bordes de placa se los conoce como límites constructivos. Si dicho proceso de oceanización no se ve truncado, los nuevos bordes continentales continuarán alejándose los unos de los otros y el estrecho mar se convertirá en un gran océano de características similares al Atlántico actual.

Para descubrir el aspecto de esta fase madura del ciclo de Wilson, imaginemos un viaje submarino por la cuenca atlántica que nos permita sondear el fondo oceánico. Iniciando nuestro recorrido en la línea de costa, pronto nos adentraremos en la denominada plataforma continental, donde se acumula la mayor parte de sedimentos procedentes del continente y la vida es más abundante. Ahí encontraremos los mayores depósitos sedimentarios, generalmente formados por detritos y carbonatos. Bajo ellos, el antiguo *rift*, que conserva la fracturación y los depósitos vulcano sedimentarios desarrollados durante la etapa de *rifting*.

El cese de la actividad magmática y sísmica en estas áreas da lugar a que se los conozca como márgenes continentales pasivos y al límite de esta particular corteza, que coincide con un abrupto desnivel, se le denomina talud continental.

Nuestro viaje prosigue por su tramo más largo: las extensas llanuras abisales que ocupan la mayor parte de los fondos marinos. Su regular relieve solo se ve interrumpido ocasionalmente por alguna isla o monte submarino, y la estructura del basamento ígneo que se esconde bajo la capa de finos sedimentos refleja una monotonía similar.

En lo más profundo, grandes masas de magma han cristalizado y han dado lugar a rocas denominadas gabros. Sobre ellas, se encuentran apretadas redes de diques que al alcanzar la superficie forman la capa superior, constituida por coladas basálticas solidificadas en el fondo marino. Estas rocas del basamento oceánico presentan evidencias de haber estado sometidas a la circulación de aguas calientes a través de grietas. Dicho metamorfismo es el más extenso del planeta, pero actúa, sin embargo, en una región muy localizada de los fondos marinos, y el particular crecimiento de su aureola de contacto es fruto de la propia expansión de estos.

Tras muchas leguas de viaje submarino sobre vastas llanuras nos topamos con la larguísima cordillera del fondo oceánico. La dorsal centroceánica muestra evidencias de su incesante actividad geológica. Desde las emanaciones de agua caliente, que ponen en evidencia la actividad hidrotermal desarrollada en su interior, hasta las lavas emitidas continuamente en algún punto de la misma. Sin olvidar la presencia de innumerables focos sísmicos que, ausentes hasta ahora en todo el recorrido, dibujan perfectamente el trazado de la dorsal.

Nos encontramos en el límite de la placa. Un borde en el que se ha construido toda la corteza oceánica que separa ambos continentes, y cuya expansión es la responsable de que estos diverjan. A partir de ese punto del viaje comienza otro fragmento de la litosfera, con un aspecto y una estructura que se repite de forma simétrica hasta alcanzar la otra orilla del océano.

Es muy probable que hace unos minutos la mayoría de nosotros, al escuchar hablar de la apertura del mar Rojo, visualizáramos las aguas separándose para dejar al descubierto un fragmento de tierra firme frente a Moisés. Quizás ahora, recién leídas estas páginas, estemos imaginando todo lo contrario: la tierra firme abriéndose para dejar paso al mar. Un proceso geológico de gran relevancia que sucede lentamente y que, aún hoy, aleja continentes mientras los océanos se expanden.

71

¿EXISTE EL ABISMO?

En 1960, apenas un año antes de que Yuri Gagarin lograra la hazaña de viajar al espacio exterior, se produjo el descenso de la primera nave tripulada a la parte más profunda de los océanos de nuestro planeta. La invención del batiscafo Trieste, un pequeño submarino que puede sumergirse a gran profundidad, hizo posible tal proeza.

Cuando ya habían descendido casi diez kilómetros de profundidad los tripulantes oyeron un fuerte ruido que sacudió la cabina: una ventanilla se había agrietado. Sin percatarse del daño, continuaron la expedición durante horas hasta alcanzar el fondo.

La zona a donde viajaron los intrépidos exploradores recibe el nombre de abismo Challenger y se encuentra próxima a las islas Marianas. Este enorme y profundo socavón no tiene el aspecto de un pozo o una sima, sino que se extiende en paralelo a este archipiélago del Pacífico occidental, y forma parte de lo que se conoce como fosa oceánica, unas gigantescas zanjas

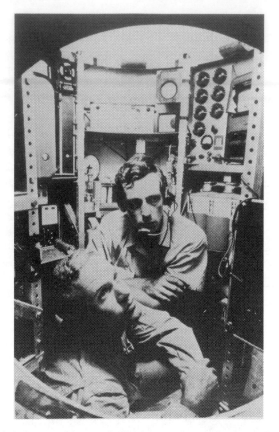

Las comodidades en el batiscafo Trieste no fueron la prioridad a la hora de que Augusto Piccard lo diseñara. El descenso a las Marianas fue realizado por su hijo Jacques, acompañado de Don Walsh. Sin duda, un paseíto no apto para cualquiera.

alargadas y relativamente estrechas que constituyen las regiones más profundas del océano. La fosa de las Marianas es la más célebre, pero existen muchos otros ejemplos, la mayoría ubicados en el mismo océano, como la de Perú-Chile o la de Japón.

Aunque estas fosas representan una pequeña porción del área del fondo marino, son estructuras geológicas muy significativas en la tectónica de placas. Recordemos que la litosfera oceánica, creada en las calientes dorsales oceánicas, flota sobre el resto del manto gracias a esta elevada temperatura y, por tanto, baja densidad. Sin embargo, a medida que se aleja de la dorsal se hace más vieja y fría, acumula una mayor cantidad de sedimentos sobre ella y agrega manto litosférico que se cristaliza en su base.

Este aumento de masa y densidad da lugar a que, transcurridos apenas quince millones de años, la litosfera se haga más densa que el manto que la sustenta y, por tanto, se encuentre en condiciones de hundirse en él.

Sin embargo, este proceso denominado subducción no se desencadenará hasta que la subsidencia no sea lo suficientemente grande como para partir y doblar la rígida litosfera, razón por la que podemos encontrar fondos oceánicos con una antigüedad de casi doscientos millones de años. Las fosas son la expresión superficial de ese importante mecanismo de destrucción litosférica, que da lugar a la formación de un nuevo límite entre placas donde ambas convergen.

No obstante, de la misma manera que colillas y papeles se amontonan en el borde de una sucia escalera mecánica, la mayor parte de los sedimentos depositados sobre el fondo marino que subduce se acumula en la fosa y da lugar a lo que se conoce como prisma de acreción. Estas enormes cantidades de sedimentos se deforman conforme el sustrato oceánico desaparece, y pueden llegar a sobresalir por encima del nivel del mar.

El lento hundimiento de la litosfera impide que esta lo haga en picado, de manera que se produce un intenso rozamiento con la placa suprayacente o cabalgante. El análisis de los hipocentros generados permite conocer la inclinación de la placa que subduce. La proyección de los focos sísmicos, que serán más y más profundos conforme nos alejemos de la fosa, da lugar a un plano que se conoce como Wadatti-Benioff, en honor a sus descubridores.

Este viaje hacia zonas de alta presión tiene como consecuencia el desarrollo de un metamorfismo regional que afecta a la placa que subduce. Además, y aunque una gran parte de los sedimentos quedan atrapados en el prisma de acreción, otros descienden con la corteza hacia las profundidades y liberan moléculas de agua que propician la formación de magma a unos cien kilómetros de profundidad.

La intensa actividad magmática asociada a dichas regiones se pone de manifiesto por el ascenso de estos magmas primarios, que se acumulan en la base de la litosfera. La mayor parte de esas cámaras magmáticas quedarán solidificadas en forma de plutones que se agregan a la placa cabalgante, la engrosarán y favorecerán su flotabilidad y ascenso isostático.

Solo un pequeño residuo líquido de esta cristalización dará lugar a los denominados magmas andesíticos, más ligeros y capaces de migrar lentamente hacia la superficie para originar violentas erupciones. Se construyen así los espectaculares arcos volcánicos, enormes hileras de volcanes activos que se disponen en paralelo al contorno sinuoso de las fosas.

Si como en el caso de los Andes la subducción se produce en el borde de un continente, este arco volcánico formará los picos más elevados de lo que se conoce como margen continental activo. Pero si en cambio la placa cabalgante es de naturaleza oceánica, esta estructura dará lugar a un arco de islas como Japón o el archipiélago de las Marianas.

Retomando la fosa que da fama a este grupo de islas, en el año 2012 tuvo lugar la segunda inmersión tripulada a la misma. Esta nueva expedición a la zona más profunda del océano fue realizada por James Cameron, reconocido director de películas como *Terminator*, *Titanic* o *Avatar*. Desde sus inicios el cineasta había mostrado fascinación por el alejado mundo submarino, de donde obtuvo inspiración para largometrajes de ciencia ficción como *Abyssy* y documentales como *Aliens on the deep*.

Aunque a grandes profundidades se habían observado criaturas monstruosas que bien podrían ser protagonistas de su próxima película, Cameron declaró tras emerger de su visita al oscuro y gélido abismo de las Marianas: «No he encontrado grandes organismos como medusas o peces del tipo que he visto en otras inmersiones profundas. Pero es que el punto al que he llegado es extremadamente lejano y aislado». Una descripción de primera mano que nos muestra lo recóndito y desolado del abismo donde se destruye la piel de nuestro planeta en su incesante proceso de reciclaje.

72

LA CONQUISTA DEL CIELO, ¿PUEDE LOGRARSE DESDE EL INFRAMUNDO?

La palabra Himalaya significa 'morada de nieve' en sánscrito, una lengua indoeuropea muy antigua que se conserva en la liturgia y los textos sagrados de varias religiones. De ahí proviene el nombre de dicha cordillera cuyos enormes picos permanecen cubiertos de nieve todo el año. El más imponente de todos, el Everest, con sus 8848 metros sobre el nivel del mar, es la montaña más alta del mundo.

A lo impresionante de sus cimas debemos sumar la belleza de sus paisajes, repletos de valles y glaciares y habitados por una rica biodiversidad, todo lo que motiva a muchas personas a acercarse a dichos parajes y disfrutar de tan maravilloso viaje. Para otros, el desafío de ascender el Himalaya constituye una meta en la vida, una dura empresa que puede comprometer la seguridad de los arriesgados escaladores. No son pocos los que han muerto antes de llegar a la cumbre. Aun así, este es un lugar enigmático que invita a la espiritualidad y la meditación.

Aunque semejante majestuosidad pueda parecernos eterna e inmutable, lo cierto es que hubo un tiempo en que este relieve que sirve de frontera natural entre la India y el resto de Asia no estaba presente. Hace millones de años ambos territorios se encontraban separados por un gran océano. La India se ubicaba en el hemisferio sur hasta que la fragmentación continental la dejó a la deriva. Comenzó así su desplazamiento hacia el norte durante miles de kilómetros hacia una nueva fosa generada en el borde meridional de Asia. Allí se desarrollaron las estructuras propias de un margen continental activo, tales como un prisma de acreción y un arco volcánico.

Conforme el océano que los separaba se iba consumiendo, enormes islas comenzaron a colisionar con Asia y quedaron atrapadas en la proximidad de la fosa. Del mismo modo que un corcho permanece a flote, la ligera litosfera continental no puede subducir hacia el manto, por lo que el largo viaje indio terminó con el choque de ambos continentes, lo cual

Algunas carreteras del Himalaya adentran sus enrevesadas curvas hasta las entrañas de la cordillera. Esta enorme mole de rocas separa el continente indio del resto de Asia y forma una frontera natural que es difícil de superar hasta para las aves más audaces.

puso fin a la subducción y dio comienzo a una nueva etapa denominada colisión continental.

Las fuerzas compresivas que se generan durante ese proceso dan lugar a la deformación del largo prisma de acreción y de las plataformas continentales. Las gruesas secuencias de rocas sedimentarias acumuladas en dichos ambientes son empujadas tierra adentro, causan una intensa actividad sísmica y llegan a alcanzar las superficies estables de ambos continentes. Esta removilización se alcanza a través de un apretado sistema de pliegues y fallas, así como el desplazamiento a lo largo de kilométricos cabalgamientos.

El apilamiento de materiales, junto al acortamiento de la litosfera producido por dichas fuerzas, da lugar a un engrosamiento de la misma, que podría llegar a ser hasta el doble de ancha y hacer que las capas inferiores profundicen y desarrollen un intenso metamorfismo a escala regional.

La raíz del continente puede alcanzar las condiciones de fusión parcial y formar así intrusiones de magmas graníticos. Estos, incapaces generalmente de alcanzar la superficie, generan plutones que, junto a las rocas metamórficas, forman un conjunto conocido como zonas internas del orógeno. Esa misma raíz litosférica mantiene un prolongado empuje isostático que permite a las cordilleras continuar elevándose durante millones años.

La mayor cordillera del planeta, considerada diosa del universo por los nepalíes, todavía está creciendo. Un paraje grandioso donde el continente asciende hasta las nubes y la erosión abre una ventana hacia las infernales condiciones de las profundidades. Un lugar desde el que conquistar el cielo sin que nuestros pies se separen de las rocas que habitaron el inframundo.

X

Historia de la Tierra

73

La biografía de un planeta ¿puede ser entretenida?

«Nadie puede bañarse dos veces en el mismo río, pues la segunda vez que nos bañamos el agua ya no es la misma». Esta imagen ilustra con claridad la visión acerca del cambio defendida por el filósofo griego Heráclito. Con este gran pensador surgió la idea de que todo es dinámico, nada es permanente en la realidad. El fundamento de todo está en el cambio incesante, un proceso de continuo nacimiento y destrucción al que nada escapa. Estos cambios hacen posible que existan las historias; desde las historias de las civilizaciones hasta las que suceden en la vida de una persona y, por supuesto, la historia de nuestro planeta.

En nuestras propias biografías existen momentos puntuales que de alguna forma han determinado algunos de los cambios que nos han ocurrido. Desde elegir iniciar una conversación con un desconocido con el que en el futuro formaremos una familia hasta rechazar un trabajo y quedar disponibles para después acceder a otro mejor.

Lo mismo le sucede al planeta, que se ha visto afectado por la ocurrencia de situaciones únicas que tuvieron lugar en un determinado momento de la historia y que han sido importantes en su transformación. Es el caso, por ejemplo, del impacto de meteoritos como el que acabó con los dinosaurios y permitió el desarrollo de los mamíferos o el surgimiento de nuevos procesos a escala masiva como la fotosíntesis, que cambió radicalmente la composición de la atmósfera.

A lo largo de nuestras vidas también experimentamos otro tipo de cambios que progresan de forma constante en el tiempo. El pelo se encanece, el de muchos hombres se cae, las arrugas se profundizan y nuestro aspecto va cambiando poco a poco a medida que vamos cumpliendo años. Aunque nos gustaría encontrar el elixir de la eterna juventud y los tratamientos estéticos intenten disimularlo, estos procesos lineales se caracterizan por ser irreversibles.

A la Tierra le sucede algo similar, conforme envejece se está enfriando lentamente desde su formación. La actividad geológica asociada a esta pérdida de calor, que aún se manifiesta en diversas formas como las erupciones volcánicas, sucedieron con mayor intensidad durante las primeras etapas de la historia terrestre. El elevado calor remanente en aquella época inicial permitió la diferenciación del planeta en capas en función de la densidad de los materiales. Mientras que el núcleo se formó por la caída de los más pesados, los volátiles emitidos de forma masiva hacia el exterior fueron dando origen a las capas fluidas que lo envuelven: la atmósfera y la hidrosfera.

Frente a estos acontecimientos lineales, existen otros que tienen carácter cíclico; quizás el ejemplo más representativo de la vida humana sea el ciclo menstrual de una mujer, que se repite aproximadamente cada veintiocho días, pero también podríamos pensar en las reuniones navideñas en familia que celebramos cada año. Es fácil encontrar ciclos que se repiten de forma periódica en nuestro planeta: desde la alternancia de la noche y el día o las estaciones del año hasta la sucesión de las mareas.

Estos cambios cotidianos son causados por el movimiento periódico de los astros, como la rotación y traslación de la Tierra y el giro de la Luna, por lo que podemos predecir el momento exacto en que se van a producir. Sin embargo, no

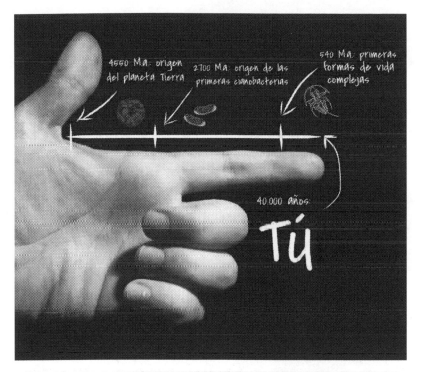

Visto de esta manera, la inmensidad del Fanerozoico apenas ocuparía la última falange de nuestro dedo (imagen elaborada por Luis Collantes).

todos los cambios que se repiten de forma cíclica lo hacen con tiempos de recurrencia constantes. Estaremos de acuerdo en que los momentos de felicidad producidos por la victoria de nuestro equipo de fútbol en la liga nacional no es algo que se repita cada cierto tiempo fijo. Podremos vivir etapas de gran satisfacción en las que se ganen varias ligas seguidas, pero también pueden transcurrir varios duros años antes de que vuelvan a ser campeones.

Precisamente, el descubrimiento de uno de estos ciclos está en el origen de esta ciencia. El padre de la geología, James Hutton, describió cómo las cuencas marinas en las que se depositan sedimentos son posteriormente elevadas sobre el nivel del mar y permiten actuar a la erosión, y a la postre vuelven a hundirse cerrando un ciclo movido por el calor interno terrestre.

ETIMOLOGÍA DE LOS PERÍODOS GEOLÓGICOS
(por Luis Collantes)

Era	Período	Etimología
CENOZOICO	CUATERNARIO	Reminiscencia de la nomenclatura antigua (Era Primera, Secundaria, Terciaria y Cuaternaria)
CENOZOICO	NEÓGENO	De "neos" (nuevo) y "genos" (nacido) ("recién nacido")
CENOZOICO	PALEÓGENO	De "palaios" (antiguo) y "genos" (nacido) "lo más antiguo de lo reciente"
MESOZOICO	CRETÁCICO	Grandes acumulaciones de creta
MESOZOICO	JURÁSICO	Macizo del Jura, al norte de los Alpes
MESOZOICO	TRIÁSICO	De "Trias", por los tres materiales que componen este período (Buntsandstein, Muschelkalk y Keuper)
PALEOZOICO	PÉRMICO	Región de Perm, Rusia
PALEOZOICO	CARBONÍFERO	Grandes acumulaciones de carbón a nivel mundial
PALEOZOICO	DEVÓNICO	Condado de Devon, al suroeste de Inglaterra
PALEOZOICO	SILÚRICO	Tribu celta de los Siluros, situados al sur de Gales
PALEOZOICO	ORDOVÍCICO	Tribu celta de los Ordovicos, situados al norte de Gales
PALEOZOICO	CÁMBRICO	De "Cambria", latinización de Cymru, nombre que daban los antiguos celtas a Gales

La curiosa etimología de los períodos geológicos del Fanerozoico (imagen elaborada por Luis Collantes).

Gran parte de estas transgresiones y regresiones de la línea de costa a escala regional están condicionadas por procesos geológicos de origen interno como las orogenias y la isostasia. Sin embargo, en ocasiones las fluctuaciones en el nivel del mar ocurren a escala global, en un fenómeno conocido como eustatismo. Esto puede estar inducido por fenómenos climáticos como las glaciaciones, que retiran enormes volúmenes de agua de los océanos hacia los continentes y no la devuelven hasta la fusión de los casquetes. Pero los cambios eustáticos también pueden producirse sin que haya un cambio en la cantidad de aguas de los océanos. Imaginemos una botella de plástico con agua, si reducimos la capacidad de la misma (apretándola, por ejemplo) observaremos como el nivel asciende, a pesar de que el volumen de agua en su interior no haya variado. De manera similar, los procesos geológicos internos pueden influir en el nivel del mar absoluto.

Una situación análoga se produce durante la formación de un supercontinente, período en el que las colisiones entre los márgenes continentales hacen que estos se encojan, de manera que las cuencas oceánicas se ensanchan, aumentan su capacidad y hacen que descienda el nivel de los océanos.

Como sabemos, la tectónica global condiciona muchos otros factores, como son la distribución geográfica de los continentes y la actividad volcánica en los límites de placa, ambos determinantes en las características climáticas de cada período geológico.

Por ejemplo, situaciones como la actual, en la que los polos están ocupados por continentes y mares aislados, han sido determinantes en el origen del clima glacial cuaternario; mientras que la emisión masiva de gases volcánicos en tiempos más remotos ha contribuido enormemente al incremento del efecto invernadero de nuestra atmósfera.

La ciencia ha permitido concebir a la Tierra como un sistema en continua transformación desde sus orígenes, con una biografía propia. Una biografía que se vuelve aún más fascinante cuando añadimos la historia de la vida y comprendemos las interrelaciones que existen entre los elementos que conforman este planeta, en el que nosotros, unos recién llegados, tenemos menos protagonismo de lo que solemos pensar.

74

¡Ay, Facundo...! ¿Dejaremos huella en este mundo?

Después de disfrutar de un delicioso pollo asado, unos *nuggets* o unas alitas rebozadas, parece imposible imaginar que hasta hace muy poco, el pollo no se solía comer. Esta especie nos ha acompañado durante siglos, pero su carne se consumía muy poco ya que solo estaba al alcance de los ricos y se reservaba para las más especiales ocasiones. La mayoría de las razas no habían sido seleccionadas con ese fin, sino para optimizar la puesta de las hembras o la ferocidad de los machos que se criaban fundamentalmente para las peleas de gallos.

Después de la Segunda Guerra Mundial varias cadenas de supermercados estadounidenses decidieron diseñar un animal de crianza industrial que ofreciera competencia a la carne de vaca y de cerdo. Dicho proyecto proponía obtener un pollo con grandes muslos y una pechuga enorme que ofreciera condiciones económicas excepcionales. Participaron miles de criadores, quienes enviaron huevos fertilizados con sus cruces para ser analizados.

En las siguientes décadas la cría de pollos se convirtió en una industria extendida a escala mundial, asociada a la expansión de las ciudades actuales. Hoy en día se crían y sacrifican cada año alrededor de cincuenta mil millones de pollos en todo el mundo. La expansión del pollo industrial en tales magnitudes forma parte de las tantas transformaciones ambientales producidas por el desarrollo de la civilización moderna, muchas de las cuales tuvieron sus orígenes hace cientos de años con la Revolución Industrial.

Durante este tiempo hemos cambiado la composición de la atmósfera, especialmente por la quema de combustibles fósiles, hemos sintetizado miles de nuevos compuestos químicos sin conocer el posible peligro de cada uno de ellos y hemos esparcido fertilizantes de forma masiva en los suelos y las aguas. Esta situación ha producido una contaminación a todos los niveles que conduce a consecuencias regionales como la lluvia ácida o la eutrofización y a otras globales como el agujero en la capa de ozono o el incremento del efecto invernadero.

Las pruebas nucleares fueron relativamente frecuentes a mediados del siglo XX. El tratado de prohibición firmado por varios países ha puesto fin a estas prácticas, pero es muy probable que sus huellas perduren en el tiempo.

Las evidencias del impacto de la humanidad sobre el planeta son tan numerosas y relevantes que los científicos se están planteando la posibilidad de diferenciar una nueva época en la escala del tiempo geológico: el Antropoceno.

Recordemos que los dos últimos millones de años de la historia del planeta han estado caracterizados por una sucesión de fases glaciares e interglaciares en un período de tiempo conocido como Cuaternario. Este se subdivide en Pleistoceno, la época más antigua, y el Holoceno, que abarca la última de dichas fases interglaciares, iniciada hace apenas diez mil años.

Contrariamente a lo que cabría suponer, el comienzo del Antropoceno no se identifica con los grandes cambios de la Revolución Industrial, sino con un momento más reciente de la historia humana. La mitad del siglo XX, marcada por el vertiginoso crecimiento en la magnitud y velocidad del impacto humano sobre la Tierra, sería ese punto inicial de esta nueva subdivisión de la escala temporal del planeta. Los avances tecnológicos, el desarrollo económico y el *boom* de la población a partir de ese momento hicieron que las últimas décadas sean conocidas como la gran aceleración.

Una vez establecida la franja temporal del Antropoceno, la metodología científica exige ahora la evidencia en el registro geológico. Las normativas estratigráficas obligan a establecer materiales geológicos reales de referencia denominados estratotipos.

En la actualidad la Comisión Internacional de Estratigrafía se encuentra en pleno proceso de identificación y evaluación de las candidaturas a estratotipo del Antropoceno. Múltiples son las evidencias geológicas de los cambios en la atmósfera, las aguas y el clima ocurridos en nuestro planeta durante los últimos millones de años. Estos quedan registrados con gran precisión en materiales de diversa naturaleza. El estratotipo del Holoceno, por ejemplo, quedó oficialmente registrado en el testigo de un sondeo de hielo groenlandés.

El estratotipo elegido para el Antropoceno debe de mostrar evidencias de nuestro impacto en el planeta, y los científicos se inclinan a buscarlo en materiales que se hayan formado en íntimo contacto con la atmósfera y la hidrosfera. Además de las precipitaciones y burbujas atrapadas en las espesas capas de hielo polar, también pueden ser válidas las estalagmitas de una cueva y los anillos de crecimiento de los corales marinos.

No obstante, una de las huellas más imperecederas que podremos dejar en el planeta serán las anomalías radiactivas de los sedimentos recientes de cualquier parte del mundo. Siguiendo este criterio el momento que daría inicio al Antropoceno sería el año 1945, fecha en la que tuvo lugar la detonación de la primera bomba atómica en Nuevo México. Los isótopos radiactivos liberados en aquella explosión se dispersaron por todo el planeta para luego ser fijados en los sedimentos y en los hielos de las regiones polares.

Aunque la idea del Antropoceno cuenta con muchos detractores debido a la dificultad para encontrar sedimentos que permitan su identificación en el registro geológico, este concepto ha ido ganando adeptos entre la comunidad científica en los últimos años y se ha colado en el mundo político y social. Y aun cuando es posible que no tengamos la suficiente perspectiva temporal para responder de manera definitiva a esta cuestión, resulta imposible obviar que el ser humano se ha convertido en un agente modificador del planeta tan importante como muchos procesos geológicos.

75

¿CUÁLES SON LAS PRUEBAS DEL CRIMEN DEL K/T?

El espacio no está completamente vacío y nuestro planeta en su incesante desplazamiento a través de él captura pequeñas cantidades de partículas que entran en nuestra atmósfera continuamente. Estas se van depositando como trazas en las cuencas sedimentarias de forma constante de manera que pueden servir como indicadores de la velocidad de sedimentación. A menor cantidad de sedimentos aportados en un intervalo de tiempo, mayor será la cantidad de partículas extraterrestres respecto al volumen total de roca y viceversa.

En 1977 Walter Álvarez, un geólogo norteamericano que estaba estudiando los afloramientos de los montes Apeninos, en Italia, se dispuso a aplicar dicho método midiendo la concentración de iridio, un elemento que proviene del polvo meteorítico y que resulta relativamente fácil de analizar.

Los resultados fueron sorprendentes. La concentración de iridio se multiplicaba por cien en una estrecha capa de arcilla de apenas un centímetro de grosor. Esto podría explicarse si el aporte de sedimentos hubiera cesado casi por completo durante un largo intervalo de tiempo (de manera que el antiguo mar solo hubiera recibido polvo extraterrestre). Pero esta era una suposición imposible de asumir. La hipótesis alternativa, aunque factible, parecía demasiado escandalosa como para ser publicada... Walter y su equipo de investigación se vieron obligados a abrir un período de debate interno que duraría todo un año.

Además de la concentración anómala de iridio, la ubicación de aquel fino nivel de arcillas en la columna estratigráfica era muy particular. Marcaba exactamente el límite entre el período Cretácico (último de la era Mesozoica) y el Paleógeno (primero del Terciario en la era Cenozoica), por lo que se le denominó límite K/T o K/Pg.

Los paleontólogos llevaban siglo y medio cavilando sobre las causas para explicar la enorme pérdida de biodiversidad observada en este punto de la historia de la Tierra. El geólogo holandés Jan Smit describe esta extinción en el documental *Flysch, el susurro de las rocas*, sobre la rasa mareal situada entre Deba y Zumaia, al norte de España, de la siguiente manera:

> [...] cuando empecé a trabajar vi que todos los foraminíferos, y también los dinosaurios, se extinguían repentinamente. En la Tierra no estaba pasando nada antes del límite cretácico terciario, y de repente.... desaparecen. [...] todo estaba estable: el nivel del mar, las temperaturas..., así que debió ocurrir algo inesperado [...].

Álvarez y Smit encabezaron un grupo interdisciplinar y muy pronto confirmaron que aquel nivel rico en iridio aparecía en todos los afloramientos de la transición Cretácico-Terciario del planeta, razón por la cual se le llamó arcilla del límite.

La enorme cantidad de material extraterrestre que debió haber caído en un instante para la formación de esta franja fue la pista que guio a los científicos hacia la búsqueda del impacto de un meteorito. Extrapolando a toda la superficie terrestre la cantidad de iridio analizada en dicho nivel y conociendo las características de estos cuerpos venidos del espacio, se pudo estimar que este debía de tener unos diez kilómetros de diámetro.

Smit nos describe la secuencia de acontecimientos de la siguiente manera:

> Primero cae el meteorito emanando gran cantidad de polvo que permanece durante un par de meses. La luz del sol desaparece, todo se oscurece y la fotosíntesis se corta inmediatamente. La luz vuelve, pero entonces se produce un gran enfriamiento, e incluso los dinosaurios que pudieron sobrevivir a los meses de oscuridad y que no serían muchos, también sucumben. [...] De modo que hubo varios efectos que se acumularon sucesivamente.

Una vez conocido el tamaño de meteorito y la magnitud de la catástrofe, estos investigadores dedicaron su esfuerzo a localizar al cráter dejado por el impacto. En sesenta y cinco millones de años que habían transcurrido desde el choque, el cráter podría haber subducido, o haber sido cubierto de sedimentos. Pero aunque hoy en día no lo pudiésemos ver, existir había existido. Aquella colosal masa de materia cósmica chocando contra la Tierra a unos veinte kilómetros por segundo debió de producir un cráter enorme.

Debían buscar pistas en la arcilla del límite que pudieran servir como indicadores de la distancia respecto al lugar del impacto. Mezclado con la arcilla se encontró también hollín, procedente de los incendios que debieron de acompañar a la catástrofe pero este, al igual que el iridio, debió de dar varias vueltas al mundo antes de depositarse, de manera que lo hizo más o menos homogéneamente en todo el planeta.

Pero también se observaron otras estructuras asociadas a las altas presiones que se generaron, como los denominados cuarzos de choque. Aunque estos materiales son dispersados a grandes distancias, las partículas de mayor tamaño suelen depositarse en las regiones más cercanas al cráter, por lo que iban a servir como indicadores del lugar del impacto. Se encontró que eran cada vez más grandes cuanto más cerca estaban de Norteamérica.

El equipo científico decidió viajar a México, donde encontraron afloramientos en toda la zona del golfo. Así cuentan la experiencia:

> Durante una semana estuvimos analizando diferentes lugares sin encontrar nada. Buscábamos en lugares equivocados. Y finalmente, el último día, la última noche encontramos el afloramiento del Mimbral. Uno de los afloramientos más importantes que hay allí […], de repente, ahí estaba, una gran capa de arenisca […]

Fue algo espectacular. Encontraron todas las estructuras asociadas al nivel, pero esta vez no se trataba de una fina capa de arcilla como en el resto del mundo, sino de un estrato de areniscas de varios metros de espesor. Estos depósitos, con unas facies tan características, distribuidos en un gran arco que va desde Veracruz hasta Cuba, tenían que haber sido producidos por enormes tsunamis en lo que fue la línea de costa en el momento del impacto.

Pero el cráter continuaba sin ser encontrado. Habían sido rechazados varios candidatos y la cosa no pintaba muy bien. Hasta que en 1990 se publicó el descubrimiento en la costa de la península de Yucatán de una gran estructura circular de unos ciento ochenta kilómetros de diámetro que tiene la edad exacta del límite K/T.

Aquel cráter ahora enterrado por los estratos depositados en los períodos geológicos posteriores fue bautizado con el nombre de un pequeño pueblo de pescadores de la costa mexicana, Chicxulub. Había aparecido la prueba de que aquella gran catástrofe había puesto fin al reinado de los dinosaurios.

76

¿Cómo bailaron los antiguos continentes?

La configuración de Pangea durante su ruptura y el camino que siguieron cada uno de sus «hijos» hasta nuestros días se ha podido reconstruir con precisión. Recordemos que ya Wegener fue capaz de describir los movimientos realizados por los continentes sin conocer nada acerca de los fondos marinos. Hoy en día, se conoce con exactitud la edad en que se formó cada porción de la corteza oceánica y esto ha permitido seguir el rastro de los continentes hasta la configuración actual. Por ejemplo, si recortamos en un mapa la parte central del Atlántico que se ha originado en los últimos diez millones de años y unimos las piezas resultantes, obtendremos las posiciones de África, Europa y América en el período Neógeno.

Sin embargo, la destrucción progresiva de dicha corteza en los procesos de subducción hace mucho más complicado conocer la distribución de los continentes en tiempos más remotos. Por ello, para reproducir los movimientos de estas masas continentales, se recurre al estudio de las estructuras geológicas de las regiones emergidas, como por ejemplo el encaje de las suturas de un orógeno en diversos continentes. Aunque posteriores orogenias deforman y modifican las raíces de estas antiguas cordilleras, lo cual complica la interpretación de las mismas, estas representan una de las mejores pistas para los estudiosos del Precámbrico, que han conseguido desvelar algunos pasos del antiguo baile de los continentes.

Los primeros «bailarines» detectados en el registro geológico tienen más de dos mil millones de años de antigüedad. Se conocen como cratones y actualmente se encuentran dispersos por todo el planeta. Uno de los más veteranos es el denominado cratón amazónico, pero también hay otros presentes en diferentes lugares de América, África, Escandinavia o Rusia.

La deriva y colisión de estos cratones generó nueva corteza continental, especialmente gracias a la inyección de grandes volúmenes de magma. Algunas de las orogenias proterozoicas que han podido identificarse son la orogenia transamazónica (hace unos dos mil millones de años) y la de Grenville (hace unos mil millones de años). Es probable que, al menos esta última, diera lugar a la construcción de un supercontinente, el cual volvería a romperse en diversos fragmentos.

No se sabe muy bien el camino que siguió cada uno de ellos, pero se conoce con seguridad que algunos volvieron a reunirse hace unos seiscientos millones de años. Durante este ciclo orogénico (conocido con diversos nombres como brasileño o panafricano) se construye Gondwana, un enorme continente que ya imaginaron los geólogos del siglo XIX. Algunos autores más recientes indican que durante esta orogenia todos los continentes estaban unidos a Gondwana, y formaban lo que han denominado Supergondwana o Pannotia. En cualquier caso, lo que es evidente es que desde que comienza el Paleozoico, la encontramos separada de otros continentes como Laurentia, Báltica y Siberia.

A lo largo del Paleozoico, Gondwana se fue desplazando hacia el norte hasta que estos fragmentos se anexionaron de forma sucesiva mediante orogenias como la caledoniana y la hercínica. Estos acontecimientos dieron lugar a Pangea, que quedó rodeado por una única masa de agua llamada Panthalassa. Este océano global penetraba en un gigantesco golfo ubicado en la parte oriental del supercontinente, conocido como el mar Tetis. Al norte del mismo, la unión de diversos continentes construyó Laurasia, la mitad septentrional del último supercontinente que se ha formado.

A partir de ahí, aun cuando puedan existir pequeñas variaciones, la mayoría de las secuencias de mapas que relatan el vaivén continental durante el Fanerozoico son muy parecidas. Pero, como hemos comentado, cuanto más retrocedamos en el tiempo más difícil se hace conocer los pasos que dieron los continentes en esta coreografía que resulta, para muchos, fascinante.

77

¿CUÁL ES EL CLIMA NORMAL DEL PLANETA?

Los grandes bloques erráticos distribuidos por el continente europeo que tanto llamaron la atención de los primeros geólogos habían sido transportados por los glaciares, que los abandonaron allí tras haberse fundido. El descubrimiento de ese suceso causó un fuerte impacto en la sociedad, y aún hoy es frecuente hablar de la Edad del Hielo en referencia al mismo. Este período de frío extremo se conoce actualmente como Würm y sabemos que ocurrió hace apenas dieciocho mil años, cuando nuestros antecesores vivían en cavernas para protegerse del frío.

El Würm es el último episodio de avance glaciar que se ha dado en la glaciación en la que estamos actualmente inmersos. Las glaciaciones son los intervalos de tiempo de la historia de la Tierra en los que hay una cantidad importante de hielo sobre los continentes al nivel del mar (no solo sobre las montañas), en uno o en ambos de los polos. Dentro de ellas se distinguen períodos más fríos en los que el frente glaciar avanza y otros más cálidos en los que retrocede. Estos últimos son conocidos como períodos interglaciares, y el momento que estamos viviendo se corresponde con uno de ellos que comenzó hace más de diez mil años.

Los glaciares del Würm comenzaron a fundirse muy rápidamente y pronto desaparecieron por completo de las latitudes medias de Norteamérica y Eurasia. Aunque el progresivo aumento de las temperaturas puso fin a esta etapa, todavía nos encontramos en una glaciación que comenzó hace varios millones de años y que aún se manifiesta en los actuales casquetes polares de Groenlandia, la Antártida y de las montañas más altas de todo el planeta.

Para complicar más la situación, en el actual período interglaciar se han dado breves episodios con acusados descensos de las temperaturas. Tal es el caso de la denominada Pequeña Edad del Hielo, comprendida entre el siglo XV y el XIX, cuando la escasez de precipitaciones y el bajón térmico repercutieron en diversas regiones del planeta. Grandes áreas de selvas ecuatoriales desaparecieron, las cosechas disminuyeron dramáticamente en las latitudes medias y en Groenlandia los colonos islandeses se vieron obligados a marchar.

Aunque la formación de los actuales casquetes glaciares del hemisferio norte comenzó en el Cuaternario, lo cierto es que las primeras masas de hielo aparecieron muchísimo antes en el hemisferio sur. Esto sitúa el inicio de la glaciación en el Neógeno, cuando tuvo lugar la separación entre Sudamérica y la Antártida y se formó una corriente circumpolar que mantendría al continente meridional aislado de las cálidas aguas ecuatoriales que pudieran llegar. El frío inicial permitiría la formación de los primeros glaciares en las montañas antárticas y posteriormente alcanzarían la línea de costa hasta llegar a cubrir el continente en su totalidad.

La experiencia de vivir en un período de glaciación como el actual representa una gran oportunidad para los paleoclimatólogos, puesto que les brinda una idea bastante directa de cómo pudieron acontecer otros episodios glaciales muy remotos en el tiempo.

Tal es el caso de la glaciación finiordovícica, que con una duración de apenas veinte millones de años ha sido la más breve que se ha identificado en nuestro planeta. En esa época el Sáhara, que formaba parte de Gondwana, ocupaba el polo sur geográfico y fue el centro de aquella glaciación. No existen pruebas de que se desarrollara también en el hemisferio norte, ya que estaba desprovisto de tierras continentales que pudieran dejar constancia y, muy probablemente, las aguas del polo norte no llegaron a congelarse.

Otra glaciación paleozoica, la carbonífera-pérmica, se prolongó durante casi cien millones de años, coincidiendo con la formación de Pangea. En este caso se produjo un contraste muy grande en el bandeado climático global: mientras se desarrollaban densos bosques en el ecuador, el continente de Gondwana sufrió una glaciación que cubrió hasta las latitudes medias.

Además de estas glaciaciones ocurridas en el Fanerozoico, también se conocen otras más antiguas. El primer vestigio de un episodio glacial en el registro geológico conocido data de hace aproximadamente dos mil millones de años. La glaciación huroniana, como se ha llamado a ese período climático, comprendió más de cien millones de años y resulta sorprendente que pasaran más de mil millones de años hasta la siguiente ocurrida a finales del Proterozoico.

En esta glaciación finiproterozoica, con temperaturas medias del planeta que rondaron los cincuenta grados bajo cero, pudo desarrollarse una situación de «tierra blanca» en la que todas las tierras y gran parte de los océanos estuvieron cubiertos de hielo, la etapa más gélida que ha atravesado el planeta.

En el otro extremo de este escenario tan extraño, tenemos períodos especialmente cálidos dentro del Fanerozoico. Tal es el caso del Cámbrico, en el que la fusión de los casquetes dio lugar a una notable elevación del nivel del mar; y de la era mesozoica, en la que los peces tropicales llegaron a habitar en las por aquel entonces cálidas aguas circumpolares.

Parece evidente que tanto el calor de una «tierra de invernadero» como las bajas temperaturas en la «tierra blanca» se alejan bastante de lo que podríamos definir como clima normal de nuestro planeta. No obstante, tampoco deberíamos calificar al clima actual como normal, ya que, en función de lo que se sabe sobre el pasado del planeta, la situación más común en la historia de la Tierra es aquella en la que no hay glaciares o estos no alcanzan el nivel del mar, lo que parece haber sido más común durante el 90 % de la existencia del planeta.

78

¿Cómo es el apocalipsis?

Aunque Lyell se mostró durante mucho tiempo reacio a aceptar las ideas de su amigo Darwin (debido a su obsesión con explicarlo todo de manera cíclica). Al final de su carrera científica, el abogado escocés tuvo que rendirse a la evidencia de los cambios lineales en la historia de la vida. Incluso encontró una aplicación a esta idea y creó un método estadístico para datar los estratos basado en un criterio sencillo y eficaz: cuanto más antiguo era un terreno, más diferentes eran los fósiles que contenía comparados con la fauna actual. El método arrojaba resultados coherentes en los materiales

Solemos asociar el apocalipsis con escenas catastróficas que ponen fin a una era. En el caso de las eras geológicas estas coinciden con extinciones masivas que, aunque rápidas en comparación con la historia de la Tierra, pueden durar varios millones de años.

cenozoicos que había estudiado. Sin embargo, al estudiar unos importantes afloramientos próximos a la ciudad de Maastricht, descubrió con sorpresa que el contenido fósil que allí pudo analizar no tenía ni un solo elemento común con los terrenos más recientes. La única solución que encontró fue imaginar una fuerte erosión que habría eliminado los estratos intermedios que contenían los fósiles de tránsito. Pero algo no cuadraba, todos aquellos materiales parecían haber tenido una historia geológica común.

Más de un siglo después, un paleontólogo norteamericano llamado Jack Sepkoski comenzó a contar el número de especies que aparecían a lo largo del Fanerozoico (único eón con un registro fósil abundante). Ya se sabía que por cada una de las especies que existen hoy en día otras miles podrían haber desaparecido, la mayoría de ellas al perder la competición diaria con otras formas de vida. Pero Sepkoski encontró algo muy interesante: grandes caídas en la curva de la biodiversidad que fueron denominadas extinciones masivas. Él y sus colegas reconocieron cinco y las llamaron las cinco grandes. La más famosa de ellas, por haber acabado con la existencia de nuestros queridos dinosaurios, era la razón de las diferencias entre las faunas fósiles descubiertas por Lyell en aquel afloramiento.

Sin embargo, la extinción masiva más grande y catastrófica de la historia del planeta tuvo lugar al final del Paleozoico. Los seres vivos de aquel tiempo no son tan conocidos como los grandes reptiles del Mesozoico, pero el registro fósil indica que los ecosistemas de aquel período conocido como Pérmico eran enormemente ricos.

Hace unos doscientos cincuenta millones de años algo acabó con casi el 90 % de aquella biodiversidad. La hipótesis de un impacto, similar al del límite K/T, está hoy totalmente descartada, ya que no se han encontrado indicios geoquímicos, como el iridio, que la apoyen. Por esta razón, los científicos han tratado de buscar las causas de esta extinción en otros eventos.

Por un lado la formación de Pangea, que dio lugar a la desaparición de enormes extensiones de plataforma continental, y son precisamente los fondos someros de estas regiones los hábitats con mayor riqueza biológica de nuestro planeta. Al descenso eustático causado por la situación de supercontinente se sumó el efecto de una glaciación que retiró grandes volúmenes de agua oceánica. Esta regresión de las aguas marinas, que dejó millones de toneladas de biomasa expuestas a la putrefacción, debió de consumir enormes cantidades de oxígeno de las costas. En otra situación, estas aguas costeras se hubieran mezclado con otras, pero la inmensidad de Pangea interrumpía la circulación de las principales corrientes oceánicas. Se favorecía así que la situación de anoxia persistiera en las regiones costeras, lo que contribuyó a la crisis de los organismos marinos.

No obstante, uno de los sospechosos de esta catástrofe ha dejado pistas más evidentes que permiten incriminarlo. Los indicios señalan a una serie de erupciones volcánicas de dimensiones excepcionales ocurridas en Siberia y que coinciden en el tiempo con la gran extinción. Como consecuencia de ellas pudieron ser liberadas grandes cantidades de metano y otros gases ricos en azufre, una mezcla cargada de partículas tóxicas y radiactivas que contaminó la atmósfera y desestabilizó por completo el clima de la Tierra. Años de brutal frío alternados con milenios de sofocante calor condujeron a la degradación de la vegetación, las cadenas alimentarias y los ecosistemas.

Los detectives que investigan el final del Pérmico se enfrentan a muchos sospechosos, y carecen de pruebas concluyentes. Pese a las dificultades que pueden tener para imaginar los acontecimientos ocurridos en aquel entonces, muchos autores señalan que ahora mismo podríamos estar asistiendo a una nueva extinción masiva causada por la actividad humana. Una cosa está clara, este tipo de sucesos ofrece a los grupos biológicos supervivientes la oportunidad de diversificarse y evolucionar. Parece evidente que lo que representa el apocalipsis para muchas especies no termina con la vida en la Tierra, sino que la hace más fuerte. La biosfera tiene poco que temer; nosotros, probablemente, mucho.

79

¿CON QUÉ PLANTAS VIVIERON LOS DINOSAURIOS?

Al caótico clima que marcó el final del Paleozoico, le siguió una era de temperaturas cálidas, el Mesozoico. Los más beneficiados de este nuevo contexto fueron los enormes reptiles que todos conocemos, pero también los vegetales.

En respuesta a la aridez del clima Pérmico, un grupo de plantas transformó sus esporas en semillas, las cuales podían soportar la ausencia de humedad durante largos períodos de tiempo. Esta nueva estructura reproductora de las denominadas fanerógamas les otorgaba una evidente ventaja evolutiva que les iba a permitir diversificarse en varios grupos como los ginkgos, las cicas y las coníferas.

Durante la mayor parte del Mesozoico, las fanerógamas tuvieron sus semillas al desnudo (gimnospermas). Sin embargo, en el Cretácico algunas de ellas comenzaron a desarrollar flores capaces de convertirse en frutos; un nuevo órgano que permitía resguardar la simiente en su interior. Con esta incipiente ventaja evolutiva, las denominadas angiospermas comenzaron a competir con el resto de plantas, lo que enriqueció

La coevolución entre vegetales y animales ha llegado a ser tan específica que algunas plantas solo pueden ser polinizadas por un determinado tipo de insectos. Este descubrimiento llevó a Darwin a imaginar el aspecto de un insecto sin haberlo observado, tan solo a partir de la curiosa forma de una rara flor.

la biodiversidad de aquellos campos en los que merodearon los últimos dinosaurios.

Los grandes avances del mundo floral sobrevivieron al drástico cambio de era, pero aquellas primeras flores no tenían la vistosidad que lucen las más actuales. El desarrollo de los coloridos pétalos y los atrayentes olores se adquirió posteriormente, cuando muchas plantas comenzaron a aprovecharse de los insectos para reproducirse con mayor eficiencia. Estos animales, a cambio de repartir el polen de una flor a otra, obtenían un sabroso y nutritivo néctar que empezaron a buscar con ansiedad. Este proceso de trasformación que deriva hacia una mutua dependencia se conoce como coevolución, y gracias a él podemos deleitarnos hoy con tanta belleza floral de la naturaleza.

Otra reflexión que podemos hacer cuando paseamos por el campo y contemplamos con deleite las plantas y árboles que nos dan sombra y tapizan de verde el paisaje es que todas ellas provienen de antecesores que vivieron bajo el agua antes de adaptarse a un medio tan hostil como el nuestro. La semilla, gran protagonista de la flora mesozoica, representa la cúspide de este salto hacia la terrestrialización, un proceso que comenzó mucho tiempo atrás cuando los únicos organismos pluricelulares fotosintéticos eras las algas. El primer paso de esta complicada transición evolutiva lo dieron las briofitas (representadas actualmente por los musgos) que, aunque son capaces de permanecer fuera del agua, necesitan constantemente un alto grado de humedad para evitar la desecación.

Una dificultad añadida para mudarse desde el agua hacia la atmósfera consiste en sostenerse erguida sin la ayuda de la flotabilidad. Este problema, que restringía el crecimiento de las plantas primitivas a unos pocos centímetros sobre el suelo, iba a encontrar solución en una biomolécula que, curiosamente, llevaba presente millones de años en algunas estructuras de las algas: la lignina. El empleo masivo de esta proteína dio lugar al desarrollo del tejido leñoso, capaz de aguantar mucho peso y aun así doblarse ante el envite del viento sin llegar a romperse.

El nuevo tallo erecto permitió diferenciar y distanciar los órganos con diferente función como las raíces y las hojas, a la vez que obligó a desarrollar un sistema vascular que permitiera transportar la savia de unos a otros. Esta moderna disposición vegetal es propia de las cormofitas, a las que pertenecen las fanerógamas y otras que carecen de semillas como los helechos y los equisetos.

Este salto definitivo hacia la conquista de la tierra por parte de los vegetales iba a lograrse poco antes del Carbonífero y sería esta, precisamente, la causa de los particulares depósitos que dan nombre a este período. Fue entonces cuando la vida creció hacia arriba y transformó al planeta en un mundo repleto de árboles. Entre ellos destacaron los bosques de *Lepidodendron*, un enorme helecho que alcanzó la altura de un décimo piso. Esta vegetación contribuyó a disparar los niveles de oxígeno en la atmósfera carbonífera, lo que permitió que los insectos, a pesar de sus limitaciones, alcanzaran tamaños gigantescos en unos ecosistemas terrestres rebosantes de vida.

80

Ballenas o salamandras gigantes, ¿cuáles asustaban a Darwin?

Al Devónico se le conoce como el período de los peces, debido a la gran abundancia de estos en su registro fósil. Por el contrario, la fauna terrestre era muy pobre y los únicos animales con cierto tamaño que se paseaban por tierra firme eran unas criaturas parecidas a las arañas. Pero este panorama iba a cambiar durante el Carbonífero de forma gradual. A la vez que el planeta se llenó de zonas pantanosas repletas de vegetación, muchos peces comenzarían a merodear con mayor frecuencia las aguas de sus orillas. La colonización previa de las plantas preparó el camino para la posterior terrestrialización de los vertebrados.

Los animales, en su incesante lucha por la supervivencia, tienden a ocupar todos los hábitats, incluso aquellos para los que no están preparados. Ese es el caso de muchos peces de aquella época, que se vieron tentados a introducirse en estos ambientes, donde los manglares con abundante vegetación les permitían, entre otras cosas, refugiarse de sus depredadores.

Frente a las dificultades que suponía nadar de forma convencional en aquellas aguas llenas de troncos y raíces, un grupo de peces robustos comenzó a aprovechar la presencia de estos obstáculos para desplazarse de una forma más eficiente. El instinto inicial de apartar la vegetación con las fuertes aletas fue transformándose progresivamente en la habilidad para impulsarse con fuerza sobre esta. Este cambio en el uso de las aletas favoreció la transformación de las mismas en patas que posteriormente les iban a permitir agarrarse para evitar el incómodo arrastre de las corrientes.

El nuevo diseño morfológico de los vertebrados con extremidades les ofrecía numerosas ventajas, hasta tal punto que se convirtieron en una plaga dentro de este ecosistema pantanoso. La escasa oxigenación, propia de esas aguas en las que la putrefacción de las plantas consume el oxígeno disuelto, los llevó a asomarse a la superficie, donde la selección natural

Esta reconstrucción corresponde a un fósil hallado en Pakistán en sedimentos de hace unos cincuenta millones de años. Pese a su capacidad para desplazarse por tierra firme, el *Pakicetus* debió de ser un gran nadador que pasaría buena parte de su vida en el agua.

favoreció a aquellos que respiraban mediante unos primitivos pulmones.

Los rastros más antiguos de estos primeros cuadrúpedos quedaron impresos en el depósito arcilloso de una ciénaga tropical. Debido a que las huellas de sus cuatro patas no quedaron acompañadas de las que dejaría la cola, los especialistas han deducido que estos seres no estaban caminando sobre tierra firme, sino atravesando aguas someras que la mantenían a flote.

Al principio de esta transición las patas eran aún muy débiles y sus costillas demasiado delgadas para soportar músculos que aguantasen el peso del cuerpo fuera del agua. Luego, a medida que se fueron adentrando en la tierra para evitar a los depredadores, excavar en el fango para anidar y encontrar comida, las extremidades se fortalecieron y adaptaron para caminar.

Mientras que algunos de estos animales regresaron al agua, otros continuaron su evolución en el nuevo hábitat. Surgieron así criaturas con forma de salamandra y tamaño de cocodrilo que asechaban a sus presas en los bosques del Carbonífero y, posteriormente, darían lugar a los antepasados de los dinosaurios y de los mamíferos. Estos últimos iban a protagonizar un giro evolutivo sorprendente que tendría lugar millones de años más tarde durante el Cenozoico.

En el Eoceno, unos pobladores de los pantanos que tenían un estilo de vida similar a los hipopótamos actuales, aunque eran algo más delgados que estos, se fueron adentrando en aguas cada vez más profundas en busca, nuevamente, de una vida más próspera y segura.

Algunos de ellos, con los pies más palmeados que los de sus compañeros, tenían la capacidad de desplazarse con más eficacia por el agua. Con el paso del tiempo, la selección natural favoreció otras características anatómicas que también servían de adaptación al medio acuático. Los cuellos se hicieron más cortos y fuertes; las patas menguaron progresivamente; las colas más gruesas y musculosas para facilitar el impulso; los hocicos más alargados y los dientes más afilados para atrapar a los sabrosos pero escurridizos peces.

Los primeros cetáceos se independizaron así del medio terrestre por completo. Dejaron de depender de las orillas para beber agua dulce o parir y, a medida que se sumergían a profundidades mayores, comenzaron a parecerse a las ballenas y delfines actuales. Sus patas delanteras, cortas y rígidas, se convirtieron en aletas; las patas traseras quedaron como órganos relictos, quizás útiles para el momento de la cópula; las columnas vertebrales se hicieron más largas y flexibles, lo que propició el característico ensanchamiento lateral de sus aletas traseras.

El último impulso hacia los cetáceos modernos comenzó durante un repentino enfriamiento climático del planeta. El descenso de la temperatura del agua en los polos, los cambios en las corrientes oceánicas y el afloramiento de agua marina rica en nutrientes en determinadas regiones geográficas abrieron nuevos nichos ambientales e impulsaron el resto de las adaptaciones. Las fosas nasales se desplazaron hasta la parte superior de la cabeza, donde se convirtieron en una fosa única conocida como espiráculo. Además, se desarrolló una mayor sensibilidad al sonido subacuático gracias a estructuras que recogen las vibraciones y las dirigen hacia el oído medio. Por último, los grandes cerebros, la ecolocalización, la acumulación de grasa aislante y, en algunas especies, la sustitución de los dientes por barbas para filtrar el kril, culminaron las adaptaciones presentes en los cetáceos actuales.

Esta vuelta evolutiva de ciento ochenta grados protagonizada por un grupo de mamíferos terrestres hasta permitirles moverse, comer, sentir y aparearse bajo el agua fue intuida por Charles Darwin de la siguiente manera: «No veo ningún obstáculo para que una raza de osos se haya vuelto por selección natural cada vez más acuática en su estructura y en sus hábitos, con una boca cada vez más grande hasta producir una bestia tan monstruosa como una ballena».

De esta manera lo expresó en su primera edición de *On the origin of species*, pero no en las posteriores, ya que sus críticos se burlaron tanto de esa hipótesis que prefirió retirarla. Los antievolucionistas de su tiempo, basándose en la ausencia de fósiles que probaran la existencia de esa transición gradual, utilizaron este ejemplo para defender sus ideas creacionistas. Alegaban que si la ciencia era incapaz de explicar la modificación de las ballenas era porque quizás esta nunca había ocurrido. Hoy, sin embargo, esta historia evolutiva de los cetáceos está razonablemente clarificada y es una de las pruebas más bellas que aporta el registro fósil a favor de la evolución biológica.

81

¿CUÁNDO SUCEDIÓ LA METAMORFOSIS DEL REINO ANIMAL?

Imaginemos un buen montón de larvas o gusanos. Se trata de individuos de aspecto simple y, generalmente, indefensos como pueden ser los gusanos de seda que muchas personas cuidan en una caja de zapatos. Llega un momento en la vida de estas adorables mascotas en que, de forma súbita, cambian radicalmente su diseño corporal para transformarse en adultos. Dispondrán de una mayor complejidad morfológica, con un sorprendente equipamiento como un exoesqueleto protector, extremidades articuladas o, incluso, alas. Como sabemos, estos cambios que sufren todos los insectos, y algunos otros animales, son consecuencia de un proceso conocido como metamorfosis.

Algo parecido, pero a una escala muy diferente, le ocurrió a la fauna del planeta a principios del Cámbrico. Del mismo modo que un capullo de seda nos dificulta ver las fases

Estos artrópodos se conocen como trilobites y vivieron durante toda la era paleozoica. Todas las especies se caracterizan por presentar tres lóbulos, vivieron nadando o rastreando el fondo de los mares y sus fósiles rara vez han conservado las múltiples patas que poseían en vida.

transitorias que se han producido entre el gusano y la mariposa, las limitaciones propias del registro fósil nos impiden ver todos los detalles de la revolución evolutiva que tuvo lugar en ese período. Esta limitación de la paleontología ha contribuido a que aquel episodio de creatividad morfológica sea considerado como una verdadera explosión.

Pese a todo, este hito en la historia de la vida ha quedado inscrito perfectamente en todos los afloramientos de aquel tiempo. Los datos han confirmado la sorprendente rapidez de este proceso que transcurrió en apenas cinco millones de años y dio lugar al surgimiento de todos los esquemas anatómicos presentes en la fauna actual.

Los motivos que pudieron causar un suceso biológico tan especial parecen estar relacionados con los cambios geológicos y climáticos que tuvieron lugar. Por un lado, la ruptura de grandes continentes amplió drásticamente la cantidad de plataforma continental inundada por aguas poco profundas, precisamente los hábitats con mayor riqueza biológica. Por otra parte las corrientes oceánicas asociadas a los últimos coletazos de las glaciaciones precámbricas aportaron grandes cantidades de nutrientes en esas aguas someras donde surgió la biosfera moderna.

Aunque no era la primera vez, ni sería la última, que se daban unas condiciones tan favorables, fue en esa ocasión cuando el mundo pluricelular estaba lo suficientemente desarrollado, pero a la vez inmaduro, para aventurarse en tales innovaciones. En los ecosistemas marinos proliferaron nuevos animales filtradores, carroñeros y depredadores que aumentaron enormemente el grado de complejidad de las redes tróficas y dieron lugar a ecosistemas comparables a los actuales.

La aparición de los grandes depredadores equipados por primera vez con poderosas mandíbulas y afiladas garras hizo surgir nuevas hostilidades que han quedado grabadas en el registro fósil. Tal es el caso de algunos trilobites que han conservado las mutilaciones producidas en sus violentos encuentros con artrópodos carnívoros como el *anomalocaris*. Precisamente esta presión selectiva hacia las presas fue la razón del surgimiento de caparazones como estrategia de supervivencia frente a estas amenazas.

De esta manera, la aparición de las partes duras hizo posible que los fósiles comenzaran a ser un componente muy abundante en los estratos depositados desde entonces y, por esta razón, ha dado lugar a que este eón sea conocido como Fanerozoico, del griego, 'vida visible'. A partir del Cámbrico la vida animal contó con materia prima de sobra para sus experimentos evolutivos. Hasta tal punto que todas las novedades surgidas en estos más de quinientos millones de años que han transcurrido desde entonces no han hecho más que retocar lo inventado en aquellos mares.

82

¿Cómo fue la infancia del planeta?

Cámbrico, Ordovícico, Silúrico, Devónico... y así hasta el Cuaternario. Es muy probable que a estas alturas ya nos hayamos familiarizado con los períodos geológicos. Las personas con un cierto conocimiento de la materia suelen asociar automáticamente cada uno de estos nombres con algunos datos significativos. Una extinción masiva, una glaciación, una litología, un fósil característico o, incluso, el color con el que normalmente se representa en un mapa geológico.

Sin embargo, el único eón sobre el cual disponemos de suficientes datos como para subdividirlo en períodos es el Fanerozoico, y este representa poco más del 10 % de la historia de nuestro planeta. Los tiempos anteriores se han denominado tradicionalmente precámbricos y, a pesar de la lógica dificultad para estudiarlo, los geólogos han logrado reconstruir algunos de los acontecimientos que tuvieron lugar durante su transcurso.

Sin duda, el origen de la vida en la Tierra es uno de los temas científicos más fascinantes y polémicos del Precámbrico. Su lejanía en el tiempo y su categoría de hecho único lo convierte en uno de los más arduos problemas de la ciencia moderna. Una charca en la llanura intermareal ha sido el escenario preferido por la biología clásica para situarlo, pero en los últimos años ha sido superado por otras posibilidades.

En la actualidad la mayoría de los especialistas prefiere pensar en microambientes que permanecieran aislados de una atmósfera que, probablemente, no fue tan favorable para la vida como se pensaba. Pequeñas cavidades en la roca o en el hielo o incluso en el interior de la estructura mineral de la arcilla, en donde la complicada síntesis de biomoléculas pudiese llevarse a cabo.

Estudios microbiológicos recientes apuntan que las comunidades de seres vivos termófilos podrían ser los ancestros comunes a todas las formas de vida del planeta. Estos organismos pueden observarse actualmente en las chimeneas hidrotermales de las dorsales oceánicas en las que, debido a la profundidad a la que se emplazan estas formaciones, pudieron haber encontrado otra ventaja crucial en un tiempo en el que los impactos de grandes meteoritos se producían con frecuencia. Estos ecosistemas aislados quedarían protegidos del catastrófico impacto de los meteoritos y la independencia de estos organismos de la energía solar les permitiría continuar desarrollándose durante la oscuridad posterior a los choques.

La razón por la que los especialistas estiman que nuestro planeta debió de estar sometido a estas inclemencias extraterrestres la encontraremos si levantamos nuestra mirada hacia la

Luna. Los grandes cráteres que podemos observar en detalle con la ayuda de unos simples prismáticos se produjeron hace unos tres mil novecientos millones de años, precisamente el momento en que la vida apareció en la Tierra. Esto obliga a pensar que también la Tierra estuvo en ese tiempo sumida en una crisis ambiental casi permanente.

Esta violenta situación no impidió —sin embargo— que la vida apareciera, y la rapidez con que se produjo ese proceso tan complicado, a pesar de las traumáticas condiciones, aún continúa sorprendiendo a los bioquímicos. Muchos científicos plantean que aquel chaparrón de rocas podría haber sido biológicamente beneficioso. Parece claro que el bombardeo cósmico contaminó nuestro planeta con nuevos componentes químicos y trajo consigo sustancias como el agua. Asimismo, algunos científicos proponen que incluso la propia vida pudo venir a bordo de estos asteroides; una procedencia extraterrestre que, lejos de solucionar el dilema científico, no hace más que trasladar el problema más allá de nuestras fronteras.

No obstante, este período de múltiples impactos conocido como gran bombardeo terminal debió de ser ridículo en comparación con el que aconteció mucho antes, durante la formación del planeta. En los inicios del sistema solar y tras un período de acreción inicial en el que los planetas quedaron formados y ocupando sus órbitas, se produjo un hecho insólito: un quinto planeta algo menor que la Tierra, al que los científicos han llamado Theia, se desplazaba muy próximo a esta, hasta que ambos chocaron.

Una parte de Theia pasó a formar parte de nuestro planeta, mientras una nube de partículas procedentes del excepcional impacto quedó orbitando en torno a la Tierra. La unión progresiva de estos fragmentos daría forma a la Luna, un origen muy particular para un satélite excepcionalmente grande en comparación con los satélites típicos de los planetas interiores.

Mucho de lo que conocemos sobre aquellas primeras etapas del planeta ha sido descubierto por el estudio de nuestra Luna, de nuestros planetas vecinos e incluso de lejanísimos sistemas planetarios en formación. En la Tierra, los estudiosos de este eón arcaico se enfrentan al reciclado de la litosfera que elimina las evidencias de lo que pudo ocurrir en el pasado.

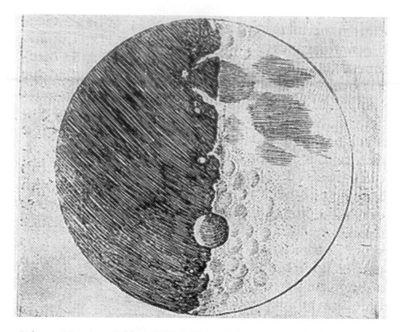

Sidereus Nuncius, Galileo Galilei. Uno de los rasgos más llamativos de nuestra Luna al ser observada desde un telescopio es la abundancia de cráteres de impacto en su superficie. No hay razones para pensar que nuestro satélite haya sido objeto de un mayor bombardeo que la Tierra; la razón de que allí se conserven es la ausencia de una dinámica externa e interna como la que existe en nuestro planeta.

El paraíso para estos especialistas se encuentra en Groenlandia. Allí afloran unas rocas volcánicas muy particulares, las komatitas, que solo pudieron ser emitidas a una temperatura mucho mayor a la de las lavas actuales.

Este dato, junto a otras observaciones de la litosfera arcaica, concuerda con una Tierra mucho más caliente en aquel tiempo, hasta tal punto que, durante su formación, la superficie del planeta debió de estar cubierta por un océano de magma. En esta situación de fusión generalizada, las sustancias más pesadas como el hierro pudieron hundirse hacia el centro de la Tierra hasta dar lugar al núcleo del planeta, mientras que un manto más agitado que el actual impediría la formación de una corteza y el desarrollo de una tectónica de placas como las de los eones posteriores.

83

¿Qué nos depara el futuro?

El destino de este planeta es, irremediablemente, su destrucción. Llegará un tiempo en que la elevación de las temperaturas alcanzará tales valores que los océanos se evaporarán. No será momento de preocuparse por los gases de efecto invernadero, la enorme masa de vapor de agua que se generará alrededor de la Tierra hará que la presión atmosférica alcance valores drásticos. Posteriormente la superficie terrestre se volverá incandescente y en último término, se fundirá. Curiosamente, el final del planeta tendrá ciertas similitudes con su nacimiento.

Pero no hay por qué alarmarse. La buena noticia es que esto ocurrirá dentro de tres mil millones de años. La razón de este colapso global provendrá del Sol. Con el paso del tiempo el hidrógeno existente en su núcleo se agotará y este comenzará a consumir el de sus capas exteriores, que se calentarán y expandirán. Parece evidente que ningún humano sufrirá ese final y, en cuanto a la biosfera… bueno, antes tendrá que enfrentarse a otras adversidades.

La primera de ellas es el actual cambio climático que nos afecta a escala global. La Tierra se está calentando desde hace dieciocho mil años, ya que el actual período interglaciar en que nos encontramos inmersos comenzó, evidentemente, sin la intervención humana. Discriminar el calentamiento producido por los gases de efecto invernadero resultantes de nuestra actividad de esa tendencia natural de fondo no resulta sencillo. No obstante, hoy en día es indiscutible para la comunidad científica que el clima se ha calentado aún más a partir del siglo xx como consecuencia del desarrollo industrial.

Si dejamos de lado la compleja influencia que podemos tener en el clima del planeta, los climatólogos esperan que dentro de unos cuatro mil años este período interglaciar habrá llegado a su fin. Comenzará así un nuevo período glacial que sumirá a la Tierra nuevamente en un largo invierno. Sin embargo, si nos situamos en un horizonte más distante, de varios millones de años, asistiremos al final de esta alternancia climática que ha caracterizado al Cuaternario y se pondrá fin a la actual glaciación.

En comparación con la enorme dificultad que entraña la predicción del clima futuro, el aspecto físico que tendrá nuestro planeta puede conocerse con mucha menos incertidumbre. Teniendo en cuenta los procesos básicos de la tectónica global y estimando las trayectorias y velocidades de las placas parece relativamente fácil prever la posición que tendrán los continentes en el futuro.

Dentro de ciento cincuenta millones de años por ejemplo, el Atlántico Norte habrá comenzado ya a cerrarse mientras que Sudamérica continuará desplazándose hacia el oeste hasta provocar la separación de las dos Américas. Por otra parte, Australia en su deriva hacia el norte habrá colisionado con Asia, mientras que África podría encontrarse en un proceso de fragmentación.

Según algunos especialistas, dentro de unos dos mil millones de años el planeta habrá perdido tanto calor interno que los movimientos convectivos del manto cesarán. Ese será el fin de la tectónica de placas y la configuración de los continentes y océanos quedará en una posición definitiva. Esto también traería como consecuencia el cese de las erupciones volcánicas, los seísmos y la formación de nuevas cadenas montañosas. Los procesos sedimentarios quedarán reducidos a la mínima expresión, el relieve de los continentes quedará dominado por extensas llanuras y, de esta manera, la Tierra se convertirá en un planeta geológicamente muerto, en el que solo los meteoritos aportarán algo de actividad de forma ocasional.

Estos impactos han desempeñado un papel determinante en el pasado de la Tierra y lo continuarán haciendo en su futuro. De ahí la preocupación de los científicos que actualmente consideran el control del espacio próximo al planeta como un serio desafío para garantizar la seguridad de la civilización. Aun cuando la humanidad sobreviva a su propia autodestrucción y al recrudecimiento climático, seguirá estando expuesta al riesgo que supone el choque de un asteroide con la superficie terrestre. Recordemos que hace sesenta y cinco millones de años los dinosaurios, junto a otras especies, desaparecieron por esta causa, lo que condicionó la evolución hasta tal punto que permitió la diversificación de los mamíferos y, como consecuencia, la aparición de los seres humanos.

Atendiendo a este tipo de giros en la historia de la vida que han existido en el pasado, algunos especialistas se han atrevido a imaginar los posibles seres que los procesos macroevolutivos podrían crear en su interacción con los ambientes del futuro. Un fascinante ejercicio de combinar ciencia y creatividad que los ha llevado a predecir una fauna espectacular, desde tortugas del tamaño de elefantes e insectos que cazan aves, hasta medusas que trepan por los árboles y usan herramientas. Unos seres tan inimaginables como los que hoy existen; una historias tan asombrosas como las que han ocurrido en el pasado.

84

¿Y SI SE CONDENSARA LA HISTORIA DE LA TIERRA EN UN AÑO?

El tiempo vuela cuando lo estamos pasando bien y parece detenerse cuando nos aburrimos demasiado. Pero generalmente, nuestro cerebro es capaz de percibir algo tan abstracto e invisible con la suficiente precisión como para organizarnos en nuestras actividades cotidianas. Estamos muy familiarizados con diversas unidades temporales como las horas, los días o las semanas que nos permiten comprender el paso del tiempo; sin embargo, la representación mental de la escala de tiempo por la que se rige la historia de la Tierra puede resultarnos extremadamente compleja. Ubicar y relacionar acontecimientos que ocurrieron hace millones de años es una tarea complicada, por lo que con frecuencia se recurre a comparaciones, usando como referencia estos períodos temporales más asequibles.

Solemos organizar nuestra vida por años, gestionamos la economía y la política anualmente, estudiamos por años y celebramos, con una rica tarta llena de velas, cada uno de nuestros aniversarios. Por esta razón, varios autores han hecho una interesante comparación al hacer equivaler la edad de la Tierra (unos cuatro mil quinientos cincuenta millones de años) a un año y establecer las fechas más significativas dentro de él. De esta manera, cada segundo de este año imaginario equivaldría a casi un siglo y medio de historia, un día a más de doce millones de años de tiempo geológico y un mes equivaldría a trescientos ochenta millones de años.

En estas comparaciones, Jesucristo habría nacido catorce segundos antes del fin de año. El descubrimiento de América por parte de Cristóbal Colón ocurriría solo tres segundos antes de la medianoche. Durante el medio segundo final, justo cuando estamos esperando la última campanada del reloj, la humanidad desarrolló el armamento nuclear. Lo que, como hemos visto, marcaría el comienzo del último episodio geológico definido: el Antropoceno.

El final de cada año suele ser un buen momento para mirar hacia atrás y hacer un repaso de los acontecimientos que se han producido. Así, si hacemos coincidir la formación del planeta con el día 1 de enero, tendríamos una Tierra sacudida por varios fenómenos catastróficos durante los primeros meses: el impacto de meteoritos gigantes y la formación de la Luna, el hundimiento de los materiales metálicos hacia el interior y la consecuente creación del núcleo, y una intensa actividad volcánica que originó la atmósfera primitiva fueron algunos de los acontecimientos más destacados.

No obstante, para principios del mes de marzo ya habría una corteza sólida y relativamente fría, lo que se corresponde con la edad de las rocas más antiguas conocidas. También se habrían formado océanos y una atmósfera densa y rica en CO_2. En ese hostil contexto marino aparecieron los primeros seres vivos. Los organismos pioneros fueron las bacterias, las cuales desarrollaron los procesos metabólicos mediante los que funciona toda la biosfera. Algunas de estas reacciones bioquímicas, como la fotosíntesis, tuvieron repercusión en la atmósfera, que se llenó de oxígeno.

Así a mediados de julio surgirían los primeros eucariotas a partir de la unión simbiótica de varias bacterias que pasarían a ser los orgánulos celulares de otra mayor. Poco después la dinámica litosférica comenzaría a ser similar a la que observamos hoy. El desplazamiento horizontal de las placas formadas las habría llevado a chocar unas contra otras hasta dar lugar a orogenias como la transamazónica. Mientras esto sucedería a principios de agosto, el clima viviría uno de sus mayores enfriamientos durante la glaciación huroniana.

En las primeras semanas de noviembre, el planeta volvería a cubrirse de hielos y se convierte en una gran bola blanca. Los continentes volverían a chocar y dan lugar a la formación de la gigantesca Gondwana. A mediados de mes se produciría la mayor explosión de biodiversidad y da comienzo el eón Fanerozoico.

La incesante actividad tectónica y el proceso evolutivo de la vida continuaría su curso y a principios de diciembre la superficie del planeta estaría cubierta de extensos bosques de grandes árboles del Carbonífero. Solo unos días más tarde quedaría formada Pangea, un nuevo supercontinente en el que se agrupaban las tierras emergidas. El 11 de diciembre sería un día de luto para el planeta. La gran extinción del Pérmico acabaría ese día con casi toda la fauna a la vez que Pangea se fragmentaba y el clima se iba tornando propicio para el desarrollo de gigantescos reptiles.

El día de Navidad coincidiría con un mundo cálido, lleno de los espectaculares dinosaurios del Cretácico y de bosques poblados por las recientemente aparecidas angiospermas. Pero un día después, un enorme meteorito daría un nuevo giro a la historia evolutiva del planeta, el cual acabaría con el reinado de estos animales. El 28 de diciembre, algunos vertebrados que más tarde darían lugar a los cetáceos comienzan a vivir en el agua. Y el día 30 comenzaría la actual glaciación en el hemisferio sur. Durante el almuerzo del 31 de diciembre el Mediterráneo se secaría, en la merienda aparecen los primeros homínidos y a la hora de la cena los primeros humanos.

Nos encontramos en plenos preparativos para el fin de este año imaginario. Entre comidas familiares y fiestas de amigos llegamos a las 23:58, momento en que tendría lugar el Wurm, la última edad de hielo. Nos acercamos al gran momento de euforia, alegría, besos y abrazos, pero aún hay tiempo para unas últimas reflexiones. El *Homo sapiens* llevaría apenas veinte minutos paseando por el planeta, y cuando solo quedase medio minuto, la escritura surgiría en Mesopotamia. En esos treinta segundos sucedería toda la historia de las civilizaciones. Siglos de conquistas, reyes, guerras, hallazgos, muertes y celebraciones que dan forma a la humanidad del presente. Apenas un suspiro en la larguísima existencia de la Tierra.

XI

GEOLOGÍA REGIONAL

85

Y DESPUÉS DE PANGEA, ¿QUÉ?

A finales del Paleozoico, la reunión de todas las tierras dio lugar a la formación de Pangea, que dejó a su alrededor un enorme océano global conocido como Panthalassa. Uno de los rasgos más llamativos de aquella geografía fue un enorme golfo, ocupado por el mar Tetis, que separaba parcialmente el supercontinente en dos mitades: Laurasia al norte y Gondwana al sur.

Pero apenas formada, Pangea comenzó a dar señales de inestabilidad. El inmenso mosaico de continentes solo permaneció unido durante algunos millones de años; en el Pérmico Superior empezó a resquebrajarse y dispersarse hasta nuestros días. Este desmembramiento dejó desgarradoras fracturas que permanecen grabadas en los actuales márgenes continentales.

A finales del Triásico, Laurasia y Gondwana comenzaron a separarse. La fractura permitió que las aguas del Tetis se propagaran hacia el interior del continente y comenzó así la formación del Atlántico. Primero nació el Atlántico Central, que ya durante el Jurásico había comenzado a tener corteza

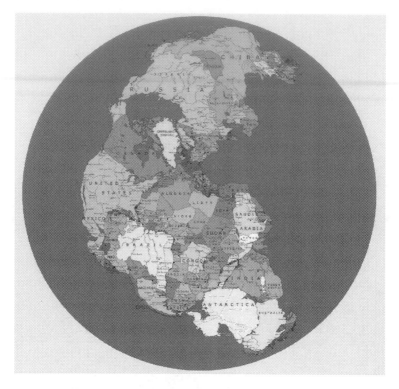

No cabe duda de que realizar una reconstrucción política de Pangea es un trabajo arriesgado. Algunos de los territorios que hoy forman los continentes ni siquiera habían emergido. Pero esta genial idea nos permite acercarnos a la asombrosa geografía descubierta por Wegener.

oceánica en sus fondos. Después, la fractura se extendió hacia el sur y hacia el norte, lo que hizo que el nuevo océano recorriera el planeta de polo a polo.

Esta fisura tuvo un papel protagonista en la historia de los vaivenes continentales, ya que África y Sudamérica habían permanecido juntas formando el núcleo de la gran Gondwana desde los tiempos precámbricos. A medida que las dos Américas migraban hacia el oeste, Panthalassa reducía su extensión hasta convertirse en el océano Pacífico y, mientras su fondo subducía bajo los continentes, grandes cordilleras como las Rocosas y los Andes se levantaban de forma progresiva.

En el Cretácico, Gondwana Oriental también se había hecho añicos para dar forma al océano Índico. La Antártida, en su migración hacia el sur, se independizó de Australia. La India, por su parte, derivó hacia el norte a toda velocidad hasta incrustarse con Asia.

En el Terciario África también comenzó un movimiento hacia el norte haciendo desaparecer al Tetis hasta convertirlo en pequeños mares aislados e intrincados como el Mediterráneo. Durante esta deriva africana, diversas placas fueron empujadas hasta que, como la India, acabaron incrustadas sucesivamente contra Eurasia. El choque de estos microcontinentes como Arabia, Iberia o la actual península italiana arrastraron y apilaron las enormes masas sedimentarias del antiguo Tetis formando así multitud de orógenos como el Himalaya, los montes Zagros, los Alpes o los Pirineos.

Estas interacciones entre los fragmentos en los que se disgregó Pangea nos conducen a la geografía y al clima que nos ha tocado vivir. Se configuran así dos grandes zonas de generación de montañas: una de colisión con orientación este-oeste, desde la península ibérica hasta Indochina, y la otra subductiva rodeando al Pacífico, desde Nueva Zelanda hasta Tierra del Fuego. La influencia de los geólogos europeos en el nacimiento de esta ciencia condujo a que tradicionalmente se haya englobado a estos relieves como orogenia alpina, un concepto que permite simplificar la realidad pero que está lleno de matices cuando profundizamos en el estudio de cada región.

86

¿QUÉ HACEN LAS CANARIAS EN MEDIO DEL ATLÁNTICO?

El 1 de septiembre de 1730, entre las nueve y las diez de la noche, se abrió de pronto la tierra a dos leguas de Yaiza, cerca de Timanfaya. Desde la primera noche se formó una montaña de considerable altura de la que salieron llamas que estuvieron ardiendo durante diecinueve días seguidos. […].

Así inicia el párroco de Yaiza su detallada descripción sobre la más reciente erupción acaecida en la isla de Lanzarote. Esta isla pertenece al archipiélago de Canarias, que a su vez forma parte, junto a otros como Azores y Cabo Verde, de la región de la Macaronesia en el Atántico Oriental. Las Canarias se asientan fundamentalmente sobre corteza oceánica, pero también sobre corteza de transición por su proximidad al continente africano. Este contexto hizo pensar a algunos científicos, entre los que se encontraba el propio Wegener, que la formación de estas islas estuvo vinculada al desprendimiento de trozos continentales durante la apertura del océano. Sin embargo, estas ideas quedaron muy pronto obsoletas, ya que se comprobó que el origen de estas islas estaba ligado a la acumulación de materiales volcánicos sobre el fondo oceánico.

Como sabemos, la mayor parte del magma que se forma en el planeta y asciende a través de la litosfera se produce en los límites de placas. Sin embargo, la actividad magmática asociada a las regiones de intraplaca, como Canarias, ha continuado siendo objeto de grandes controversias geológicas tras la aceptación de la tectónica global. En este sentido, varias investigaciones de las últimas décadas han tratado de relacionar el origen de Canarias con la cordillera del Atlas, en Marruecos. Los autores han considerado la existencia de una gran fractura litosférica que se prolongaría en el océano desde el norte de África y permitiría el ascenso del magma.

Aunque este modelo asociado a grandes zonas de debilidad litosférica como desencadenante del magmatismo se acepta para las vecinas Azores, otros científicos apuntan a la existencia de una anomalía térmica en el manto como precursora de la actividad volcánica.

Es bien conocido que los procesos de disipación del calor terrestre dan lugar al ascenso de los materiales situados en las regiones más calientes de la base del manto. Este flujo denominado pluma térmica es capaz de socavar y atravesar la litosfera por sí mismo hasta alcanzar la superficie en forma de punto caliente. Aunque el foco de estas anomalías suele ocupar una posición constante bajo la litosfera, la actividad volcánica se traslada de forma continua a lo largo de la corteza, como

En cierto sentido, cada una de las islas Canarias es una copia de la anterior. Las siete islas se encuentran en diferentes fases de evolución geológica. Al fondo de la imagen el Teide en plena actividad; en primer término, el Roque Nublo, testigo de los acontecimientos ocurridos hace millones de años.

consecuencia del desplazamiento gradual de la placa en cuestión. De esta manera se origina un rosario de islas cuyo alineamiento refleja el desplazamiento de la placa. Esta teoría, que ha demostrado su validez para otros archipiélagos de intraplaca como Hawái o Cabo Verde, ha tenido desde su origen algunas dificultades para ser aplicada en Canarias, una de las incongruencias fue la ocurrencia de aquella erupción de Timanfaya.

Dado que la placa africana se desplaza hacia el este, el supuesto punto caliente canario debería de estar situado bajo las islas occidentales, y por tanto solo en ellas podría haber actividad volcánica; pero aquella reciente erupción descrita por el párroco de Yaiza había tenido lugar en el otro extremo del archipiélago. Esta dispersión del vulcanismo activo en ambos extremos del archipiélago se asemejaba mucho a la distribución de las Azores, en las que el magma puede salir por cualquier punto de la fractura litosférica. Pero una reciente erupción en la isla de El Hierro iba a aportar nuevas pistas acerca del enigma.

Algunas de las rocas volcánicas arrojadas en 2001 por el nuevo volcán incluían unos materiales subterráneos muy particulares. Se trataba de sedimentos marinos que solo podían haberse depositado millones de años atrás. En su ascenso a través de la corteza oceánica el magma tuvo que atravesar el antiguo fondo oceánico sobre el que se asienta la isla arrastrando algunos de los materiales que encontraba a su paso.

Aquellos sedimentos habían quedado sepultados bajo la isla en el momento en que esta comenzó a construirse, de manera que la datación de los microfósiles que contenían permitiría conocer el momento exacto en que el punto caliente atravesaría la corteza oceánica sobre la que se asentaría El Hierro. Un grupo de científicos comenzó a buscar y datar rocas similares por todo el archipiélago y logró determinar así la edad precisa en que comenzó a nacer cada una de las islas. De esa manera comprobaron que las islas son más jóvenes conforme nos alejamos de la costa africana.

Esta sucesión de edades parecen evidenciar la existencia de un punto caliente como el de Hawái bajo el archipiélago. Pero Canarias no es Hawái. A diferencia de la corteza sobre la que se encuentra este último archipiélago, la de Canarias es mucho más gruesa y lenta y hace que sea mucho más persistente el vulcanismo. A pesar del maquillaje que le proporcionan las nuevas erupciones, Lanzarote seguirá siendo la más anciana de las Canarias; unas islas que consiguen aparentar menos edad con la ayuda de su particular punto caliente.

87

El Amazonas y el Titicaca, ¿cómo se formaron?

Los puntos calientes son capaces de atravesar la delgada litosfera oceánica para formar nuevas tierras en el océano, pero, cuando se desarrollan bajo un continente, el efecto puede ser el contrario. Uno de los acontecimientos que pudieron favorecer el inicio de la ruptura de Gondwana fue el surgimiento de uno de ellos en el interior de Pangea.

El adelgazamiento de la litosfera continental dio lugar, lógicamente, a la formación de nuevas cuencas en las zonas interiores del supercontinente que con el tiempo terminaron siendo el enorme océano que hoy conocemos. Pero las huellas de aquella etapa inicial permanecen hoy en ambos márgenes del Atlántico. En el caso del margen sudamericano los depósitos se extienden por más de diez mil kilómetros a lo largo de la costa. Entre muchos otros ejemplos podemos mencionar las cuencas de Guayana-Surinam, Foz do Amazonas, Pernambuco y Pelota.

Los materiales que se han depositado en la etapa de océano abierto se superponen a otros de carácter continental. Los perfiles sísmicos de estas zonas, una especie de radiografía a gran escala, nos indican la ubicación de sedimentos marinos *postrift* sobre depósitos evaporíticos correspondientes a un estado transicional de circulación marina restringida. Las sales acumuladas allí dan testimonio de que en aquella época el centro de Pangea se estaba convirtiendo en una especie de mar Rojo.

En algunas de estas cuencas, como las de Brasil y Argentina, esos ambientes anóxicos han quedado registrados en depósitos de arcilla con abundante materia orgánica que constituyen una importante fuente de hidrocarburos. Finalmente, por debajo aparecen los depósitos *syn-rift*, es decir, los acumulados durante esa primera etapa de fracturación.

Sin embargo, las nuevas fracturas continentales no siempre se trazaron de manera nítida y en ocasiones se propagaron por caminos que luego fueron abandonados. Estos tramos de *rift* abortados, denominados aulacógenos, no llegaron a generar un borde continental, pero podemos observarlos actualmente en forma de grandes depresiones en el interior de los continentes.

Estas cuencas intracratónicas siguen activas en la actualidad, ya que reciben sedimentos de los relieves colindantes. Tal es el caso de las enormes cuencas hidrográficas de ríos como el Río de la Plata y el Amazonas, que discurren por la denominada plataforma sudamericana antes de verter sus aguas en el océano Atlántico.

La deriva de Sudamérica hacia el oeste como resultado de la apertura del Atlántico generó nuevos márgenes continentales al norte y sur del continente, como consecuencia de la interacción con la placa del Caribe y de Scotia respectivamente. El desarrollo de nuevos límites transformantes en estas regiones da lugar a la formación de cuencas de tipo *pull-apart*, que aún hoy permanecen activas.

Mientras esto sucedía, en el margen occidental del continente los procesos de subducción dieron lugar al desarrollo del arco volcánico andino. Asociadas a esta enorme cordillera encontramos las llamadas cuencas de antearco o cuencas frontales, ubicadas entre la fosa y el arco volcánico, cuyos sedimentos provienen principalmente de dichos relieves. Algunos ejemplos son la cuenca de Talara-Progreso, la de Lima y la de Mollendo.

Además, como consecuencia del peso de los Andes, se produjo una subsidencia flexural de la litosfera que dará lugar al desarrollo de grandes cuencas en paralelo a la cordillera desde Venezuela hasta Tierra del Fuego, tales como la de Los Llanos-Barinas-Apure, Marañón-Ucayali-Acre, Madre de Dios-Beni, Neuquén o Magallanes.

Dentro del conjunto de la codillera también se localizan áreas subsidentes, morfológicamente deprimidas con respecto a las enormes montañas que las rodean. Estas son conocidas como cuencas intramontañosas, y se alimentan de los sedimentos procedentes de la erosión de los relieves colindantes. El Altiplano, donde la actividad endorreica da lugar a la formación de grandes lagos como el Titicaca y al salar de Uyumi, es uno de los casos más significativos.

Hoy en día el punto caliente de Tristán da Cunha sigue muy activo en la dorsal Mesoatlántica, bajo la isla del mismo nombre. Entre esta y las regiones basálticas de ambos continentes, se extiende un rosario de montes submarinos inactivos que evidencian la trayectoria divergente que tuvieron durante el Mesozoico. Desde aquel momento en que Gondwana comenzó a fracturarse, se han desarrollado en el continente sudamericano los diferentes dominios tectónico-sedimentarios que hemos descrito.

88

De Maracaibo a Tierra del Fuego, ¿cómo se formaron los Andes?

La cordillera de los Andes es la alineación montañosa más larga del planeta. Con elevaciones que rozan los siete mil metros de altitud, su pico más alto es el Aconcagua. Desde su extremo norte, en la costa del Caribe venezolano hasta su extremo sur en

Tierra del Fuego, la cordillera se subdivide en tres segmentos de sur a norte: los Andes meridionales (sur de Patagonia), los Andes centrales (Perú, Bolivia, Chile y Argentina) y los denominados Andes septentrionales (Venezuela, Colombia y Ecuador).

La cordillera aparece delimitada por dos bandas, una franja costera ubicada al oeste y una franja subandina hacia el este. Sin embargo, en toda su extensión no siempre está distribuida como una única alineación, sino que se bifurca en diversos puntos o nudos. Generalmente estas ramas, que se separan y vuelven a unir, son conocidas como Cordillera Occidental y Cordillera Oriental y entre ellas puede aparecer una zona deprimida. Un claro ejemplo de estos nudos podemos encontrarlo en los Andes septentrionales, donde observamos la máxima ramificación en la región colombiana. Sin embargo, hacia el sur la cordillera aparece unida en un solo brazo. En los Andes centrales, ambos ramales tienen un desarrollo mayor que da lugar a un engrosamiento de la cordillera, tanto en la horizontal como en la vertical. Además, entre ellos se encierra el altiplano, con una topografía más o menos llana a una altitud de casi cuatro mil metros.

Este tramo central, al tratarse del más activo en la actualidad, muestra algunas de las características andinas en su máxima expresión. Una de estas peculiaridades es la formación de la corteza continental más gruesa del mundo, que alcanza setenta y cinco kilómetros de espesor bajo la meseta.

Generalmente, la rama occidental es más activa desde el punto de vista sísmico y magmático que la oriental, ya que esta última se encuentra más alejada de la subducción. Tampoco la actividad magmática está presente en toda su longitud, sino que se distribuye en determinadas zonas volcánicas: una zona norte, en la que destacan conocidos volcanes como el Nevado del Ruiz y el Chimborazo; una central, donde podemos citar al Nevado Coropuna y Ojos del Salado; así como una región discontinua ubicada al sur, cuyo vulcanismo se debe a la subducción de la placa antártica.

Por el contrario, la actividad sísmica sí afecta a toda la cordillera. Aunque por lo general la intensidad y frecuencia de los terremotos sufridos es mayor en la franja costera, donde se encuentran importantes ciudades como Guayaquil, Lima o Valparaíso, dado que los seísmos tienen un hipocentro menos profundo en esta zona. En esas ciudades andinas próximas a

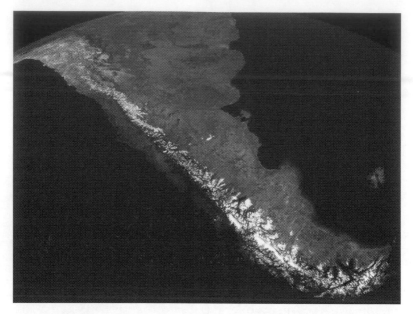

Los Andes presentan una estructura lineal con orientación norte-sur. Su gran longitud les permite cruzar todos los cinturones climáticos, desde las proximidades de la Antártida hasta el Caribe. La abundancia de nieves que muestran en la imagen los Andes del Sur se desvanece hacia el ecuador.

la costa, la población suele sentir varios terremotos al año, mientras que en ciudades interiores como La Paz, que están ubicadas en la región subandina, suelen percibir uno cada varios años.

Existen segmentos a lo largo de la cordillera que se caracterizan por sufrir terremotos especialmente violentos y, en cambio, carecen de vulcanismo activo. Es el caso de la región de Bucaramanga, en Colombia; el área que se extiende desde Perú hasta Ecuador, entre al lago Titicaca y el golfo de Guayaquil; y la región pampeana, que abarca la zona central de Chile y Argentina.

Estas son conocidas como zonas de subducción horizontal, en las que el escaso ángulo con el que desciende la placa da lugar a una gran zona de contacto con la placa superior que, además de crear una fuerte fricción, impide que se desencadenen los procesos de fusión asociados a mayores profundidades. Estas peculiares características del margen activo se deben a la proximidad de la dorsal y hacen que la litosfera que subduce sea relativamente caliente y, por lo tanto, ligera.

Sin embargo, la subducción y la fosa oceánica asociada no se desarrollaron inicialmente en el propio borde del continente, sino a una cierta distancia de este. Como consecuencia, el arco volcánico originado durante ese período dio lugar a un archipiélago separado de la costa por un conjunto de cuencas internas, que formaban parte de una estructura en la que se combinaron de forma compleja los procesos magmáticos y esfuerzos tectónicos, generalmente de carácter compresivo. El dominante avance del continente hacia el oeste dio lugar a un acercamiento progresivo del arco volcánico y al cierre de estas cuencas, que hoy forman las mayores elevaciones del continente en forma de sedimentos deformados, batolitos y volcanes.

Aunque esta cordillera comenzó a formarse mucho antes, los antiguos Andes solo comenzaron a parecerse a los actuales a partir del período Terciario y el levantamiento de este orógeno es considerado el proceso geológico más importante de la era cenozoica.

89

¿CÓMO SE UNIERON LAS DOS AMÉRICAS?

La dorsal del Pacífico representa el límite occidental para las placas que subducen bajo el continente americano. Esta se encontraba en el pasado mucho más lejos del continente y hasta ella se extendía un enorme fragmento de litosfera oceánica conocida como placa del Farallón. Actualmente, el avance del fondo del Pacífico hacia la fosa la ha hecho desaparecer; solo perduran algunos pequeños fragmentos aislados que conocemos como Nazca, Cocos y Juan de Fuca.

Esto ha supuesto que la dorsal pacífica haya sido arrastrada también hacia la subducción. Esta curiosa ubicación de la dorsal bajo el continente parece ser la responsable del

En el variado paisaje mexicano no faltan los enormes estratovolcanes. Algunos como el Iztaccíhuatl y el Popocatépetl se levantan de forma majestuosa en el centro del país, donde han alimentado mitos y leyendas y aún hoy siguen activos.

peculiar levantamiento de la provincia de Basin and Range, que se extiende por el oeste norteamericano alcanzando las sierras y llanuras del norte mexicano.

Además, el acople entre ambos tipos de límite ha dado lugar a características muy particulares como la falla de San Andrés y el golfo de California, una joven cuenca de expansión que ha independizado a la península de Baja California del resto de México.

Otro de los inconfundibles rasgos de la silueta mexicana es la península de Yucatán. La posición que esta ocupa actualmente también se debe a un proceso de migración continental, ya que fue movilizada desde el norte, cerca del estado de Texas, como consecuencia de la apertura del golfo de México.

En el interior del país llama la atención una gran franja que lo atraviesa de este a oeste a la altura de Ciudad de

México. Se trata de una enorme región de vulcanismo activo conocida como la faja volcánica transmexicana. En ella se incluyen algunos conos legendarios en la vulcanología como el Colima, el Paricutín o el Popocatépetl. Esta provincia geológica está constituida principalmente por diferentes tipos de rocas volcánicas acumuladas durante las etapas sucesivas de vulcanismo desde inicios del Oligoceno hasta el presente.

La subducción de la placa de Cocos en la fosa de Acapulco es la responsable de esta actividad volcánica. Si continuamos el trazado de dicha fosa hacia el sur, veremos cómo esta cambia de orientación y pasa a denominarse fosa de Centroamérica. En esta región, la subducción se produce bajo la placa del Caribe y da lugar al arco volcánico centroamericano, que ese extiende desde México hasta Panamá. Este proceso comenzó a construir durante el Mioceno el istmo centroamericano. Tiempo después, dicho puente entre las dos Américas quedó completado; interrumpió totalmente la circulación entre el Atlántico y el Pacífico, pero permitió el intercambio de la fauna terrestre de ambas regiones, que habían permanecido aisladas desde la ruptura de Pangea.

En la actualidad la zona muestra un vulcanismo diverso que refleja las variaciones regionales en los sedimentos que subducen y las heterogeneidades del manto. Entre los numerosos volcanes centroamericanos que conforman dicha cordillera podemos citar el Santa María, el San Salvador, el Cosigüina, el Turrialba y el Barú.

Por último, existen en México dos cordilleras paralelas al Pacífico: la Sierra Madre Occidental y la Sierra Madre Oriental. La primera está formada por la superposición de diversos arcos volcánicos actualmente inactivos y la segunda está compuesta fundamentalmente por rocas sedimentarias de origen marino, que han sido deformadas y plegadas. Se trata de unos relieves equiparables a los de los Andes pero que, a diferencia de estos, dejaron de ser activos desde mediados del Cenozoico.

Cuando la placa del Farallón sea consumida definitivamente por los procesos de subducción, la región de México y Centroamérica permanecerán como testigos de su protagonismo en la construcción geológica del continente, y seguirán sirviendo de enlace entre la historia geológica de América del Norte y del Sur.

90

¿CUÁL ES LA HISTORIA DEL CARIBE?

Hace ciento sesenta y cinco millones de años, en las aguas jurásicas del primitivo Caribe, una sinuosa bestia con mandíbulas enormes y dientes afilados murió y se hundió en el fondo del mar...

En esa época el Caribe era una amplia extensión de aguas que comunicaba al Atlántico con el Pacífico, poblada por plancton, invertebrados nadadores, peces y una enorme diversidad de reptiles carnívoros que habían llegado desde muy lejos siguiendo las corrientes marinas que fluían hacia allí. Unos millones de años antes ese mar no existía, y fue entonces cuando Pangea comenzó a fracturarse y a formar varios canales estrechos que de cierta manera pueden ser considerados los precursores del Caribe.

Hacia la segunda mitad del Jurásico algunos de aquellos canales que colindaban con las costas de Laurasia Occidental (América del Norte) y Gondwana Occidental (América del Sur) se ensancharon hasta formar el Atlántico, el golfo de México y el Caribe primitivo, por el que nadó nuestra bestia. Al principio este era un paso oceánico relativamente estrecho, de pocos kilómetros y con fondos arenosos poco profundos, algunos de los cuales luego se convirtieron en extensas plataformas donde se acumulaban limos y arenas calcáreas.

Inicialmente las llanuras costeras también eran arenosas, a consecuencia de la acumulación de materiales acarreados por los ríos continentales, pero con el paso del tiempo estas se fueron transformando en pantanos ricos en humus. En aquellos litorales dominados por ambientes deltaicos y humedales comenzó a proliferar una rica vegetación costera. El adelgazamiento de la corteza continental debido al proceso de fragmentación produjo una tendencia al hundimiento cortical, que facilitó la acumulación de amplios espesores de sedimento. Debido al carácter relativamente cerrado de la cuenca, estos retuvieron una gran cantidad de materia orgánica, que hoy constituye importantes yacimientos de petróleo y gas en la zona.

Gran parte de los territorios emergidos de Cuba están formados por calizas. Estos sedimentos han aflorado como consecuencia de la interacción entre la placa del Caribe y la norteamericana.

Al inicio del Cretácico comenzó a producirse un cambio en la geografía del Caribe. El mar alcanzó su máxima anchura y surgieron islas volcánicas y montes submarinos que complicaron el relieve. La extensión de dichas estructuras comenzó a interrumpir la hasta entonces libre circulación de las aguas oceánicas. El clima relativamente cálido de aquellos tiempos favoreció el desarrollo de plataformas calcáreas donde abundaba la vida marina, al mismo tiempo que en los fondos más profundos se acumulaban sedimentos arcillosos ricos en plancton.

En el entono de los edificios volcánicos se dieron las condiciones idóneas para el desarrollo de ricas comunidades de moluscos, corales, equinodermos o foraminíferos, las cuales se vieron afectadas por eventuales erupciones volcánicas que contaminaron las aguas con sus productos. La actividad intermitente de estos primeros volcanes antillanos permitía una rápida recuperación de los ecosistemas afectados. Pero no parece que sucediera lo mismo durante la catástrofe que puso fin al Cretácico.

El impacto de aquel un enorme meteorito en Chicxulub, en la actual Yucatán, produjo deslizamientos y derrumbes costeros de enormes proporciones y la acción de varios tsunamis en breve tiempo, que diezmaron las comunidades marinas y costeras que habitaban el Caribe y su entorno.

A principios del Paleógeno la vida comenzó a parecerse bastante a la actual, pero la distribución de tierras y mares aún era bien distinta. La placa del Caribe terminó por insertarse entre las dos Américas, lo que condujo al choque frontal de esta placa contra la corteza de las Bahamas, perteneciente a la placa de Norteamérica. Esta colisión produjo intensas deformaciones en las cuencas marinas, y se constituyó así el basamento de las mayores islas como es el caso de Cuba.

La configuración geográfica del Caribe continuó transformándose con el transcurso del tiempo y la actividad volcánica daría lugar a las Antillas Menores y a América Central, limitando cada vez más la circulación con los océanos. Durante el Mioceno los arrecifes de corales alcanzaron su mayor grado de desarrollo, y la comunicación con el Pacífico quedó completamente cerrada. Fue a partir de entonces cuando la geografía del Caribe empezó a asemejarse mucho a la actual y las comunidades marinas se hicieron más cercanas a las atlánticas.

Pero la evolución del Caribe no se detiene. Los cambios ambientales y la deriva de los continentes continuarán modificando su aspecto. Mientras tanto, los geólogos que trabajan en la región continúan desentrañando los secretos de su historia y desenterrando las bestias fósiles que aún perduran en sus estratos.

91

Hienas y cocodrilos, ¿dónde está la sabana española?

Las sabanas son aquellos áridos parajes con arbustos o árboles aislados que se dan en diversos continentes. En África, es el hogar de carismáticos animales: desde fieros carnívoros como las hienas y el mal llamado rey de la selva, hasta numerosos herbívoros como las cebras, los elefantes y las jirafas. Todos ellos en una lucha continua por la supervivencia.

Pero para intentar encontrar este particular ecosistema en territorios ibéricos, debemos comenzar nuestra búsqueda en las cuencas de los grandes ríos peninsulares. Mientras el Ebro y el Guadalquivir fluyen en paralelo a las enormes cordilleras pirenaica y bética, el Duero y el Tajo lo hacen a través de la gran meseta central. Las cuencas de drenaje de estos dos últimos quedan limitadas por un relieve conocido como Sistema Central. Este sirve de línea divisoria entre ambas, puesto que las aguas de la vertiente norte alimentan al Duero y las del sur al Tajo.

A su vez, estas cuencas castellanas tienen su divisoria oriental en la denominada cordillera ibérica (no confundir con macizo ibérico), que las separa de la cuenca del Ebro y sirve de límite meridional de esta última. En conjunto, estas tres cuencas tienen una historia muy similar.

Por lo general el curso medio de todos estos ríos presenta los rasgos característicos de ese ambiente sedimentario y da lugar a un paisaje aterrazado y sembrado de cerros testigo típicos de un cuaternario aluvial. No obstante, la red hidrográfica ha producido una intensa erosión que ha dejado al descubierto materiales más antiguos, cuyo estudio facilita la comprensión de la historia sedimentaria de la cuenca y permite reconstruir la evolución de dichos ambientes durante el Terciario. Los hallazgos de enormes espesores de depósitos detríticos, abanicos aluviales abandonados, una gran abundancia de yeso, sales y travertinos en los sedimentos han sido importantes fuentes de información sobre el pasado de estas cuencas.

Desde el punto de vista geométrico, se ha encontrado que los materiales más recientes se disponen en posición casi horizontal, mientras que los que se ubican por debajo se muestran plegados y erosionados previamente. Por otra parte, en todas estas cuencas se ha observado que uno o más de sus flancos están limitados por fallas inversas o por mantos de corrimiento característicos de la acción de esfuerzos compresivos.

Las cuatro cuencas además se asemejan en su clara asimetría en el espesor de sedimentos. En todos los casos los depósitos suelen ser más potentes en la zona cercana a los relieves debido a la subsidencia provocada por el peso de estos y, si continuamos profundizando en el perfil estratigráfico, nos

Los cinturones climáticos y sus biomas pueden ampliarse y encogerse. También los continentes pueden atravesarlos en su desplazamiento por el planeta. Ahora sabemos que los yacimientos fósiles pueden depararnos enormes sorpresas.

encontramos con sedimentos marinos, correspondientes al Paleoceno y concordantes con los materiales cretácicos que subyacen.

Estos rasgos que caracterizan al depósito sedimentario están determinados por los distintos procesos que han tenido lugar durante el transcurso del tiempo. Al finalizar el Paleozoico, a consecuencia de los movimientos tectónicos que originaron a Pangea, se formó el macizo ibérico que se ha mantenido emergido hasta el presente. Alrededor de este relieve paleozoico se formaron las cuencas mesozoicas que posteriormente se elevaron en forma de cordilleras durante la orogenia alpina y precisamente fue entre estos relieves donde se formaron las cuencas que estamos describiendo.

A principios del Cenozoico, al mismo tiempo que la tectónica compresiva iba plegando los depósitos anteriores y los iba convirtiendo en relieves, en Iberia se fueron formando nuevas cuencas sedimentarias que quedaron rodeadas por montañas cada vez más altas. Así, en el Terciario quedaron delimitadas las cuatro cuencas principales que están hoy ocupadas por los grandes ríos. El comienzo del relleno de estas cuencas coincidió con la formación de las elevaciones, por lo que los depósitos más antiguos, principalmente los cercanos a las montañas, se encuentran deformados y a menudo han sido cabalgados por el propio orógeno.

A excepción de la del Guadalquivir, estas cuencas quedaron convertidas en zonas endorreicas, donde los ríos se perdían en áreas pantanosas y lacustres sin encontrar salida hacia el mar. Como consecuencia de las oscilaciones climáticas, muchos de estos lagos se evaporaban durante las estaciones más áridas, mientras que se llenaban de vegetación cuando la humedad era mayor.

Cuando disminuyó la compresión, la subsidencia en dichas cuencas se atenuó y los sedimentos provenientes de los relieves circundantes continuaron rellenándolas. A su vez, la glaciación iniciada en el Neógeno hizo descender el nivel del mar, lo que reactivó la capacidad erosiva de los ríos periféricos que drenaban a la costa. La erosión remontante fue rebajando los relieves que aislaban a estas cuencas interiores hasta que, finalmente, fueron capturadas y pasaron a drenar al mar. De esta manera, a finales del Mioceno, quedó prácticamente constituida una red de drenaje similar a la actual.

Aunque nunca hayamos estado en la sabana africana, la mayoría de nosotros podemos hacernos una idea del aspecto de estos ecosistemas gracias a los grandes documentales televisivos que ambientan las siestas de muchos españoles. Probablemente incluso hayamos estado cerca de su majestuosa fauna en alguno de los numerosos zoológicos del país. Pero también es posible acercarnos más a él de una forma real, en el mismo territorio ibérico.

Y es que en estas cuencas terciarias que hemos descrito, se han encontrado yacimientos paleontológicos con restos de los antecesores de la actual fauna de las sabanas. En el centro de la península, los especialistas han podido comparar los restos fósiles de aquellas comunidades que vivieron muy cerca de la actual Madrid hace catorce millones de años. Una época en la que en esta zona del mundo predominaba un clima tropical muy árido, con una elevada estacionalidad en las precipitaciones, y con el desarrollo de una sabana muy similar a las actuales.

92

LA BISAGRA DE PANGEA, ¿CÓMO QUEDÓ TRAS TANTO MOVIMIENTO?

El territorio de la península ibérica no siempre fue, como ahora, una tierra rodeada por mares en casi todo su contorno. Al contrario, en tiempos de Pangea se encontraba rodeada de tierras continentales y en gran parte sumergida bajo las aguas del mesozoico. Colindando con Iberia se encontraban las tierras de África (Gondwana), Norteamérica (Laurentia) y Francia, mientras hacia el este se extendía el Tetis en toda su inmensidad.

Aunque hoy España sigue unida a Francia, la situación en aquel entonces era muy diferente. El mar Cantábrico no existía, de manera que la actual costa norte peninsular estaba unida a la costa oeste de Francia, con Galicia situada frente a Bretaña. Cuando el Atlántico comenzó a formarse, una rama de esta fractura se abrió como un abanico entre ambas regiones, lo que dio lugar al nacimiento del golfo de Vizcaya. Mientras tanto, por el sur la nueva falla de Gibraltar separó Iberia del resto de Gondwana.

Empezó a individualizarse así la placa ibérica, situada entre placas mayores y a merced de sus movimientos en un contexto de gran actividad tectónica. Recordemos también que por aquel entonces el desplazamiento de África hacia el norte acaba por cerrar el mar de Tetis empujando a placas menores que dan lugar al levantamiento de los relieves alpinos.

Como consecuencia de esta compresión alpina algunas zonas de intraplaca como la cordillera ibérica, el Sistema Central y la cordillera costero-catalana sufrieron un engrosamiento de la litosfera y fueron levantadas por el empuje isostático. Pero los mayores efectos tuvieron lugar, como suele ser habitual, en los bordes de la placa.

Ese es el caso del extremo occidental del Tetis, que se cierra iniciando el levantamiento de la cordillera pirenaica. Por aquel entonces un estrecho y alargado surco oceánico separaba el norte de Iberia de Europa, y a medida que

La orogenia alpina dio lugar al levantamiento de cordilleras como Sierra Nevada. Durante millones de años algunas cuencas menores permanecieron entre las islas que se levantaban. Sobre uno de los deltas que crecían con el aporte de sedimentos procedentes de las nuevas montañas encontramos hoy el monumento de la Alhambra.

continuaba el empuje, el fondo marino subducía de forma lenta y progresiva, lo que hacía que la placa ibérica se aproximara de forma oblicua contra el sur de Francia.

El plegamiento de la cadena pirenaica, que afecta en gran medida a las plataformas continentales, comenzó en el Cenozoico por el este y luego se propagó hacia el oeste hasta alcanzar la cornisa cantábrica. El acortamiento sufrido por la litosfera durante dicho proceso fue de más de ciento sesenta kilómetros, y llegó a producir una subducción incipiente en el golfo de Vizcaya, que terminó siendo abortada. Como resultado tenemos una enorme cadena montañosa que recorre todo el norte peninsular, desde Cataluña hasta Galicia, aunque con diferente evolución: mientras las profundas raíces litosféricas desarrolladas bajo el Pirineo lo elevaron con rapidez a grandes cotas, la cornisa cantábrica tuvo un levantamiento mucho más lento y menos intenso.

El último fragmento que se anexionó a Iberia es el conocido como Dominio de Alborán. Este terreno estaba formado por una pequeña placa que durante todo el Mesozoico había derivado sin rumbo fijo por el Tetis. Pero su situación cambiaría al inicio del Cenozoico, cuando el empuje de África la llevó a colisionar contra el sur de la placa ibérica. Emergieron de esa manera los territorios que van desde Andalucía hasta las Baleares, mediante el levantamiento de lo que se conoce como cordilleras béticas, formadas por el apilamiento de materiales procedentes de las plataformas continentales y de la propia placa de Alborán. Se construyeron así algunos de los mayores relieves de la orogenia alpina como Sierra Nevada, la cordillera más alta de la península ibérica.

Las cordilleras béticas y los Pirineos comparten unos rasgos y una historia comunes con el resto de orógenos alpinos, ya que están compuestos por un zócalo paleozoico, metamorfizado y deformado en orogenias anteriores, sobre el que descansan los materiales depositados posteriormente. La compresión a la que se han visto sometidos durante el Cenozoico ha dado lugar a diferentes comportamientos. Por lo general aparece una cobertera mesozoica que se deforma plásticamente sobre un zócalo que se fractura. Esta combinación de pliegues, fallas inversas y cabalgamientos ha contribuido al levantamiento de estos orógenos.

Durante la colisión de Alborán también estuvo implicado el norte de Marruecos. Allí se formaron los relieves del *rift*, una cadena de montañas equivalente a las béticas que recorre el norte de África. Ambos relieves conforman el denominado Arco de Gibraltar, una estructura semicircular ubicada en el límite occidental del Mediterráneo, que actualmente permite la conexión con el océano mediante el estrecho del mismo nombre.

Esto sin embargo no siempre ha sido así. El Arco llegó a cerrarse por completo en el pasado, y así sucedió durante la época del Messiniense. En aquel momento el cierre del estrecho dejó completamente aislado al Mediterráneo, que debido a la evaporación vio cómo descendían sus aguas de manera catastrófica mientras se depositaban enormes cantidades de sal en el fondo de la actual cuenca. A finales de esta edad, Gibraltar se abrió, lo que permitió que el Atlántico lo inundara nuevamente mediante unas espectaculares cataratas, mil veces más caudalosas que las que hoy podemos visitar en el Niágara.

El conocimiento del fondo del Mediterráneo ha permitido también desvelar otro de los grandes episodios que han dado forma al levante español. Poco tiempo después del plegamiento alpino, Europa empezó a resquebrajarse a lo largo de una fractura que discurría desde la plataforma continental de Valencia hacia el norte. Esta estructura distensiva alejó a Córcega, Cerdeña y Baleares de la península ibérica y recibe el nombre de surco de Valencia. Su formación originó episodios volcánicos en regiones como Olot y Cabo de Gata y sus manifestaciones aún son evidentes en diversas emanaciones de aguas termales del este peninsular.

Esta es, muy brevemente, la complicada historia de Iberia durante la orogenia alpina. Una complejidad que se debe a su posición como intermediario entre los dos grandes procesos que protagonizaron la era cenozoica. Podemos afirmar que Iberia se comportó como una bisagra que articuló el cierre del antiguo mar del Tetis a la vez que se abría el nuevo océano Atlántico.

93

¿DE QUÉ ES TESTIGO EL CORCOVADO?

El Corcovado se alza majestuoso al tener a la hermosa ciudad de Río de Janeiro a sus pies. Ha visto crecer frente a él la alegre y movida urbe, sin perder de vista la inmensidad del océano Atlántico, mientras al otro lado se extiende la gran plataforma sudamericana que llega hasta los Andes. Pero este relieve no solo ha acompañado a los habitantes de esa maravillosa ciudad desde su fundación, sino que ha sido testigo de una historia muchísimo más larga.

Recordemos que a finales del Paleozoico había quedado constituido el supercontinente Pangea por la unión de Laurasia y Gondwana. Pero para remontarnos a la consolidación del continente sudamericano, debemos retroceder aún más atrás en el tiempo y trasladarnos hasta los finales del Proterozoico e inicios del Paleozoico.

Uno de aquellos episodios de colisión, conocido como orogenia transamazónica, dio como resultado uno de los mayores cratones del planeta, el cratón amazónico. Este, aunque aflora en diversos países como Bolivia, Colombia, Venezuela y las Guayanas, se extiende principalmente por

«Corcovado parted the sky/and through the darkness/on us he shined/ crucified in stone/still his blood is my own/glory behold all my eyes have seen». Letra de la canción *Blessed to be a witness* (Dichoso de ser testigo) de Ben Harper.

el norte de Brasil. Actualmente está ocupado por la cuenca del río Amazonas, de manera que su exuberante vegetación dificulta el conocimiento de este viejo fragmento de litosfera precámbrica.

Aunque algunos de esos fragmentos se unieron a la plataforma sudamericana durante el Paleozoico, como es el caso del macizo de Santa Marta en Colombia, el terreno de Arequipa y la región pampeana, la mayor parte de ella quedó constituida por los choques ocurridos durante la formación de Gondwana en el Neoproterozoico.

Esta acreción produjo suturas que han permanecido como cinturones plegados, metamorfizados y con abundante presencia de granitos, que rodean a los cratones y constituyen las huellas de ese período de orogenia, conocido como ciclo brasileño o panafricano, que dio lugar a la formación de Gondwana.

Como resultado de la posterior fractura de este supercontinente en lo que hoy conocemos como América del Sur y África, actualmente podemos observar cierta continuidad en la disposición de los cratones a ambos lados del océano. Algunos como el de São Luís y el de São Francisco, ubicados en la costa atlántica americana, son fragmentos separados de los grandes cratones localizados al norte y centro de la costa atlántica de África. De igual manera, uno de los grandes cratones africanos, ubicado al sur, estuvo en el pasado situado frente al cratón del Río de la Plata, que se extiende por Argentina, Uruguay y el sur de Brasil.

Una de las localidades tipo del ciclo orogénico brasileño es la de Tocantis, en el estado de Mato Grosso, resultante de la colisión entre el cratón amazónico y el de Alto Paraguay. Esta región brasileña está formada por un grupo de cinturones orogénicos que han quedado como soldadura entre los viejos cratones que se reunieron a finales del Proterozoico.

El propio Corcovado fue testigo de aquella inmensa unión. Este cerro que se resiste a ser erosionado está constituido por gneises que se formaron en aquel enlace entre cratones. Su origen, al igual que el vecino Pan de Azúcar, está relacionado con la inyección de magmas en el sureste de Brasil, concretamente en la provincia geológica de Mantiqueira; otro ejemplo de las viejísimas suturas que se formaron a finales del Proterozoico, hace seiscientos millones de años. Un tiempo más que suficiente para soñar con la construcción geológica de Sudamérica.

94

IBERIA SUMERGIDA, ¿CÓMO SALIÓ DEL AGUA?

La unión de Laurasia con Gondwana a finales del Paleozoico dio lugar a la formación de Pangea. En esta compleja colisión se vieron también implicados otros fragmentos menores como el pequeño continente de Armórica. Esta microplaca alargada y estrecha quedaría atrapada en el interior del continente.

Como resultado de este proceso, conocido como orogenia hercínica o varisca, se elevó una gran cadena de montañas de más de tres mil kilómetros de longitud. Posteriormente fue desmembrada durante la ruptura de Pangea, por lo que actualmente podemos observar fragmentos menores desde el

Los escaladores de la Pedriza logran ascender por las paredes graníticas gracias a pequeños cristales de feldespato y cuarzo que sobresalen y les permiten mantenerse en adherencia. Las siluetas redondeadas de estos paisajes son típicas de las grandes intrusiones graníticas, que se fracturan con esa geometría al ser exhumados por la erosión.

sur de la actual Alemania hasta los montes Ouachita en la costa este de Norteamérica.

En la península ibérica afloró en el denominado macizo ibérico, que ocupa la mitad occidental de la misma, desde Sierra Morena hasta el Cantábrico. En él podemos identificar un eje principal con una orientación general noroeste-sureste, que podríamos trazar entre Oporto y Toledo. Sin embargo, llama la atención el brusco cambio de orientación observado en la región cantábrica, lo que forma parte de un arco del orógeno conocido como rodilla astúrica. La forma de esta estructura se debe a la extrema deformación producida por el choque, lo que condujo a un aspecto zigzagueante en la cordillera.

El macizo ibérico presenta las características propias de un orógeno de colisión, con doble vergencia hacia el exterior del mismo. De esta manera, conforme nos alejamos de su eje hacia el norte o hacia el sur, se observa una disminución progresiva en la intensidad de diversas características como el desarrollo de la foliación, el grado de metamorfismo y el volumen de magmas emplazados. En cambio, la cobertera sedimentaria de estas zonas se ve afectada por pliegues y cabalgamientos resultantes de esfuerzos compresivos.

En la parte norte del macizo se delimitan tres zonas. La zona cantábrica es la más externa y en ella abundan más los cabalgamientos que los pliegues. Después encontramos la zona asturoccidental leonesa, donde aumenta el grado de metamorfismo y de intrusiones a medida que avanzamos hacia el interior. En ella aparecen tanto cabalgamientos como pliegues, algunos de grandes dimensiones (incluso mayores de cincuenta kilómetros) y en los que a veces aflora el zócalo precámbrico (por ejemplo el de Narcea y Ollo de Sapo). Por último se dispone la zona centroibérica, que ocupa la mayor extensión ya que abarca la mitad norte Portugal, Galicia y la meseta Central. Además, esta se corresponde con la zona axial de la cadena, por lo que presenta un metamorfismo generalizado, y llega a alcanzar fusión por anatexia (migmatitas), y abundantes intrusiones graníticas (extensos batolitos en sierra de Gredos y Guadarrama).

Más hacia el sur encontramos fragmentos de corteza oceánica que no llegó a subducir y que han quedado atrapados en la superficie. Estas formaciones, conocidas como ofiolitas, representan el límite con los terrenos alóctonos que se incorporaron por el sur. Es el caso de la zona Ossa-Morena, que alberga enormes antiformes y algunas intrusiones enormes como el batolito de Los Pedroches. Pero también de la zona Sudportuguesa y la de Galicia Tras-os-Montes.

El registro estratigráfico de este orógeno comenzó en el Cámbrico con potentes secuencias de rocas detríticas. Del Ordovícico destaca una arenisca de tonos claros, conocida como cuarcita armoricana. En el Devónico, el orógeno se impregnó de granitos y esta actividad magmática dio lugar a yacimientos minerales como los de la faja pirítica, explotada desde la antigüedad en minas como las de Río Tinto. En el Carbonífero se desarrollaron extensas zonas deltaicas, que propiciaron el desarrollo de yacimientos de carbón, mientras en la plataforma se formaron las llamadas calizas de montaña que afloran de forma majestuosa en los Picos de Europa.

En ese mismo período se produciría la colisión definitiva de Gondwana contra Laurasia. El fin de la orogenia iba
a levantar, de forma progresiva, los materiales que se habían
depositado durante gran parte del Paleozoico. Iberia, que
había permanecido sumergida durante millones de años, iba
a emerger, y perduraría hasta nuestros días como el mejor y
más continuo afloramiento varisco del planeta.

XII

PLANETOLOGÍA

95

¿QUIÉNES NOS PUSIERON EN MOVIMIENTO?

Durante milenios se consideró imposible que la Tierra fuera redonda. Parecía lógico pensar que, si así fuera, las aguas marinas se escurrirían hacia los lados y caería hacia el abismo. Hoy en día existen algunos conspiranoicos que siguen imaginando un mundo plano y rodeado por una enorme barrera de hielos antárticos, pero, afortunadamente, muchos humanos han ido construyendo durante siglos un razonamiento coherente con las observaciones que nos ha permitido conocer el universo en que vivimos.

En cuanto nuestros antepasados dirigieron la mirada hacia el cielo nocturno comenzaron a asociar grupos de estrellas con elementos de su cultura. Los objetos, animales y personajes que imaginaban en la bóveda celeste dependían de sus mitos, leyendas y del entorno en que vivían; así fue como inventamos las diversas constelaciones.

Posteriormente, cuando los antiguos navegantes griegos empezaron a realizar grandes travesías hacia los mares del sur, se percataron de que algunas de estas constelaciones

El largo tiempo de exposición de esta fotografía nos permite observar el trazado que realiza la bóveda celeste como consecuencia de la rotación de nuestro planeta. Como si se tratara de un inmenso paraguas, los puntos más alejados del centro describen un mayor desplazamiento, mientras que este, ocupado por la Estrella Polar, permanece fijo.

quedaban ocultas a sus espaldas, mientras nuevas estrellas aparecían por el lado opuesto del horizonte. A esta evidencia de la curvatura terrestre se sumaron otras que terminaron por dar crédito a la idea de una Tierra esférica. Se observó que a medida que un navío se alejaba del puerto, su figura iba desapareciendo de forma gradual (primero el casco y, por último, las velas más altas), y los eclipses lunares, que permitían ver la sombra de nuestro planeta proyectada sobre la Luna, no dejaron mayor margen para la duda.

No debió de ser fácil asumir que los términos arriba y abajo eran relativos, pero una vez zanjada la cuestión sobre la forma de la Tierra, un sabio de Alejandría llamando Eratóstenes se decidió a calcular su tamaño. De entre los miles de manuscritos que había en la grandiosa biblioteca de su ciudad encontró un dato que le pareció sorprendente. El autor de aquel documento anotó que en el solsticio de verano, en la sureña ciudad de Siena, el sol del mediodía podía verse reflejado en las profundas aguas de los pozos.

Este dato, que para muchos de nosotros habría pasado desapercibido, le sirvió a Eratóstenes para saber que en ese día del año, los rayos del sol caían perpendicularmente sobre ese punto del planeta. Él sabía que eso jamás podría ocurrir en su ciudad, pero durante meses esperó la llegada del verano con ansiedad para, una vez llegado el momento y con ayuda de un palo clavado en posición vertical, medir el tamaño de su sombra al mediodía. Lógicamente, si hubiera realizado aquel experimento en Siena el palo no habría proyectado sombra sobre el suelo, pero en Alejandría le permitió medir la inclinación con la que llegaban los rayos del lejano sol a su ciudad.

Sabiendo que aquella diferencia entre la inclinación de los rayos solares solo podía deberse a la esfericidad del planeta y habiendo calculado la distancia entre ambas ciudades obtuvo el gigantesco radio del planeta Tierra, un valor muy cercano al aceptado hoy en día.

Otra de las cuestiones a la que muy pronto tuvo que enfrentarse la astronomía fue la de situar al planeta en el cosmos. *A priori*, parecía evidente que la Tierra estaría en el centro y en torno a ella debían de girar todos los astros. Este modelo geocéntrico resultaba muy cómodo para la mente humana y permitía explicar muchas de las observaciones realizadas. Sin embargo, a lo largo de los siglos fueron apareciendo nuevos datos que iban a desbaratar su sencillez inicial.

Entre todos los puntos luminosos del cielo estrellado, observaron que algunos aparecían cada noche en un lugar diferente. Estos astros errantes, que se desplazaban a través de las constelaciones, recibieron el nombre de algunos dioses como Saturno, Júpiter, Mercurio, Venus y Marte. La Luna y el Sol también iban variando su lugar en relación con la bóveda celeste por lo que, en principio, esto no implicaba mayores problemas. Sin embargo, en determinadas épocas, las denominadas errantes (a las que ahora llamamos planetas) frenaban su desplazamiento y retrocedían durante unos días antes de retomar la trayectoria que llevaban. Estos curiosísimos vaivenes en el cielo conocidos como retrogradaciones obligaron a realizar nuevos ajustes y llenar de enrevesados bucles los modelos que trataban de explicar la dinámica celeste.

Frente a estas complicaciones del modelo geocéntrico, algunos sabios, como Aristarco y Copérnico, propusieron una estructura diametralmente opuesta. Estos científicos imaginaron un modelo heliocéntrico en el que la Tierra sería una errante más girando, como las otras, alrededor del Sol. De esta manera, las aparentemente caprichosas retrogradaciones no serían más que el efecto óptico producido por los adelantamientos de nuestro planeta en esta carrera espacial a través del sistema solar.

Pero asumir que la Tierra cedía sus privilegios al Sol y, sobre todo, que nos estábamos desplazando a enormes velocidades a través del cosmos sin que lo percibiéramos se antojaba demasiado inverosímil en aquellos tiempos. De esta manera el geocentrismo perduró durante siglos como el modelo dominante. Parecía evidente que los acontecimientos que ocurrían en la Tierra eran muy diferentes a los que se observaban en los cielos. Los astros, que se desplazan día tras día a lo largo de los años, jamás caen sobre nosotros mientras que aquí en la Tierra los objetos se precipitan de forma irremediable. El brillo de los astros parecía ser una evidencia de su naturaleza perfecta, pura y eterna; las leyes naturales que dominaban los cielos debían ser diferentes a las de este mundo en que vivimos, terrenal y perecedero, que denominaron sublunar.

Pero esta percepción empezó a cambiar a principios del siglo XVII cuando Galileo Galilei comenzó a desentrañar algunos detalles del cielo con su telescopio. Al dirigir el reciente invento hacia la Luna observó que su superficie no era lisa, sino que, contrariamente a lo que se pensaba, estaba llena de imperfecciones como montañas y cráteres. Cuando estas observaciones fueron divulgadas, Galileo recibió una enorme tempestad de críticas y acusaciones, que se multiplicaron enormemente cuando después aseguró haber visto nubes paseándose por la superficie del Sol.

Además de las imperfecciones lunares y las hoy conocidas como manchas solares, Galileo demostró y documentó muchas otras observaciones que comenzaron a socavar la dualidad entre un mundo celeste y un mundo terrenal. Si los materiales que formaban nuestro planeta y los procesos que se desarrollaban en él podían ser comparables a los que sucedían en los astros, ya no habría razones para impedir que la Tierra fuera un planeta más, sin una posición privilegiada ni leyes particulares. Sin embargo, muchos se negaron a aceptarlo y quisieron creer que no se trataba más que de distorsiones ópticas propias de aquellos primeros telescopios. Los descubrimientos de Galileo abrieron definitivamente el camino a los grandes avances de la astronomía y a la moderna visión que actualmente tenemos del cosmos.

96

¿QUÉ APRENDIMOS DE LOS GIGANTES?

Cuando los primeros telescopios se dirigieron hacia la bóveda celeste, un mundo nuevo se abrió ante nuestros ojos. Mientras los puntos luminosos más alejados, las verdaderas estrellas, permanecían como puntos sin aumentar su tamaño, los planetas del sistema solar comenzaron a mostrar algunas siluetas y otros detalles sorprendentes.

Saturno y Júpiter son dos de esos planetas que pueden identificarse con facilidad en el cielo nocturno. Júpiter se muestra más brillante que cualquier estrella y Saturno, aunque menos brillante, se desplaza muy lentamente por la bóveda celeste de manera que, una vez identificado, es muy fácil seguirle la pista día tras día.

A diferencia de otros planetas, que solo es posible ver durante el crepúsculo, estos pueden aparecer en medio de la noche. Solo dejan de ser visibles durante algunos días cuando pasan tras el Sol y jamás pasan entre él y nosotros. Esto se debe a que describen órbitas más grandes que la del planeta Tierra y por ello son conocidos como planetas exteriores.

Júpiter y Saturno son los mayores planetas del sistema solar, ocupan el quinto y sexto lugar en cuanto a distancia respecto al Sol, tardan respectivamente en torno a doce y treinta años de los nuestros en dar una vuelta al astro rey y están cubiertos por una densa atmósfera con temperaturas inferiores a los cien grados bajo cero.

Júpiter es el mayor de estos hermanos tan parecidos: dentro de él cabrían más de mil planetas como la Tierra y su masa duplica la de todos los planetas restantes juntos. Saturno, por su parte, está situado a casi el doble de distancia del Sol y es el único planeta con una densidad total menor a la del agua.

Como consecuencia de una rápida rotación, que les permite completar una vuelta en apenas diez horas, ambos muestran un marcado achatamiento polar y un sistema de corrientes paralelo al ecuador. Se trata de corrientes de chorro girando alrededor del planeta que ponen de manifiesto una violenta dinámica atmosférica. En este sentido destaca una gran mancha roja sobre Júpiter, en la que cabrían más de tres planetas como la Tierra, que ha permanecido atrapada desde que fue descubierta (¡hace más de tres siglos!) entre dos de estas franjas. Por supuesto, y a diferencia de lo que sucede en la Tierra, esos fortísimos vientos no son impulsados por la débil radiación que recibe del Sol, sino por su calor interno que casi duplica al recibido desde nuestra estrella.

Por otro lado, y aunque solo es visible en el caso de Saturno, ambos planetas poseen un sistema de anillos a su alrededor. Hoy sabemos que debieron formarse como consecuencia de la desintegración de alguno de sus satélites naturales ya que están constituidos por partículas de tamaño variable pero, por supuesto, no siempre dispusimos de tan buenos datos como para interpretarlo correctamente.

Cuando Galileo dirigió su viejo telescopio hacia Saturno, este no tenía la resolución suficiente para observar sus anillos, de manera que imaginó que se trataba de una gran protuberancia del planeta. Hoy en día, cualquier telescopio nos permite deleitarnos con esta bellísima estructura y sentir las mismas emociones que pudieron vivir aquellos pioneros de la ciencia moderna.

En estas observaciones, que cualquier aficionado puede realizar con su telescopio, destacan algunos pequeños puntos luminosos que oscilan en torno a los planetas. Júpiter presenta cuatro denominados Calisto, Ganimedes, Europa e Io, y fueron descubiertos (¡cómo no!) por el señor Galileo, quien interpretó correctamente que se trataba de satélites, como nuestra Luna, girando a su alrededor.

El sistema de satélites de Júpiter, que consta de veintiocho lunas descubiertas hasta ahora, se parece a un sistema solar en miniatura. Los dos satélites galileanos mayores, Calisto y

Ganimedes, sobrepasan el tamaño de Mercurio, mientras que los dos más pequeños, Europa e Io, tienen aproximadamente el tamaño de la Luna terrestre.

En las últimas décadas las sondas *Voyager* revelaron que cada uno de los cuatro satélites galileanos es un mundo geológico único. Pero el descubrimiento, hace casi tres siglos, de aquellos puntos luminosos oscilando en torno a Júpiter permitió abrir definitivamente en camino hacia el heliocentrismo.

97

¿Cuáles son los planetas del sistema solar?

Entre los muchos atractivos que podríamos disfrutar durante los bellos amaneceres o atardeceres se encuentra el avistamiento de un brillante astro que destaca en la luz crepuscular. Este enigmático punto tan luminoso, seguramente testigo de numerosas escenas románticas, es el planeta Venus.

Al que por su aspecto llamativo ha recibido ese nombre, que proviene de la diosa romana de la belleza y el amor, también se le conoce desde la antigüedad como estrella de la mañana, lucero del alba o vespertino, en función del momento del día en el que fuera visto. Su intenso brillo, solo comparable al de la Luna, se debe al efecto de sus abundantes nubes que reflejan casi un 80 % de la luz solar.

Pero seguramente no tendía un nombre tan bonito si los que lo eligieron hubieran sabido que estas nubes son de ácido sulfúrico (H_2SO_4) y que la alta concentración de CO_2 (96 %) bajo ellas crea un efecto invernadero tal que eleva la temperatura hasta los 500 °C, en una atmósfera que es casi cien veces más densa que la nuestra.

En este planeta aún opera la convección mantélica que produce masivas erupciones volcánicas, y aunque no tienen lugar mecanismos de tectónica de placas, la superficie está dominada por dos mesetas principales a modo de continentes, que se elevan sobre una vasta llanura volcánica comparable con nuestra corteza oceánica. Llama la atención también

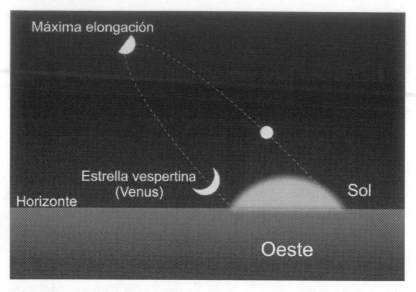

Venus también gira en torno al Sol y como consecuencia de nuestra posición en el sistema solar, podemos observar en él diferentes fases de iluminación como en el caso de la Luna. Galileo también descubrió esto y fue la prueba directa de que los planetas giran en torno al Sol.

la escasez de cráteres de impacto, lo que puede deberse a la acción conjunta de la densa atmósfera que hace que muchos cuerpos se desintegren antes de llegar a la superficie y a esos procesos volcánicos que la regeneran.

Salvo por su infernal atmósfera, es el planeta más parecido a la Tierra en tamaño, densidad, masa, gravedad y localización, por lo que se le conoce como el planeta hermano, aunque su forma de moverse es muy particular: rota en el sentido contrario al resto de planetas. ¡El Sol sale por el oeste!, y tan lentamente que... ¡su día es más largo que su año!

Aunque asociemos a Venus con la salida y la puesta del Sol, este no es el planeta más cercano a la estrella. Esta posición la ocupa Mercurio, que aunque brilla menos, tiene un tono amarillento muy peculiar. Para hacernos una idea de su ubicación, debemos saber que la luz del Sol tarda ocho minutos en viajar hasta nosotros mientras que a Mercurio llega en tan solo tres minutos.

La razón por la que este planeta no ha caído sobre la estrella, atrapado por su enorme gravedad, es que se desplaza a una gran velocidad, lo cual, combinado con la pequeña longitud de su órbita, le permite dar más de cuatro vueltas al Sol en lo que nosotros hemos dado una. Debido a esto los astrónomos romanos decidieron bautizarlo con el nombre de veloz mensajero de los dioses.

En los años setenta, fue visitado por la sonda Mariner, gracias a la cual hemos conocido algunas de sus características. Además de su tamaño, se ha visto que comparte otras características con nuestra Luna, como la ausencia de atmósfera y de tectónica de placas, lo que trae como consecuencia que su superficie esté llena de cráteres de impacto que no pueden ser borrados y que el cielo sea siempre negro aunque el enorme Sol ilumine desde tan cerca.

Un rasgo que destaca entre las huellas de impacto observadas es la cuenca Caloris, que debió de ser formada por un choque de tal magnitud que produjo un terreno con fracturación extrema en las antípodas. También se conoce que recibe seis veces más calor que la Tierra, lo cual condiciona, junto a la casi ausencia de atmósfera, un gran intervalo entre las temperaturas diurnas y nocturnas.

Tanto Venus como Mercurio giran en torno al Sol en orbitas más cercanas que la de la Tierra, lo que explica que siempre los veamos cerca del astro rey, a la salida o la puesta de este y nunca a medianoche. Además, aunque pueda sorprendernos, estos planetas son considerados como parecidos al nuestro, por lo que son conocidos, junto a Marte, como planetas terrestres.

En realidad, las características principales que debe tener un planeta para pertenecer a dicho grupo son las de estar formado mayoritariamente por rocas y metales, tener un tamaño parecido al de la Tierra o al de nuestra Luna, pocos o ningún satélite, y no andar demasiado lejos del Sol.

En contraposición tenemos a los planetas jovianos, con unas características similares, como su nombre indica, a las de Júpiter; a saber: están formados mayoritariamente por gases, tienen un tamaño gigante, muchos satélites, y se mueven por las afueras del sistema solar. Los restantes planetas jovianos son Saturno, Urano y Neptuno.

Hasta aquí hemos mencionado a los ocho planetas que se enseñan en los colegios hoy en día. Pero probablemente, si tenemos cierta edad, estaremos echando de menos a un noveno planeta, el denominado Plutón. Para encontrar la razón por la que tuvimos que aprender un nombre más en ese listado tendremos que trasladarnos al año 2006, cuando un grupo de expertos de la Unión Astronómica Internacional se reunió en Praga para dar respuesta a esta pregunta: ¿qué es un planeta?

Según cuentan las malas lenguas, de allí nadie salió contento. Algunos fueron con la intención de incluir en el grupo a algunos astros que parecían planetas y se desplazaban como tal alrededor del Sol. Sin embargo, después de largas discusiones, quedó establecido que un planeta es un cuerpo celeste que cumpla lo siguiente: orbita alrededor del Sol, su masa es suficiente para que su propia gravedad impida formas demasiado irregulares y, por tanto, tenga una configuración prácticamente redonda, así como que haya limpiado la vecindad de su órbita de fragmentos menores.

Estas restrictivas condiciones no solo impidieron que el club se ampliara, sino que, dado que Plutón no cumple la última de las condiciones, este pasó a clasificarse como planeta enano. Así el selecto grupo de planetas del sistema solar quedó desde entonces compuesto, tan solo, por los siguientes planetas: Mercurio, Venus, Tierra, Marte, Júpiter, Saturno y Urano.

98

¿Dónde están los marcianos?

El estudio detallado de Marte comenzó en 1877 cuando el italiano Giovanni Schiaparelli dibujó un mapa de su superficie y registró en sus dibujos algunos detalles y unas líneas rectas que lo atravesaban. A la gente le costó poco imaginar mares, canales artificiales y otras construcciones, de manera que muy pronto comenzaron las especulaciones sobre una civilización extraterrestre, capaz de levantar una red de canales para irrigar el planeta.

Marte es el único planeta cuya superficie podemos observar con un telescopio, el resto están demasiado cerca de la intensa luz solar o cubiertos por densas atmósferas. La suya está compuesta principalmente por CO_2 y, pese a su levedad (cien veces más tenue que la nuestra), en ella se producen tormentas de arena a escala planetaria que persisten durante semanas.

Estas grandes tormentas se muestran, a través del telescopio, como grandes manchas en su superficie. Destacan también sus blancos y brillantes casquetes polares, que aumentan de tamaño durante el invierno. Gracias a los datos procedentes de las sondas enviadas, se ha confirmado que están formados por agua congelada y que en estas zonas se alcanzan temperaturas inferiores a los cien grados bajo cero.

El planeta rojo fue el primero en recibir la visita de un satélite artificial; en los años sesenta, los seres humanos pusimos la *Mariner 9* orbitando en torno a él. Esta sonda descubrió la existencia de dos pequeños satélites de forma irregular, repletos de cráteres de impacto, girando en torno al planeta. Se trata de asteroides diminutos de apenas veinticinco kilómetros de diámetro que fueron atrapados por la gravedad.

Cuando *Mariner* se posó sobre Marte, el fuerte viento reinante en esos días puso en suspensión grandes cantidades de regolito, el detritus rojizo formado por óxidos de hierro y arcillas meteorizadas que cubre la superficie del planeta. En cuanto la tormenta amainó, las imágenes revelaron la presencia de volcanes rodeados de llanuras en las que se distinguen largas coladas procedentes de estos inmensos edificios.

El más alto de ellos es conocido como monte Olimpo, y con veinticinco kilómetros desde su base parece ser el resultado de la actividad de un punto caliente en ausencia de deriva litosférica. Pero, a pesar de la abundancia de regiones volcánicas, Marte ha dejado de ser un planeta geológicamente activo. Las erupciones más recientes sucedieron hace más de mil millones de años, su campo magnético es casi inexistente y en los sismogramas no se refleja ni el más mínimo temblor.

Los sismógrafos ubicados en el planeta rojo fueron depositados en los años ochenta por otra sonda posterior. Estas visitas a Marte han permitido descubrir el verdadero paisaje del planeta. Las imágenes, tomadas por estas y otras misiones, han revelado un paisaje desértico con abundantes

Los marcianos nunca nos han visitado, ni lo harán. Pero en el supuesto caso de que existieran marcianitos verdes habitando el planeta rojo, ellos sí que hubieran avistado la llegada de varios «platillos volantes» enviados desde la Tierra. En la imagen, uno de los humanos que más ha hecho por la ciencia en este planeta que vivimos, Carl Sagan, con una réplica de la sonda *Viking*.

piedras, dunas de arena, cráteres de impacto semienterrados y grandes canales de origen natural, pero, para desconsuelo de muchos, ninguna evidencia de civilizaciones extraterrestres. La mayoría de ellas son grandes fosas tectónicas, comparables al *rift* africano, formadas por el hundimiento de la corteza marciana a lo largo de inmensas fallas, pero otras presentan morfologías similares a las redes de drenaje y huellas de flujo.

La atmósfera marciana actual solo contiene trazas de agua, pero, para algunos geólogos planetarios, esta es la evidencia de una antigua atmósfera cargada de humedad. Muchos no creen que en Marte haya operado un ciclo del agua como el que conocemos en la Tierra, pero hoy podemos asegurar que la existencia de hielo no se limita a los polos, ya que también se ha encontrado en el suelo marciano.

La facilidad con la que se observa su superficie a través de un telescopio ha hecho que este planeta sea especialmente atractivo tanto para científicos como para aficionados. Desde aquellas primeras observaciones los humanos no hemos dejado de crear historias protagonizadas por extraterrestres, que han fascinado a niños y adultos. Sin embargo, hoy, al contrario que hace unas décadas cuando una novela radiofónica provocó una explosión de pánico colectivo en Estados Unidos, la sociedad parece estar convencida de que ningún marcianito verde está planeando una guerra contra nuestro mundo. Quizás pronto descubramos que estos existen, aunque sea con un aspecto muy diferente al que hemos imaginado. Al fin y al cabo, si hemos descubierto bacterias en nuestros glaciares… ¿por qué no en Marte?

99

¿TAMBIÉN HAY PERSONAS EN OTROS PLANETAS?

—La Dra. Arroway dedicará su precioso tiempo de observación a escuchar señales de…
—Hombrecitos verdes

A principios de los ochenta el cine de ciencia ficción con alienígenas estaba pasando por su mejor momento con éxitos como *Encuentros en la tercera fase*, *E.T., el extraterrestre* o *Alien*. En esos años, una productora solicitó al astrónomo Carl Sagan que escribiera un guion verosímil sobre el tema y se puso manos a la obra. Al científico le gustó tanto que pronto lo publicó en forma de novela y alcanzó tanto éxito que, finalmente, se llevó a la gran pantalla.

El título de este trabajo fue *Contact* y su personaje protagonista, la científica que escucha señales de hombrecitos verdes, fue interpretado por la actriz Jodie Foster. La Doctora Arroway trabaja para S.E.T.I. (acrónimo de *Search for ExtraTerrestrial Intelligence*), un conjunto de proyectos que existen realmente y cuyo objetivo es la búsqueda de señales electromagnéticas procedentes de civilizaciones que habiten en otros sistemas planetarios.

«Solo hay dos posibilidades: uno, que haya vida inteligente, pero tan lejos que jamás entrarás en contacto con ella; y dos, que no haya nada más que gases nobles y compuestos del carbono». Pese a la frecuente banalización (con opiniones escépticas como estas del jefe de la Doctora Arroway, pero especialmente por parte de conspiranoicos y supuestos avistadores de ovnis), la búsqueda de extraterrestres se ha consolidado, en los últimos años, como una nueva rama de la ciencia denominada astrobiología. Sin embargo, y a diferencia del criterio de este personaje que pretende interrumpir las investigaciones de nuestra protagonista, hay una tercera posibilidad, la que más interesa a la esta ciencia: la existencia de vida microbiana.

De hecho, los avances en el conocimiento de la biosfera terrestre hacen pensar a los astrobiólogos que esto sea lo más probable. En las últimas décadas se han encontrado bacterias en los rincones más inhóspitos de la Tierra: desde hirvientes aguas de chimeneas hidrotermales hasta helados glaciares, pasando por afluentes con una extrema acidez. El descubrimiento de estos organismos, conocidos como extremófilos, ha ensanchado enormemente el marco teórico de condiciones en las que la vida puede existir.

El gran problema al que debe enfrentarse esta joven ciencia es definir qué es la vida. Si recordamos que incluso aquí, en la Tierra, tenemos dificultades para establecer el estatus de los archiconocidos virus, podemos hacernos una idea de lo extremadamente complicado que puede llegar a ser instaurar un límite universal entre lo vivo y lo no-vivo.

Otras dificultades podrían hacer que, aunque tuviésemos delante una determinada forma de vida, esta nos pasara desapercibida. Sabemos, por ejemplo, que un organismo vivo debe de ser capaz de reproducirse pero ¿y si su ciclo reproductivo es tan lento que tarda millones de años en hacerlo? ¿Seríamos capaces de detectarlo?

En cualquier caso, la única manera de comenzar el trabajo es buscar seres basados en los mismos principios, u otros muy similares, que los de nuestra biosfera. De esta manera se han fijado una serie de condiciones que se consideran indispensables para la vida tal y como la conocemos. Suponiendo que en cualquier lugar la vida tendrá los mismos requerimientos,

Los científicos esperan que si existen civilizaciones extraterrestres en nuestro entorno cósmico, estas emitan señales electromagnéticas que puedan ser detectadas desde la Tierra. Nosotros las emitimos y, aunque es difícil, no es imposible que algún día las descubran y se pongan en contacto con nosotros.

se ha establecido que podrá encontrarse en lugares donde exista:

1. Un líquido en el que puedan tener lugar las reacciones bioquímicas y que soporte un amplio rango de temperaturas sin evaporarse ni solidificarse. Preferentemente agua, pero también podrían valer otros como el amoniaco y el alcohol metílico.

2. Un elemento químico con facilidad para formar una variada gama de compuestos orgánicos. Principalmente el carbono, pero el silicio también es un candidato para determinadas condiciones.

3. Una fuente de energía que permita poner en marcha toda la maquinaria metabólica. En la Tierra tenemos varios ejemplos, el más conocido es la radiación solar, pero también podría valer la energía interna del planeta y la energía química de determinadas reacciones.

Entre los más de cien planetas y lunas del sistema solar, Marte es el que ha resultado más interesante para los astrobiólogos.

Parece evidente que en el pasado debió de parecerse mucho a la Tierra y, si la vida pudo abrirse paso allí, la evolución podría haberle permitido adaptarse a estos cambios progresivos para vivir en las condiciones actuales.

Sin embargo, las mejores perspectivas de encontrar agua líquida las tenemos bajo la cubierta helada de Encédalo (en Saturno) y Europa (en Júpiter). Cuando la sonda *Cassini* pasó por el entorno de Encédalo, detectó unas enormes fisuras que expulsaban hielo con compuestos orgánicos, a modo de gigantescos géiseres alzándose en el espacio. En Europa se observa una dinámica de la cubierta helada que obliga a pensar en un océano líquido bajo ella. Son tales las certezas de que esto es así, que algunos proyectos plantean enviar un submarino con la esperanza de descubrir vida en estas aguas.

El último candidato del planeta solar es Titán, la mayor luna de Saturno. Es el único con evidencias claras de presentar mares en su superficie, solo que, a diferencia de la Tierra, están compuestos por metano a una temperatura extremadamente baja.

Hay cuartocientos millones de estrellas en nuestra galaxia. Si solo una de cada millón tuviera planetas, y de esas, en una de cada millón hubiera vida, y solo una por millón de esas tuviera vida inteligente, habría literalmente millones de civilizaciones.

Seguramente nunca seremos capaces de contactar con ellas pero, tal y como expresa Arroway, las probabilidades de que haya vida, aunque sea en sus formas más simples, fuera del planeta, son enormes. Hasta los años noventa no se tuvo la certeza de que existieran planetas girando en torno a otras estrellas. Los primeros exoplanetas descubiertos eran gigantes, similares a Júpiter, y se encontraban a miles de años luz de distancia. Aunque parecía imposible que hubiera vida, ya que giraban en torno a una estrella muerta, el anuncio conmocionó a la comunidad científica que, más tarde, comenzaría a encontrar exoplanetas junto a estrellas similares a nuestro Sol.

Dada la imposibilidad de examinar directamente a los exoplanetas, la estrategia de búsqueda consiste en observar las alteraciones que producen en las estrellas a su alrededor.

De esta manera, el gran reto era encontrar planetas de menor tamaño, similar a la Tierra, que causaban una distorsión casi imperceptible en las estrellas. En 2013, en torno a la estrella Kepler-62 se descubrieron dos planetas de este tipo que se encontraban, además, en la zona de habitabilidad, es decir, a una distancia adecuada respecto a la estrella como para permitir la presencia de agua en estado líquido.

Estar en esta zona no implica que tengan agua ni mucho menos que tengan vida, pero permite seguir avanzando en la búsqueda de vida extraterrestre. En los siguientes meses y años se fueron descubriendo nuevos exoplanetas potencialmente habitables, pero a distancias que seguían midiéndose en miles de años luz. Hasta que en 2016 saltó a la prensa una nueva sorpresa: la existencia de un sistema planetario llamado Trappist-1 que se encontraba a tan solo cuarenta años luz. Sus tres planetas similares a la Tierra, girando dentro de la zona habitable, causaron un gran impacto en la opinión pública.

La Doctora Arroway es un personaje ficticio que muestra unas inquietudes y habilidades enormes para la investigación desde que era una niña, lo que se refleja al inicio del largometraje cuando comienza a plantearse cuestiones profundas acerca del universo:

—Oye, papá, ¿también hay personas en otros planetas?
—No lo sé, chispita. Pero sé que si solo estamos nosotros, ¡cuánto espacio desaprovechado!

Una respuesta debatible pero, sin duda, bella e ingeniosa.

100

¿DÓNDE VAMOS A VIVIR?

Tenemos que salir de la Tierra:
El mundo se está volviendo demasiado pequeño para nosotros; los recursos físicos se están explotando a un ritmo alarmante. Cuando hemos tenido crisis similares en el pasado hemos colonizado nuevos territorios. Pero ya no hay ningún Nuevo Mundo

Las grandes potencias económicas se han puesto de acuerdo para construir una estación espacial internacional. Se encuentra orbitando el planeta a unos cuatrocientos kilómetros de altura y desde su ventana pueden observarse de esta manera las montañas nevadas.

al que extendernos. Nos estamos quedando sin espacio. Ha llegado la hora de explorar otros sistemas solares. Nos encontramos en el umbral de una nueva era. La colonización humana de otros planetas ha dejado de ser ciencia ficción. Ahora puede ser ciencia de hecho.

Estas palabras fueron pronunciadas por el eminente cosmólogo británico Sthephen Hawking a principios del siglo XXI. No sabemos si se cumplirán sus pronósticos. Quizás sea demasiado pesimista y el poder destructor de la humanidad no nos lleve a una situación del estilo de la película *Mad Max*, o quizás demasiado optimista y nuestro avance tecnológico jamás nos permita escapar de este sistema planetario, como sí sucede en la saga de *Star Wars*.

En cualquier caso, nos encontramos al final de este libro y, para celebrar que hemos llegado hasta aquí, vamos a añadir un poco de ficción a estas últimas páginas. Por un momento, imaginemos que nos encontramos en el futuro y que las predicciones de Hawking se han cumplido. Nuestra civilización ha ido colonizando diversos planetas y cada vez que llegamos a uno nuevo, nos instalamos, nos beneficiamos de sus recursos naturales, lo contaminamos y comenzamos a buscar uno nuevo.

Imaginemos que nos encontramos en el año tropecientos, en el planeta No-sé-qué-5 que gira en torno a la estrella No-sé-cuál-Ñ. Nuestra civilización desconoce cuántos planetas hemos colonizado ya. Algunas leyendas hablan de siete, otras de trece y, la palabra Tierra forma parte de las nuevas mitologías.

El planeta No-sé-qué-5 se nos ha quedado pequeño y está demasiado sucio. Las autoridades han consultado a los astrónomos y estos ya han elegido cuál será nuestro próximo destino. Ahora se abre un proceso para elegir a los nuevos colonos, pero antes se procederá al envío de una sonda de investigación a fin de comprobar que es habitable.

Una vez ha salido del sistema planetario No-sé-cuál-Ñ, comienza su viaje a través del espacio interestelar mientras envía los datos al centro de control; de momento solo hay señales de un profundo vacío que contiene menos de un átomo por litro. La sonda recorrerá años luz de distancia a través de este medio, en el que solo detectará la débil radiación procedente de explosiones estelares ocurridas en el pasado.

En la última etapa del largo viaje, la sonda comienza a experimentar una leve aceleración gravitatoria. Nos estamos aproximando a la estrella, y el centro de control se prepara para un tramo previsiblemente lleno de nuevas observaciones.

Se comienzan a detectar copos y bolas de hielo (materiales volátiles congelados como agua, dióxido de carbono, amonio y metano) que podrían ser restos de la nebulosa de la que se formó todo el sistema. En algunos tramos la concentración y el tamaño de estos cuerpos se hacen mayores, y alcanzan diámetros de hasta cien kilómetros, por lo que son considerados planetas enanos. Algunos de ellos pueden llegar a colisionar y salir despedidos en órbitas curvas alrededor de la estrella. Desde hace tiempo nuestra sonda viene detectando partículas (electrones y protones) expulsadas al espacio desde la estrella, un viento estelar que se ha ido haciendo cada vez más intenso a medida que nos acercamos a ella.

Una vez atravesada la región de asteroides, la sonda deja de registrar la presencia de esos fragmentos y tras verificar que no se trata de un fallo técnico, se confirma que la nave se ha adentrado en el entorno limpio de las órbitas planetarias. Aunque este sea todavía un profundo vacío, es mucho más denso que el espacio interestelar, y la concentración de átomos se incrementa apreciablemente.

El viaje se está desarrollando tal y como se había previsto tiempo atrás. Los estudios astronómicos habían permitido conocer la existencia de planetas gigantes, de naturaleza gaseosa, en las órbitas más externas del sistema. Ahora, el siguiente cometido es estudiar los planetas, previsiblemente rocosos, que se sitúan en la denominada zona habitable. La sonda detecta tres planetas que cumplen estas condiciones, y decide continuar su trayecto hacia el que, *a priori*, parece tener más posibilidades de ser habitable. Desde la distancia se observa que el planeta elegido está acompañado de un enorme satélite que llega a ejercer una atracción gravitatoria evidente sobre él.

En su aproximación a tan curioso planeta, los instrumentos comienzan a detectar un campo magnético que sirve de escudo frente a las partículas emitidas por la cercana estrella. La sonda, con una instrumentación científica preparada para soportar la intensidad de ese débil magnetismo, no se detiene y a una distancia de seiscientos kilómetros de la superficie comienza a orbitar en torno al planeta, mientras detecta la presencia de gases que permanecen atrapados por la gravedad.

Para afrontar la última parte de la misión la sonda principal comienza a lanzar otras de menor tamaño, una especie de drones que están provistos de instrumentación específica para continuar con la investigación. A unos diez kilómetros de altura la atmósfera es ya mucho más densa, se detecta la presencia de vientos y la humedad se condensa en determinadas regiones en forma de nubes. Por razones desconocidas algunos instrumentos están enviando sus datos con dificultad. Por el momento no se sabe con detalle la composición química del aire, pero se ha confirmado la presencia de gases de efecto invernadero, una buena noticia que se ratifica definitivamente durante el aterrizaje.

Tras varios días en la superficie, los datos de temperatura registrados arrojan valores medios de en torno a quince grados.

Además, el cálculo de la inclinación del eje de rotación del planeta permite asegurar que las oscilaciones entre una y otra estación no serán extremadamente elevadas.

La mayor parte de las rocas analizadas están formadas por silicatos, minerales que contienen silicio (SiO_2) ya sea solo o unido a otros elementos como Fe, Ca, K, Na, etc. Por su parte, los estudios sismológicos realizados han revelado que el interior del planeta no es homogéneo y que algunas capas son capaces de fluir. Estos datos, además de explicar el origen del particular campo magnético observado, hacen probable que se desarrolle una dinámica de placas en la superficie.

En el transcurso de estas investigaciones, otros drones se han encargado de recorrer la superficie para realizar un estudio cartográfico. Así se puede corroborar la presencia de una enorme superficie oceánica que cubre el 70 % de la superficie. Bajo esas aguas, a unos cinco kilómetros de profundidad, se esconde el relieve más pronunciado del planeta, una enorme llanura limitada por diversas estructuras lineales que se presentan en algunas zonas como profundas fosas y en otras como largas cadenas de volcanes. Se confirma así la existencia de una tectónica de placas, que permite explicar las elevadas cordilleras observadas sobre tierra firme como suturas de antiguas colisiones entre continentes.

Por fin comienzan a llegar los datos que se creían perdidos. Los análisis de la composición atmosférica indican que dicha capa está formada principalmente por nitrógeno, pero que también está presente el oxígeno. Esto la convierte en respirable para los humanos, al mismo tiempo que sugiere el desarrollo de actividad fotosintética. De repente la sonda deja de emitir. Al revisar las últimas imágenes provenientes del lejano planeta, se observa como una sombra se aproximó hacia al artefacto y, de pronto, un brusco golpe puso fin a la emisión.

A pesar de este inesperado final, el centro de control celebra con euforia los resultados. La información recibida ha permitido confirmar las hipótesis más optimistas: el planeta tiene unas condiciones óptimas para ser colonizado. Cuando la noticia se hace pública, muchos continúan pensando que aquellas viejas ideas que ubicaban allí los orígenes de la civilización interestelar no eran más que leyendas. No obstante, hay unanimidad en un aspecto: este planeta tan especial sería conocido como la Nueva Tierra.

BIBLIOGRAFÍA

A continuación le recomendamos una serie de lecturas que se han utilizado como referencia y que le permitirán profundizar y complementar los temas expuestos.

ANGUITA, Francisco. *Biografía de la Tierra. Historia de un planeta singular.* Madrid: Santillana Ediciones Generales, 2002.
Genial relato de geología escrito por uno de los más prolíficos y mejores divulgadores de esta ciencia en nuestra lengua. Este libro está estructurado como un viaje a través de la historia del planeta y tal como reza su contracubierta se trata de «una crónica de las búsquedas, peleas, éxitos y fracasos de quienes investigan la tierra entretejida con la descripción a veces maravillosos, a veces prosaicos, que han descubierto».
Una obra muy recomendable para continuar profundizando en esta ciencia y toda una fuente de inspiración y datos para quienes hemos escrito el presente libro.
Pueden encontrarlo en la web (legalmente y con algunos comentarios y correcciones del autor) y en las bibliotecas.

CARRACEDO, Juan Carlos. *Geología de Canarias I. Origen, evolución, edad y volcanismo*. Madrid: Editorial Rueda, 2011.

Síntesis de la geología canaria realizada por uno de los investigadores que mejor conocen esta región del planeta. Este firme defensor de la existencia de un punto caliente bajo el archipiélago recopila datos de sus múltiples trabajos y los ordena en cuatro partes sobre: la influencia de estas islas en la historia de la geología, la particular geología de la región, la datación y el vulcanismo activo.

Un libro imprescindible para conocer la geología del archipiélago tanto para principiantes como para especialistas con abundante material gráfico que permiten comprender mejor las ideas expuestas.

ENGLER, Almut. «The Geology of South America». En: *Geology. Encyclopedia of Life Support Systems*, vol. 4. Reino Unido: EOLSS Publishers/UNESCO, 2009.

Un artículo muy completo que recopila los principales rasgos de la geología del continente sudamericano. La autora ordena los contenidos atendiendo a la historia de la geología de los diferentes contextos geológicos, desde las regiones cratónicas hasta las cuencas sedimentarias activas, pasando por los orógenos neoproterozoicos, los materiales paleozoicos y, por supuesto, los Andes. Incluye un completo glosario y una buena bibliografía para profundizar en el tema.

Un texto de apenas treinta páginas, pero muy completo y con algunas ilustraciones que nos permite adentrarnos en la geología del inmenso continente. Está escrito en inglés y puede adquirirse en versión digital a través de la web.

FERNÁNDEZ, Federico y GONZÁLEZ, Oswaldo. *Iniciación a la Astronomía*. Santa Cruz de Tenerife: Editorial Afortunadas, 1999.

Un libro de texto con un enfoque muy práctico que nos permitirá descubrir el maravilloso mundo que hay más allá de la atmósfera. Se trata de un manual muy bien estructurado, que comienza con observaciones muy básicas de nuestro cielo diurno y nocturno y termina con conceptos más complejos como los tipos de estrellas y la teoría del Big Bang. Incluye actividades y apuntes históricos muy interesantes, así como un glosario y otros anexos muy útiles.

Aunque está dirigido al alumnado de secundaria (y quizás precisamente por eso), resulta muy válido para cualquier persona que desee iniciarse en la maravillosa ciencia de la astronomía.

HALLAM, Anthony. *Grandes controversias geológicas*. Barcelona: Editorial Labor, 1985.

Todo un clásico sobre divulgación de la historia de esta ciencia. El autor hace un repaso muy bien documentado sobre cinco de los debates más fascinantes que han acontecido en la geología: neptunistas frente a plutonistas, uniformismo contra catastrofismo, las glaciaciones, el tiempo geológico y la deriva continental.

Un libro bastante complejo, pero muy útil para consultar por aquellos que se sientan fascinados por la epistemología y la historia de la ciencia. Puede encontrarse en librerías y bibliotecas.

ITURRALDE-VINENT, Manuel. *Geología de Cuba para todos*. La Habana: Instituto Cubano del Libro. Editorial Científico Técnica y Sociedad Cubana de Geología, 2010.

Todo un ejemplo de divulgación científica. El reconocido autor de la isla caribeña coordina esta obra que, además de introducirnos magistralmente en la geología de Cuba y el Caribe, nos hace un repaso general del conocimiento geológico.

Un texto relativamente sencillo de comprender y con muy buenas ilustraciones.

KLEIN, Cornelis y HURLBUT, Cornelius S. JR. *Manual de Mineralogía*. Tomo I. Barcelona: Editorial Reverté, 1996.

Basado en la obra de J. Dana, ya lleva más de veinte ediciones en inglés. Este manual se ha convertido en una referencia imprescindible para descubrir el mundo de la cristalografía y la mineralogía. Comenzando por la historia de la mineralogía y la definición de mineral y concluyendo con la interpretación de diagramas de estabilidad, nos introduce de una manera comprensible en las principales técnicas y conceptos de una ciencia que a menudo se percibe como dura y hermética.

Un libro que debe ser leído por futuros geólogos, químicos y cualquiera que precise conocimientos sobre la materia cristalina. Puede encontrarse en librerías y bibliotecas.

—, *Manual de Mineralogía*. Tomo II. Basado en la obra de J. Dana. Barcelona: Editorial Reverté, 1997.

Un catálogo muy ordenado y sistematizado sobre el complejo mundo de los minerales. Además de incluir las principales características, usos y curiosidades de los diversos grupos (desde los elementos nativos hasta los silicatos), dedica algunas páginas a la petrología y la gemología. Sus ilustraciones de enorme calidad permiten comprender conceptos de bastante complejidad.

Un documento imprescindible para quienes estudian geología, y muy interesante para ser consultado por otros especialistas. Puede encontrarse en librerías y bibliotecas.

Lowrie, William. *Fundamentals of Geophysics*. Reino Unido: Cambridge University Press, 1997.

Un manual dirigido a estudiantes de Ciencias de la Tierra que trata los fundamentos teóricos y las aplicaciones prácticas de las principales técnicas de prospección geofísicas. Explica con exhaustividad el estudio de las anomalías magnéticas, la geocronología, la geoelectricidad, el geomagnetismo y, por supuesto, la sismología.

Aunque está escrito en inglés y profundiza bastante en los contenidos, la introducción de cada apartado está al alcance de muchos lectores. Un libro muy interesante para estudiantes de Geología, pero también para físicos que deseen aplicar su conocimiento al fascinante estudio de nuestro planeta.

MARSHAK, Stephen. *Earth. Portrait of a Planet.* Estados Unidos: Norton & Company, 2015.

Una visión muy completa sobre las Ciencias de la Tierra. Sin duda el libro con mejores y más modernas ilustraciones. Con una redacción muy amena, llena de curiosidades y originales enfoques. El único inconveniente es el tipo de hojas y la débil cubierta de esta *International Student Edition.*

Si quiere profundizar un poco más en esta ciencia y domina el inglés, le recomendamos que compre este libro. Puede adquirirlo por internet.

MELÉNDEZ, Ignacio. *Geología de España. Una historia de seiscientos millones de años.* Madrid: Editorial Rueda, 2004.

El mejor libro para comenzar a conocer la geología de la península ibérica. Su autor, profesor de secundaria, nos acerca de forma sencilla y amena, pero detallada, a la constitución geológica de Iberia desde dos puntos de vista: la evolución cronológica y las diferentes regiones geológicas. Incluye además un primer capítulo sobre conceptos básicos de geología y un mapa geológico de todo el territorio.

Aunque algunas ideas pueden aparecer repetidas, se trata de un libro genial. Imprescindible para quien vive o viaja por España y Portugal con interés por descubrir el maravilloso entorno que le rodea de una forma muy original.

National Geographic. *Edición especial. El origen de la vida sobre la Tierra.* España: 2002.

Esta conocida y prestigiosa revista de divulgación ha incluido en muchos de sus números diversos artículos relacionados con nuestra ciencia. En esta edición especial se recopilan los mejores artículos sobre paleontología que publicaron entre 1998 y 2001. A través de varios investigadores nos muestran algunos de los hitos en el conocimiento de la evolución de la vida en la Tierra, tales como el origen de la vida, la terrestrialización de los vertebrados, la extinción del Pérmico, etcétera.

Estos artículos, como los restantes de contenido paleontológico que se han publicado en esta revista, suelen ser de gran interés para adentrarnos en el siempre fascinante mundo de la historia de la vida.

Enseñanza de las Ciencias de la Tierra. Revista de la Asociación española para la enseñanza de las ciencias de la tierra. Madrid.

Esta revista, editada por la AEPECT desde 1992, incluye artículos sobre la divulgación de la geología en las aulas, desde un punto de vista teórico y práctico. Algunos artículos pueden resultar de especial interés, y con frecuencia se agrupan en monográficos con títulos como: «Las montañas», «Minerales», «El karst», «Magnetismo terrestre», «Didáctica de las Ciencias del Tierra», etcétera.

Si usted se dedica a la docencia o a la divulgación le recomendamos suscribirse para recibir un nuevo ejemplar cada cuatro meses. También puede acceder a ella de forma gratuita a través del repositorio RACO en la web.

SIMPSON, George G. *Fósiles e historia de la vida*. Barcelona: Prensa Científica, 1985.

Se trata de un libro bastante ameno acerca de los principales aspectos de la paleontología. Desde un análisis pormenorizado de la paleontología como ciencia, el proceso de fosilización y la utilidad de los fósiles; hasta los rasgos fundamentales de la evolución biológica.

Resulta muy útil para adentrarse en esta rama de la ciencia. Aunque echamos de menos una mayor subdivisión de los capítulos que facilite la consulta del mismo, lo compensa con un completísimo listado de lecturas recomendadas y un cuidado glosario.

SISSON, Virginia B. «The Geology of North America». En: *Geology. Encyclopedia of Life Support Systems*, vol. 4. Reino Unido: EOLSS Publishers/UNESCO, 2009.

La autora hace un recorrido por la historia geológica del continente norteamericano y dedica un capítulo a la geología de México, Centroamérica y Cuba. Incluye un completo glosario y una buena bibliografía para profundizar en el tema.

Un texto de poco más de cuarenta páginas, pero muy completo y con algunas ilustraciones que nos permite adentrarnos en la geología de la región. Está escrito en inglés y puede adquirirse en versión digital a través de la web.

TARBUCK, Edward J., LUTGENS, Frederick K. y TASA, Dennis. *Ciencias de la Tierra. Una introducción a la Geología Física.* Madrid: Pearson Educación, 2005.

Un libro perfecto para iniciarse en esta ciencia. Podemos encontrarlo traducido a nuestra lengua y tiene una redacción muy sencilla y una organización muy clara.

Muy recomendable. Puede encontrarse en bibliotecas y librerías, así como en la web de forma legal. Por si fuera poco, este libro viene con un CD cargado de múltiples actividades interactivas de una calidad excepcional. Estos materiales están en inglés, pero las imágenes permiten comprenderlo con facilidad. También están disponibles en la web.

VERA, Juan Antonio. *Estratigrafía. Principios y Métodos.* Madrid: Editorial Rueda, 1994.

Este libro recoge los conocimientos y técnicas de la estratigrafía. El prestigio y la experiencia de su autor, así como la precisión y claridad con que nos presenta las ideas expuestas, hacen que este documento sea un formidable recurso de consulta.

Muy útil para estudiantes de Geología y científicos interesados en profundizar en esta rama del saber, vertebradora de la geología desde sus orígenes.

Le invitamos además a que visite nuestra web *http://geologiaparainstit.wixsite.com/canarias*, para acceder a más recursos y materiales complementarios de *La geología en 100 preguntas*.

Las imágenes se insertan con fines educativos.
Se han hecho todos los esfuerzos posibles para contactar con los
titulares del *copyright*.
En el caso de errores u omisiones inadvertidas, contactar por favor
con el editor.